"十四五"普通高等教育本科部委级规划教材

U0189858

食品安全与卫生学

Shipin Anquan Yu Weishengxue

于洋 常桂芳 邢艳霞◎主编

中国纺织出版社有限公司

图书在版编目（CIP）数据

食品安全与卫生学/ 于洋，常桂芳，邢艳霞主编
. -- 北京：中国纺织出版社有限公司，2022.11（2024.8 重印）
"十四五"普通高等教育本科部委级规划教材
ISBN 978-7-5180-9746-3

Ⅰ.①食… Ⅱ.①于… ②常… ③邢… Ⅲ.①食品安
全—食品卫生—高等学校—教材 Ⅳ.①TS201.6

中国版本图书馆 CIP 数据核字（2022）第 139788 号

责任编辑：闫 婷 金 鑫 责任校对：李泽巾 责任印制：王艳丽

中国纺织出版社有限公司出版发行
地址：北京市朝阳区百子湾东里 A407 号楼 邮政编码：100124
销售电话：010— 67004422 传真：010— 87155801
http://www.c-textilep.com
中国纺织出版社天猫旗舰店
官方微博 http://weibo.com/2119887771
三河市宏盛印务有限公司印刷 各地新华书店经销
2022 年 11 月第 1 版 2024 年 8 月第 2 次印刷
开本：787×1092 1/16 印张：14.25
字数：294 千字 定价：58.00 元

凡购本书，如有缺页、倒页、脱页，由本社图书营销中心调换

《食品安全与卫生学》编委会成员

孙　研(山东巨鑫源芦笋产业发展研究院)

杨新亮(淄博国家高新区投资促进服务中心)

张大虎(山东大树达孚特膳食品有限公司)

张　伟(山东省农业科学院)

张连明(山东农业工程学院)

张　迪(山东农业工程学院)

张　莉(商都恒昌有限公司)

陆世海(山东大树达孚特膳食品有限公司)

陈　东(湖南农业大学)

陶　琎(农业农村部农业机械化总站)

苗风收(山东巨鑫源芦笋产业发展研究院)

周长生(山东巨鑫源芦笋产业发展研究院)

郑乾坤(山东得利斯食品股份有限公司)

单　敏(山东农业工程学院)

赵　欣(山东预制菜产业联盟)

赵颖颖(郑州轻工业大学)

战东胜(山东农业工程学院)

娄湘琴(淄川区检验检测中心)

薄存旭(山东省教育科学研究院)

祝梦柳(山东农业工程学院)

姚晓曼(山东农业工程学院)

秦　洋(山东农业工程学院)

曹正浩(山东预制菜产业联盟)

董　冠(山东纽澜地何牛食品有限公司)

蒋秋燕(山东商业职业技术学院)

韩富宽(山东农业工程学院)

简恒源(山东农业工程学院)

魏逸明(山东预制菜产业联盟)

前　言

党的二十大提出树立大食物观,构建多元化的食物供给体系。但践行大食物观,还面临着很多挑战,食品安全是关系国家长治久安的重大问题,要树立具有中国特色的"大食物观",首先要树立基于食物消费趋向多样化的大食物安全观。因此,对于我们来说学习食品安全与卫生这门课程是非常有必要的。

食品安全与卫生学是一门研究防止食品中可能存在的有害因素危及人体健康的科学,是全国高等学校食品科学与工程专业和食品质量与安全专业的主要课程之一。食品安全与卫生学应用分析化学、食品微生物学、食品毒理学和流行病学方法研究食品中可能出现的有害物质及作用机制,为提高食品卫生质量,采取相应的预防措施,以及制定食品卫生质量标准提供依据。通过本课程的学习,可使学生对食品安全与卫生的基本概念和有关问题有所了解,并能够进行预防控制和监测管理。

本教材共分十二章。第一章介绍了食品安全与卫生学的概念、研究的内容方法和任务;第二章介绍了粮油类加工制品中可能存在污染物的种类、污染食品的途径及其预防控制措施;第三章介绍了果蔬产品中可能存在污染物的种类、污染食品的途径以及卫生标准和检验方法;第四章介绍了肉与肉制品的卫生及管理;第五章介绍了乳与乳制品的卫生及管理;第六章介绍了蛋与蛋制品的卫生及其管理;第七章介绍了食品包装材料及容器中可能存在的污染种类、污染食品的途径及其预防措施;第八章介绍了发酵类食品的卫生及其管理;第九章介绍了食品添加剂对食品卫生的影响;第十章介绍了食品安全管理体系;第十一章介绍了食物中毒与食品安全性评价;第十二章介绍了食品生产的卫生管理。

本教材在内容上与其他院校的教材有较大区别。在章节上,既照顾到食品安全与卫生学的系统性,又突出工科院校的特点,围绕各类食品的加工这一主线展开:从各类食品的卫生学问题,到食品安全管理体系,再到食品生产的卫生学问题。在内容上,也将食品安全与卫生学问题与各类食品的加工过程密切联系,如粮油类加工制品的卫生。

由于本教材设计内容广泛,而作者水平有限,加之编写时间紧,书中疏漏和不当之处在所难免,敬请读者批评指正。

编者

2022 年 9 月

目　录

1　绪论

本章学习目的与要求

　　1. 掌握食品卫生学的概念。

　　2. 熟悉食品卫生学的主要内容及学科分支。

课程思政目标

　　习近平:要用最严谨的标准、最严格的监管、最严厉的处罚、最严肃的问责,确保广大人民群众"舌尖上的安全"。树立良好的职业道德,始终把人民的生命安全放在第一位,养成遵纪守法的良好习惯。

1.1　食品卫生

1.1.1　食品卫生概念

　　世界卫生组织(WHO)1955年对食品卫生学(food hygiene)下的定义是:从食品原料的生产、加工、制造及最后消费的所有过程,为确保其安全、完整及嗜好性所做的一切努力。又于1996年再次将食品卫生学定义为:为确保食品安全性和适合性在食品链的所有阶段必须采取的一切条件和措施。

　　食品卫生学是为了提高食品卫生质量,研究食品中可能存在的、威胁人体健康的有害因素及其预防措施,以及保护食用者安全的一门科学。

　　食品卫生学也是预防医学的组成部分,用来研究食品卫生质量、保护人类健康。从卫生学、环境卫生学及医学角度来研究食品,主要包括研究食品卫生质量、标准及监测;在食品中出现的威胁人体健康的有害因素及其预防措施。

　　食品卫生与食品安全是两个相近的概念。1986年,WHO在题为《食品安全在卫生和发展中的作用》的文件中,曾把"食品安全"与"食品卫生"作为同义词,定义为:"生产、加工、贮存、分配和制作食品过程中确保食品安全可靠,有益于健康并且适合人消费的种种必要条件和措施。"1996年WHO在其发表的《加强国家级食品安全计划指南》中则把食品安全与食品卫生作为两个不同的概念用语加以区别,并将食品安全(food safety)定义为:对食品按其原定用途进行制作、食用时不会使消费者健康受到损害的一种担保。

　　但食品卫生与食品安全常常被作为一个词语提出,很难将它们严格区分,在管理、科研和教学等方面易造成混淆。例如,1995年《食品卫生法》第一章第一条是:"为保证食品卫

1

生,防止食品污染和有害因素对人体的危害,保障人民身体健康,增强人民体质,制定本法。"而2018年修订版《食品安全法》第一章第一条是:"为保证食品安全,保障公众身体健康和生命安全,制定本法。"

食品安全与食品卫生是两个密切相关但不完全相同的概念,二者的区别主要如下。

食品卫生是指食品应当具有的良好性状,包括食品无毒无害、具有相应的营养以满足人体正常生理功能的需要,以及具有相应的色、香、味等感官性状。而食品安全则是一个更为全面的概念,它不仅关注食品本身的质量,还涉及食品从源头到消费过程中的各个环节,包括农产品种植、养殖、加工、储存、运输等。

食品卫生是食品安全的一个组成部分,侧重于食品在加工过程中的卫生要求,而食品安全则涵盖了从食品源头到最终消费的全过程,包括食品的卫生、添加剂、营养、生物毒素、农药残留等多方面的安全要求。食品卫生是手段,食品安全是目的。在法律责任方面,食品安全法提高了处罚的底线,明确了出现事故后肇事单位的主要责任人在一定时间内不得再从事食品安全的管理工作,而食品卫生法在这方面的规定则较为简单。

1.1.2 食品卫生对食品加工产业的意义

"卫生"一词源于拉丁文"sanitas"意为"健康"。对于食品工业而言,卫生意味着创造和维持一个卫生且有益于健康的生产环境。卫生是一门应用学科。有效的卫生就是提供有益健康的食品,必须在清洁环境中由身体健康的食品从业人员加工食品,防止因微生物污染食品而引发的食源性疾病,同时使引起食品腐败的微生物繁殖减少到最低程度。它包括如何维护、恢复或改进卫生操作规程与卫生环境等方面。

因此,"食品卫生"是一门应用在食品方面的学科,与食品的加工、制备和处理有关。

1.2 食品卫生的发展历程

人类的食品卫生知识,源于对食品与自身健康关系的观察与思考。在我国,早在3000多年前的周朝,就知道通过控制一定的卫生条件可酿造出酒、醋、酱油等发酵产品,而且设置了"凌人"专门负责食品的冷藏防腐,说明当时人们已经注意到降低食品的贮藏温度可延缓食品的腐败变质。春秋战国时期,人们已知食物的新鲜、清洁、烹饪和食物取材是否成熟等与人体健康有关,如《论语·乡党》中有所谓"食不厌精,脍不厌细。食馁而洁;鱼馁而肉败不食;色恶不食,臭恶不食,失饪不食,不时不食"。到了唐朝,更有《唐律》规定了处理腐败变质食品的法律准则,如"脯肉有毒,曾经病人,有余者速焚之,违者杖九十;若故与人食并出卖,令人病者,徒一年;以故知死者绞"。说明当时已认识到腐败变质的食品能导致人食物中毒并可能引起死亡。在古代的医学典籍中,也有不少关于食品卫生方面的论述,如在孙思邈的《千金翼方》中对鱼类引起的组胺中毒,就有很深刻而准确的描述。"食鱼血肿烦乱,芦根水解",不仅描述了食物中毒的症状,而且指出了治疗对策。国外也有类似的食品卫生要求的记述,如 Hippocrate 的《论饮食》;中世纪罗马设置的专管食品卫生的"市吏"等。但是直到 19 世纪,自然科学的巨大进步才给现代食品卫生学的建立奠定了基础。Liebig 食品卫生分析法的建立;1837 年,Schwann 首次提出了微生物引起食品腐败变质的看法;1863 年,Pasteur 等人提出巴氏消毒的理论和应用;1885 年,Salmon 沙门氏菌的发现,都是现代食品卫生学早期发展的里程碑。这一时期随着商品经济的发展,食品掺假伪造现象十分普遍,因此在早期的食品卫生法规中,很多是针对食品掺假而制订的,如 1851 年法国的《取缔食品伪造法》、1860 年英国的《防止饮食品掺假法》等,均为食品卫生法规管理奠定了基础。

《中华人民共和国食品卫生法》于 1995 年 10 月 30 日公布并实施,2006 年 11 月 1 日《中华人民共和国农产品质量安全法》正式实施,2009 年 2 月颁布《中华人民共和国食品安全法》,其修订版 2015 年 10 月 1 日起施行,《中华人民共和国食品卫生法》同时废止。《中华人民共和国食品安全法》于 2018 年 12 月 29 日进行第一次修正,2021 年 4 月 29 日进行第二次修正(当前使用版本)。以上法律法规的实施,使中国的食品卫生与安全管理工作进一步走向法治化、科学化和系统化。

1.3 食品卫生的现状

1.3.1 世界食品卫生现状

(1)生物性污染

食品的生物性污染包括细菌、病毒、寄生虫和其他虫害,这些生物通过各种途径污染食品,并由于食物中存在细菌、病毒和寄生虫生长发育所需要的营养成分,所以可在食品中生存甚至增殖。由致病性微生物引起的食品卫生问题,非但没有像人类传染病那样逐步被消灭,而且越来越多地威胁着消费者的健康。20 世纪 90 年代中期,在日本发生了近 10000 例 $O_{157}:H_7$ 大肠杆菌引起的食物中毒,以及苏格兰报告的数百人因食用 $O_{157}:H_7$ 大肠杆菌污染的碎牛肉而发生中毒甚至造成部分死亡的事件,而引起政府部门、学术界和企业界的重视。单核细胞增生李斯特菌中毒症状严重,甚至造成死亡。疯牛病在欧洲的蔓延更是引起了各国的震惊和重视。

(2)化学性污染

随着生产的发展、人们生活方式的改变,重金属、农药等常见污染物得到一定的控制,但新的问题又出现,其中具有代表性的有:工业生产、食品包装材料和垃圾焚烧中产生的二噁英;食物烹调过程中蛋白质和氨基酸热解而产生的杂环胺等。

(3)物理性污染

食品物理性污染是指食品生产加工过程中混入食品中的杂质超过规定的含量,或食品吸附、吸收外来的放射性核素所引起的食品卫生问题。食品物理性污染的检测是食品企业卫生管理的重要内容,如小麦粉加工中对磁性金属物质的检测、鱼虾贝等水产原料中放射性核素的检测等。

1.3.2 我国食品卫生现状

改革开放以来,我国的食品工业发展迅速,取得了举世瞩目的成就。但同时也带来了很多食品卫生问题。特别是近年来,我国的食品卫生问题不但影响了我国广大消费者的健康,如食品中的外来化学物质的污染被认为是癌症发生率日益升高的主要原因,而且开始制约我国食品企业的发展,影响食品的出口。在政府的不断支持下,我国的食品卫生质量已有了较大改善。但由于我国幅员辽阔,经济发展不平衡,加上我国处在社会主义发展的初级阶段,管理上还不完善,因此还存在着一些食品卫生问题,在某些行业和地区甚至是严重的食品卫生问题。

近年来,食品卫生问题的显著变化是由于过量使用农用化学物质而造成食品原材料被化学有害物质严重污染,如植物性食品中的农药、植物生长调节剂、除草剂等的滥用和使用不当造成的残留;畜禽产品中的激素、抗生素及其他违禁药物(如瘦肉精)的残留等。

1.4 食品卫生面临的挑战和任务

国家为改善我国的食品卫生质量,保障消费者的健康,进行不断的努力,但由于我国食品卫生研究工作开展较晚,技术力量也较薄弱,导致还存在着一些问题,如检测手段落后,甚至在某些地区不能开展,因此,食品卫生标准成为一纸空文。此外,随着我国居民食品卫生意识的提高和我国加入 WTO 组织,我国的食品卫生工作面临着巨大的挑战,目前迫切需要完成的任务主要有:

①发展我国的食品卫生检验技术,提高检测的准确性和灵敏性,并大力发展食品的快速检测技术和在线检测技术。

②依靠现代食品卫生监督管理最新理论和技术成就不断制订和修订各项食品卫生技术规范,并落实各项技术规范。

③不断完善法律法规,加强法制管理,明确执行机构人员的职责。

④研究食物中毒的新病原物质,提高食物中毒的科学管理水平,提高食品卫生合格率。

⑤加强食品中有害物质含量、人群暴露水平和危害风险的评估,为食品卫生质量的控制提供理论依据。

⑥完善各种食品污染物、食品添加剂、保健食品、转基因食品等的安全性评价方法和程序。

⑦进一步扩大对新的食品污染因素、各种食物致癌原、食品及加工过程中食品卫生问题等的研究。

⑧应采用良好生产工艺(GMP)和危害分析关键控制点(HACCP)管理系统,提高我国

的食品卫生质量。

⑨与国际接轨,执行 WTO 制订的 SPS 协议中所规定的食品安全与食品质量标准。

结束语

习近平总书记十分重视食品的安全,他强调要用最严谨的标准、最严格的监管、最严厉的处罚、最严肃的问责,确保广大人民群众"舌尖上的安全"。树立良好的职业道德,始终把人民的生命安全放在第一位,养成遵纪守法的良好习惯。

思考题

1. 什么是食品卫生学?
2. 食品卫生学与食品安全学的区别是什么?

2 粮油类加工制品的卫生

本章学习目的与要求

1. 学生能够列举某一种粮油加工制品生产过程中面临的主要卫生安全问题及原因。

2. 学生能够自主寻找国家标准,并依照其内容制定出检测粮油加工制品性质是否合规的试验方法。

3. 通过国家标准要求,结合相关文献和知识,学生能够制定出预防粮油加工制品原料及食品污染的技术措施和管理措施。

课程思政目标

1. 黄曲霉毒素是花生油的质量控制指标之一,正规的花生油脂加工厂在生产时有去除黄曲霉毒素 B_1 的工序;了解去除毒素的工艺,正确看待和肯定现代食品加工业,增加从事食品行业的自豪感,增强职业自信心。

2. 水俣病、痛痛病是 20 世纪典型的环境污染事件,科技的快速发展带来严重的环境污染问题,进而引发了人类的健康生存危机;了解环境污染与人类健康的关系,重视环境问题,增强环保意识,树立大食物观,努力践行绿水青山就是金山银山的发展理念。

民以食为天,粮油是居民日常生活中的必需品,其品质关系到每个人的饮食安全。随着经济社会发展,我国的粮油食品加工业由农民个体的初级加工、小作坊经营转型成为集约化、规模化的工业生产,其产品在安全和品质上都有极大的保证。但在部分粮油生产过程中,尤其是农村地区,由于技术落后、监管力度不够、安全意识薄弱,让生产出的粮油产品达不到国家安全标准,甚者假冒伪劣,粮油商品在市场上层出不穷。随着居民生活水平的提高,人们对粮油产品的需求已经不单是满足基本生活,对其营养和安全也提出更高的要求。根据我国食品分类表,我国的粮油食品大致上可分为:油脂及其制品、谷物及其制品、豆类及其制品、坚果及籽类,本章将从以上几个类别主要介绍造成相关食品安全问题的诱因及其安全标准。

2.1 油脂及其制品

油脂是人类膳食的重要组成,根据中国居民膳食指南(2022),每人每天摄入量在 25 ~ 30 g,除了供给热量和必需脂肪酸外,油脂能够有效地增强食物的饱腹感和感官可口性,其相关制品延伸引用到调理食品、焙烤食品、保健食品、特医食品的多个方面。

2.1.1 植物油脂

受中国传统烹饪和饮食习惯的影响,花生油、大豆油、菜籽油、芝麻油、棉籽油在我国有巨大的消费市场。随着居民生活水平的提高和对健康生活的追求,近年来,橄榄油、玉米胚芽油、葵花籽油等一些营养植物油逐渐占据一定的市场份额。为了更好地规范食用油品质,2003 年起,我国制定了 GB/T 1537—2019《棉籽油》、GB/T 10464—2017《葵花籽油》、GB/T 11765—2018《油茶籽油》、GB/T 19111—2017《玉米油》、GB/T 19112—2003《米糠油》、GB/T 1535—2017《大豆油》、GB/T 1534—2017《花生油》等国家标准,将食用油按品质由高到低划分为一级、二级、三级、四级,分别相当于原来的色拉油、高级烹调油、一级油和二级油。同时,根据产品的用途、加工工艺和质量要求的不同,将油脂产品分为原油和成品油,成品油又分为压榨成品油和浸出成品油。

原油指未经精炼等工艺处理的油脂(又称毛油),不能直接用于人类食用,只能作为成品油的原料。增加原油这个类别,使原油在进行贸易时有章可循,同时也防止将原油直接投放市场,严重危害消费者的健康。

成品油则是经过精练加工达到食用标准的油脂产品。目前,我国的食用植物油生产方法,按照出油工艺可分为压榨法和浸出法。压榨成品油是指用机械挤压方法提取原油加工而成的成品油;浸出成品油是指用符合卫生要求的溶剂,采用浸出方法提取的原油加工的成品油。依据不同的工艺,国家标准中对植物油脂的安全性指标也分别做了明确的规定,如我国的花生油标准中明确给出了不同工艺下的各级花生油的质量标准(表 2-1 和表 2-2)。

表 2-1　压榨花生油质量标准

项目	质量指标	
	一级	二级
色泽	淡黄色至橙黄色	橙黄色至棕红色
透明度(20℃)	澄清、透明	允许微浊
气味、滋味	具有花生油固有的香味和滋味,无异味	具有花生油固有的香味和滋味,无异味
水分及挥发物含量/% ≤	0.10	0.15
不溶性杂质含量/% ≤	0.05	0.05
酸价(KOH)/(mg·g^{-1}) ≤	1.5	按照 GB 2716 执行
过氧化值/(mmol·kg^{-1}) ≤	—	—
加热试验(280℃)	无析出物,油色不得变深	允许微量析出物和油色变深,但不得变黑
溶解残留量/(mg·kg^{-1})	不得检出	

注　溶剂残留量检出值小于 10 mg/kg 时,视为未检出。

表 2-2　浸出花生油质量标准

项目	质量指标		
	一级	二级	三级
色泽	淡黄色至黄色	黄色至橙黄色	橙黄色至棕红色
透明度(20℃)	澄清、透明	澄清	允许微浊
气味、滋味	无异味、口感好	无异味、口感良好	具有花生油固有气味和滋味,无异味
水分及挥发物含量/% ≤	0.10	0.15	0.20
不溶性杂质含量/% ≤	0.05	0.05	0.05
酸价(KOH)/(mg·g⁻¹) ≤	0.50	2.0	按照 GB 2716 执行
过氧化值/(mmol·kg⁻¹) ≤	5.0	7.5	按照 GB 2716 执行
加热试验(280℃)	—	无析出物,油色不得变深	允许微量析出物和油色变深,但不得变黑
含皂量/%	—	0.03	
冷冻试验(0℃储藏 5.5 h)	澄清透明	—	
烟点/℃	190	—	
溶剂残留量/(mg·kg⁻¹)	不得检出	按照 GB 2716 执行	

注　划有"—"者不做检测。过氧化值的单位换算:当需要以 g/100 g 表示时进行换算(如:5.0 mmol/kg = 5.0/39.4 g/100 g ≈ 0.13 g/100 g)。溶剂残留量检出值小于 10 mg/kg 时,视为未检出。

食用植物油的商品标签,除依据 GB 7718 的规定之外,根据国家的有关规定,为了保护消费者的知情权和选择权,对用转基因油料加工的原油、成品油、压榨油,浸出法加工的原油、成品油和原料原产国等都必须分别用"转基因""压榨""浸出"和原料原产"国名"等字样在标签中标识。食用油外包装上仅标注"烹调油""色拉油"等含糊词汇的行为将被禁止。

植物油脂常见的主要安全卫生问题如以下几个方面所述。

(1)植物原料内源毒素

一些传统的油料作物中,含有天然的毒性成分,在榨油过程中,处理不当,会残留在油脂中,从而造成安全问题。

棉酚(gossypol)是棉籽色素腺体中的有毒物质,包括游离棉酚、棉醋紫、棉酚绿 3 种,易溶于油脂中,受热易分解,因此长期食用生棉籽油可引起慢性中毒,表现为皮肤灼热、无汗、头晕、心慌、皮肤潮红、气急,还可影响生殖机能。冷榨法生产的棉籽油中游离棉酚含量高,不宜直接食用;热榨法的油脂中游离棉酚含量大大降低,一般只有冷榨法的 1/10～1/20。棉酚在碱性下能

拓展知识1

与钠离子形成溶于水的有机盐,因此利用碱炼法可有效降低棉籽油中的棉酚含量,我国规定棉籽油中游离棉酚含量不超过 0.02%。

拓展知识2

芥子苷(glucosinolate)普遍存在于十字花科植物,在油菜籽中含量较高。芥子苷在植物组织葡萄糖硫苷酶作用下分解为硫氰酸酯、异硫氰酸酯和腈。其中腈具有很强的毒性,可抑制动物生长;硫氰化物可阻断甲状腺对碘的吸收,具有致甲状腺肿作用,一般可利用其挥发性加热除去。

芥酸(eruciacid)是一种二十二碳单不饱和脂肪酸,菜籽油中的芥酸含量为20%~50%,然而,菜籽油中的芥酸多以脂肪三酯的形式存在,在不破坏油品的情况下难以有效脱出芥酸。动物实验表明,含芥酸的油脂可使动物心肌脂肪酸积聚,出现心肌单核细胞浸润而导致心肌细胞纤维化,还可影响动物生长发育和生殖功能,欧共体规定食用油芥酸含量不得超过5%。目前,低芥酸菜籽油多通过培育低芥酸种植资源获得,运用生物技术开发低芥酸或者无芥酸植株的研究也已广泛展开。

(2)真菌毒素污染

根据GB 2761—2017的规定,真菌在生长繁殖过程中产生的次生有毒代谢产物称为真菌毒素,油料种子被真菌毒素污染后,榨出的油中也含有毒素,如花生、玉米最易受黄曲霉污染,其他油料种子(棉籽和油菜籽)也可受到污染,被黄曲霉污染严重的花生榨出的油中,黄曲霉毒素(AF)含量可达数千微克每千克。国标中规定,我国食品中主要的检测真菌毒素包括但不限于:食品中黄曲霉毒素 B_1、黄曲霉毒素 M_1、脱氧雪腐镰刀菌烯醇、展青霉素、赭曲霉毒素 A 及玉米赤霉烯酮。黄曲霉污染的花生如图2-1所示。

图 2-1　黄曲霉污染的花生

黄曲霉毒素是一类含有二呋喃环和香豆素(氧杂萘邻酮)理化性质相似的真菌次级代谢物,是自然界中理化性质最稳定的一类霉菌毒素。根据其荧光显色、RF 值及结构差异,分别命名为 B_1、B_2、G_1、G_2、M_1、M_2、P_1、R_1、GM 和毒醇。其中以 B_1 的产量最高,毒性最大、致癌性最强,G_1 和 M_1 的毒性次之。五种常见的黄曲霉毒素化学结构式如图2-2所示。

世界卫生组织(WHO)和粮农组织(FAO)在1975年规定食品中 AFB_1 的最高允许含量为 15 μg/kg,各国政府均制定了 AF 在食品和饲料中最高允许量的卫生标准和检验法规。我国的国家标准中规定,花生油、玉米油中的 AFB_1 含量不超过 20 μg/kg,其他植物油不超过 10 μg/kg。

影响 AF 产生最重要的环境因子是温度和水分,适宜黄曲霉生长和产毒的温度范围是 12~42℃,最适温度为 33℃左右,最低相对湿度78%,最高相对湿度98%,谷物含水分18%

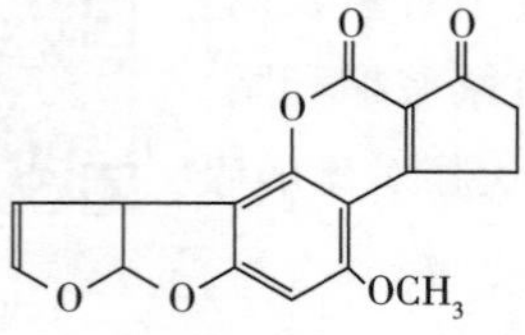

黄曲霉毒素B₁　　　　　黄曲霉毒素B₂　　　　　黄曲霉毒素B₂ₐ

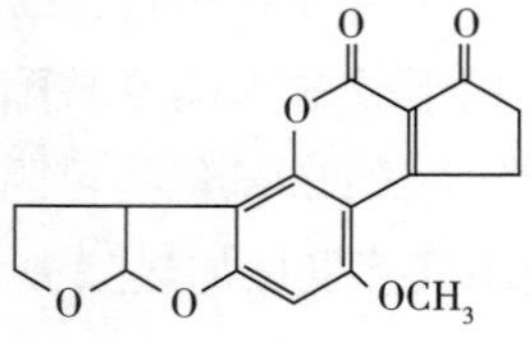

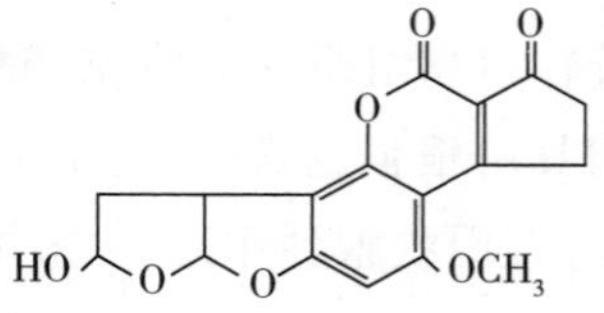

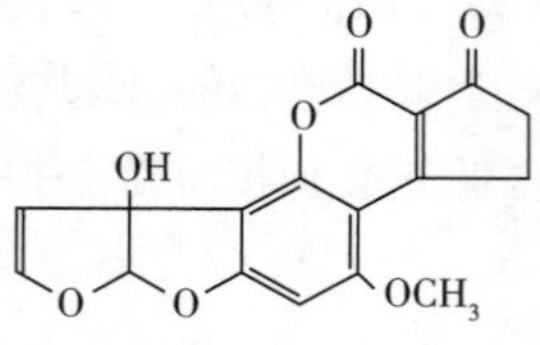

黄曲霉毒素M₁　　　　　　　　　黄曲霉毒素M₂

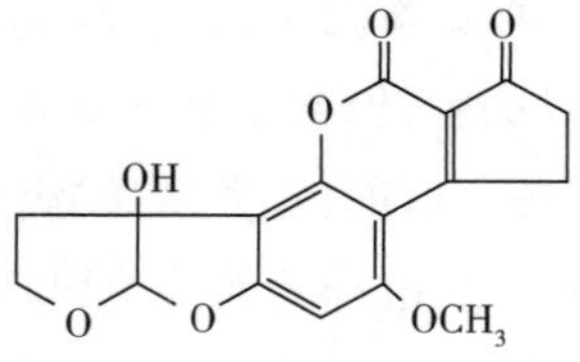

图2-2　五种常见的黄曲霉毒素化学结构式

以上,花生含水分10%以上,在通气条件下,黄曲霉能迅速生长和产毒。采取低温、干燥、除氧和化学药剂等方法来保存食品,可以有效地防止黄曲霉生长和产毒。对于含有黄曲霉毒素的食品,可采用物理的、化学的和生物学方法去毒,如利用机械、电子和手工方法挑选出破损的含毒素的花生;高温高压处理能使 AF 转变为无毒的化合物;利用活性白土和活性炭吸附,能除掉植物油中的 AFT;5%的次氯酸钠溶液、Cl_2、NH_3、O_3、H_2O_2、SO_2 或强碱溶液均可与 AFT 发生化学反应而破坏其毒性。

拓展知识3

（3）油脂酸败

油脂酸败的原因有两方面:一是生物性的水解过程,即由动植物组织残渣和微生物产生的酶引起的水解;二是在空气、水、阳光等作用下发生化学变化,包括水解过程和不饱和脂肪酸的自动氧化。脂肪的自动氧化是油脂和脂肪含量高食品酸败的主要原因,在阳光、空气作用下,经铜、铁等催化,先氧化不饱和脂肪酸成过氧化物,然后再分解为有臭味的醛类及醛酸类等。在油脂酸败过程中,生物性的水解和化学性的氧化常同时发生,也可能主要表现为一种。油脂中的残渣、水分,以及阳光、空气、高温、金属离子都能加快酸败过程。

油脂酸败后产生强烈的不愉快味道和气味,改变油脂的感官性状;游离脂肪酸增加,酸价（acid value,AV）升高;过氧化物增加,过氧化值（peroxide value,POV）升高;醛类、酮类增加,羰基价（caihonyl group value,CGV）升高,酸败会降低油脂营养价值,破坏不饱和脂肪酸,破坏脂溶性维生素 A、维生素 D、维生素 E,用于烹调时其他食物中易被氧化的维生素也受到破坏。酸败后产生的氧化物对机体的酶系统,如琥珀酸氧化酶、细胞色素酶有破坏作用。此外,动物长期食用酸败油脂可出现体重减轻、发育障碍、肝脏肿大的现象,酸败油脂有些也可引起动物急性中毒和肿瘤。

油脂酸败与本身纯度、加工过程及储存中各种环境因素有关,防止酸败是保证油脂卫生质量的首要问题,而且贯穿于加工储存食用过程的始终。油脂加工过程中,应保证油脂纯度,去除动植物残渣,尽量避免微生物污染并抑制或破坏酶活性;水可促进微生物繁殖和酶活动,应控制水分含量在 0.2% 以下。高温会加速不饱和脂肪酸的自动氧化,低温可抑制微生物活动和酶活性从而抑制自动氧化,油脂应尽量低温储藏。阳光、空气对油脂变质有重要影响,光线(尤其是紫外线、紫色、蓝色等光线)可加速油脂氧化,长期储油应用密封、隔氧、遮光的容器。铁、铜、锰等金属离子可催化脂肪氧化,加工和储藏过程中应避免接触金属离子,应用抗氧化剂可有效防止油脂酸败,延长储藏期,常用的有维生素 E、丁基羟基茴香醚(BHA)、二丁基羟基甲苯(BHT)和没食子酸丙酯,但要注意控制用量。

(4)多环芳烃污染

多环芳烃(polycyclic aromatic hydrocarbons,PAHs)是一类分子中含有两个或两个以上苯环或环戊二烯稠环的化合物(表 2-3),一般分为轻质多环芳烃和重质多环芳烃,其中后者的环境稳定性和毒性均高于前者。多环芳烃的理化性质由其碳原子数目和环连接的方式决定。大多数多环芳烃在室温下为固态,熔沸点较高,轻质多环芳烃蒸汽压较高,多分布在气相;重质多环芳烃蒸汽压较低,多附着在颗粒物表面。多环芳烃基本不溶于水,水溶性随分子量的增加而降低,易溶于苯类芳香性溶剂,微溶于其他有机溶剂,这一性质使得多环芳烃类物质很容易富集在食用油中。

表 2-3　美国国家环境保护局(USEPA)优先控制的 16 种多环芳烃化合物

化合物名称	英文及缩写	环数	结构式
萘	Naphthalene,Nap	2	
苊	Acenaphthene,Ace	3	
苊烯	Acenaphthylene,Acy	3	
芴	Fluorene,Flu	3	
䓛	Chrysene,Chr	4	
菲	Phenanthrene,Phe	3	

化合物名称	英文及缩写	环数	结构式
蒽	Anthracene，Ant	4	
芘	Pyrene，Pyr	4	
苯并[a]蒽	Benzo[a]anthracen，BaA	4	
苯并[a]芘	Benzo[a]pyrene，BaP	5	
荧蒽	Fluoranthene，Fla	4	
苯并[b]荧蒽	Benzo[b]fluoranthene，BbF	5	
苯并[k]荧蒽	Benzo[k]fluoranthene，BkF	5	
茚并[1,2,3-cd]芘	Indeno[1,2,3-cd]pyrene，IcdP	6	
二苯并[a,h]蒽	Dibenzo[a,h]anthracene，DB[ah]A	5	

续表

化合物名称	英文及缩写	环数	结构式
苯并[g,h,i]苝	Benzo(g,h,i)perylene,BghiP	6	

已有的动物实验表明多环芳烃具有生殖毒性、心脏毒性、骨髓毒性、抑制免疫系统和肝脏毒性,此外,多环芳烃的致畸性、致突变性和致癌性也被相关研究证实,且致癌性随苯环数增加而增加。

食品是人类暴露多环芳烃的重要途径之一,人体可通过食物摄入多环芳烃形成长期或潜在危害。有研究显示,土耳其等地区的传统食物利用燃料油进行烘烤加工,致使 BaP 的浓度很高,这是该区域致癌的重要原因之一。我国 GB 2762—2017《食品安全国家标准 食品中污染物限量》确定了 BaP 在油脂及其制品限量为 10 μg/kg,但未规定 16 种多环芳烃的总量标准。

食用植物油中多环芳烃的来源主要包括以下 3 个部分,即油脂原材料的污染、加工过程中的污染、包装材料的迁移污染。

①油脂原材料的污染。

目前报道的多环芳烃污染油脂原料主要有两个途径:一是各种肥料、污泥、垃圾及某些芳香类农药中的多环芳烃通过根皮层等被农作物吸收,进而富集到种子中;二是植物地面上叶片吸收大气中的多环芳烃,实现多环芳烃富集。通常轻质多环芳烃水溶性相对较高,易被作物吸收,故其在植物油脂中含量比重质多环芳烃高。此外,原料中的杂质、尘土等对油脂中多环芳烃的含量也有显著影响。

②加工过程中的污染。

在对油脂原料的清理、粉碎、轧坯、榨油等过程中,原料和机械的接触极易被润滑油(矿物油)污染,造成 BaP 转移到油料或油脂中。

在压榨植物油的加工过程中,高温干燥或高温焙炒工艺如果加热控制不当(过高温度和过长时间)将导致原料焦煳,生成 BaP,残留在原料的外壳上,导致油脂成品的多环芳烃含量超标。同时,原料在热加工过程中与燃烧气体或烟尘直接接触,也可能导致多环芳烃含量升高,但后续的油脂精炼过程可显著降低多环芳烃的含量。

此外,油脂在使用过程中因油温过高、重复加热,也会生成多环芳烃类物质,且油烟雾中含量更高。反复使用的高温植物油、油炸过度的食物中 BaP 的含量较多。

在溶剂浸出工艺中,若溶剂质量不合格,也会导致植物油脂的多环芳烃含量上升,如使用轻汽油浸提油脂,将会显著提升植物油中的多环芳烃。因此,严格控制油脂加工环节中加热温度和提取溶剂的质量将是影响油脂中 PAHs 类物质含量的关键因素。

③包装材料的迁移污染。

目前,植物油、高脂食品多采用石油基塑料包装。石油基塑料在生产和加工中会添加各类助剂,如增塑剂、着色剂、抗氧化剂等,且可能残存各种聚合物单体。脂质是一种良好溶剂,会导致包装材料中部分物质发生溶解和迁移,致使食品遭受污染。印刷油墨中含有的炭黑包括多种致癌性的多环芳烃,其中 BaP 的浓度较高。食品包装纸油墨、不纯石蜡油等都可造成食品的多环芳烃污染,当向聚酯(PET)和聚碳酸酯(PC)中添加回收塑料时,包装材料中的多环芳烃含量会大量增加,造成食品的潜在安全问题。

此外,加工工程中形成的反式脂肪酸、油脂中的掺伪、油脂中的掺假勾兑也都是食用植物油加工中常出现的卫生安全问题。随着快速无损检测技术的发展,近红外、低场核磁等技术都应用于油脂原料、油脂品质的检测,极大提升了植物油的安全性和品质。

2.1.2 动物油脂

根据 GB 10146—2015 规定,我国许可销售的食用动物油脂是指以动物卫生监督机构检疫、检验合格的生猪、牛、羊、鸡、鸭的板油、肉膘、网膜或附着于内脏的纯脂肪组织为原料,炼制成的食用猪油、牛油、羊油、鸡油、鸭油(图 2-3)。随着人们对营养和健康的要求升高,动物性油脂的食用量逐渐减小,其在食品中的主要应用多为提供特殊的质构、风味和营养物质。

图 2-3　精炼的牛油(左)、羊油(中)、鸡油(右)

与植物油脂相比,高纯度动物油脂的饱和脂肪酸含量高,不饱和脂肪酸含量少,故不易发生酸败。然而,动物油脂在加工过程中,容易混入动物毛发、血液、组织碎渣等杂质或水分,此类物质会导致霉菌等微生物大量繁殖,从而使动物脂肪产生霉斑、变色、味道劣化等,并引发动物油脂的酸败。因此,工业上生产的动物油脂大多需进行精炼步骤,包括脱胶、脱酸、脱色、脱臭。其主要原理是利用酸碱、吸附剂等试剂及物理分离手段脱除脂肪中的杂质、胶体及有机酸,使油脂品质符合国家标准要求,但如果使用的试剂或者工艺参数不恰当,则易造成试剂残留、油脂酸败或焦煳等问题,诱发动物油脂卫生安全问题。动物油脂的感官要求如表 2-4 所示。

表 2-4　动物油脂的感官要求

项目	要求	检验方法
色泽	具有特有的色泽,呈白色或略带黄色,无霉斑	取适量试样置于白瓷盘中,在自然光下观察色泽和状态,将试样置于 50 mL 烧杯中,水浴加热至 50℃,用玻璃棒迅速搅拌,嗅其气味,品其滋味
气味、滋味	具有特有气味、滋味,无酸败及其他异味	
状态	无正常视力可见的外来异物	

2.1.3　油脂制品

(1)氢化植物油及以氢化植物油为主的产品

动物油脂具有独特的质构特性,能够为食品带来独特的口感及造型,被广泛应用于中西式糕点、甜品、快餐食品等各个方面。但是优质动物油脂的生产周期长、成本高、加工难度大,产品稳定性低等缺陷限制了其在食品行业中的应用。因此,人们探究出氢化植物油技术生产氢化植物油以替代动物脂肪原料。

所谓氢化植物油,其基本原理是在金属催化剂(镍系、铜—铬系等)条件下,加热含不饱和脂肪酸多的植物油,并通入氢气,还原不饱和脂肪酸分子中的双键,最终形成大量的饱和脂肪酸。经过氢化的植物油常温下为白色微细粉末或蜡状固体,熔点为 57~61℃,可塑性强且不含胆固醇,可以代替动物油脂广泛应用于食品加工中,如冰激凌、人造奶油、代可可粉、植脂末、奶精和糕点起酥油都可用氢化植物油替代动物脂肪成分。

但是,氢化植物油制备过程中,由于还原反应不彻底,会导致甘油三酯的脂肪酸双键位置改变,产生更稳定的反式脂肪酸,反式的脂肪酸双键在碳链内位置发生变化可产生不同的反式异构体(图 2-4)。研究证实,长期大量地摄入反式脂肪酸极易诱发肥胖、冠心病和血栓,对记忆力、生育能力及青少年发育有着不良影响。

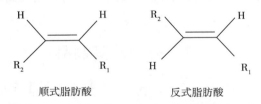

图 2-4　顺式脂肪酸与反式脂肪酸结构示意图

我国卫生主管部门于 2011 年 10 月 12 日发布了国家标准 GB 28050—2011《食品安全国家标准　预包装食品营养标签通则》,其中明确规定“食品配料含有或生产过程中使用了氢化和(或)部分氢化油脂时,在营养成分表中还应标示出反式脂肪(酸)的含量”。另外规定:每天摄入反式脂肪酸不应超过 2.2 g,过多摄入有害健康。反式脂肪酸摄入量应少于每日总能量的1%,过多摄入反式脂肪酸可使血液胆固醇增高,从而增加心血管疾病发生的危险。需要注意的是,反式脂肪酸的来源不仅仅是氢化植物油,精炼植物油、部分乳制品及日常生活中的油炸、煎烤食品中都含有一定量的反式脂肪酸。

除反式脂肪酸危害之外,氢化植物油当中的重金属残留也是其在食品加工中的风险点。为完成植物油的加氢催化,需要在反应过程中加入 Ni、Cu-Cr 等系列重金属催化剂,并受加工设备和环境的影响,存在重金属元素 Cr、Ni、Cu、As、Cd、Sb、Hg、Pb 污染的风险,从而影响其食用安全性。

(2)调和油及其他油脂制品

食用调和油是食用植物油的一种,是由两种以上符合食用植物油生产许可证审查细则(2006年版)的食用植物油根据一定比例调配而成的油种。现在市场上的调和油大多是在菜籽油,大豆油中添加花生油、芝麻油调配而成,不仅香味好,营养还较为全面。

我国食用调和油最主要的卫生安全问题是"以次充好、以劣充优"。一些企业使用不符合国标的单一植物油作为原料,通过精炼、使用添加剂调色、调香等手段,充当高档食用油。例如,一些生产厂家以低价格的棉籽油、棕榈油或大豆油添加少量高档的、价格高的植物油,甚至未添加高档植物油而是用高档植物油香精调香,后冠以高档植物油名称,高价出售,牟取暴利。例如花生调和油、葵花籽调和油、玉米调和油、橄榄调和油、胡麻调和油、深海鱼油调和油等。因此,长久以来市场上流传着"不要吃调和油""调和油是最差的油"的说法。我国调和油的现行标准是 SB/T 10292—1998《食用调和油》,这部制定于1998年的行业标准存在许多的不足之处,并不能有效地指导生产或者规范行业行为。其中最大的漏洞为并未明确调和油各组分之间的必须比例、品级及成分标识,这令不法分子有机可乘,使本应品质高、营养足的调和油名不副实。尽管国家出台了 GB 2716—2018《食品安全国家标准　植物油》,其内容对调和油的质量、标识等内容进行了初步规范,但是调和油行业仍需专门的国家标准,以规范企业行为和保障食品品质。2019年,国家粮食和物资储备局办公室公开征求《食用调和油》国家标准,标志着调和油相关国家标准立项正式开始,相信未来我国的调和油市场将会逐步规范,调和油产品品质也将不断提高。

2.2　谷物及其制品

依据 GB 13122—2016《食品安全国家标准　谷物加工卫生规范》的规定,谷物特指禾本科草本植物种子,如稻谷、小麦、玉米、高粱、大麦、青稞等。谷物类是我国传统的主食来源,现有的膳食结构中,约50%的营养元素源自谷物制品,其在国民生产和消费中占有重要的地位。2015年,我国人均谷物占有量达到453.2 kg,超过人均年平均线。随着我国农业和经济发展,以谷物为代表的粮食消费稳步增长,谷物及其制品的运输、贮藏和深加工步骤增多,其面临的环境污染、农药残留、真菌感染、转基因污染的问题越来越多,可以说我国的谷物安全问题已经从"总量不足"转变为"质量堪忧"。

（1）真菌污染

多数谷物在种植和贮藏中（尤其是不恰当的贮藏）易受到霉菌的侵染，霉菌代谢产生的真菌毒素，人或动物误食后会发生病害。30 多个国家和地区的研究调查显示，黄曲霉毒素（AFT）排名第一，后面依次为赭曲霉毒素（OTA）、脱氧雪腐镰刀菌烯醇（呕吐毒素，DON）、玉米赤霉烯酮（ZEN）、橘霉素、杂色曲霉素、展青霉素等，而毒素污染最为严重的农产品是玉米、花生和小麦。我国真菌污染主要集中在黄曲霉毒素、单端孢霉烯族毒素、赭曲霉毒素、杂色曲霉素。

①黄曲霉毒素：我国谷物的黄曲霉毒素污染情况与地域差异关联紧密，总体上呈现出南方高温高湿地区污染情况最高、其他地区次之的趋势。黄曲霉毒素的相关内容在此不再重复讲述。

②单端孢霉烯族毒素：是由镰孢菌、头孢霉、漆斑菌、葡萄穗霉、木霉和其他一些霉菌产生的生物活性和化学结构相似的有毒代谢产物的总称，在自然界中广泛存在，其次级代谢产物依照化学结构差异主要可分为 4 类。

A 型：主要的化合物有 20 多种，数量最多，其酯基水解后生成具有 1~5 羟基的单端孢霉烯族化合物的母体，代表化合物为 T-2 毒素和二乙酰氧基蔗草镰刀菌烯醇，此类真菌毒素是造成谷物污染及危害的重要类型。

B 型：化合物以 C_8 位上含羰基取代为其特征。这类化合物几乎都是镰刀菌代谢物，包括脱氧瓜蒌镰孢菌烯醇及其 3-乙酰基衍生物、15-乙酰基衍生物、雪腐镰孢菌烯醇和镰孢菌烯酮-X，此类真菌毒素是造成谷物污染及危害的重要类型。

C 型：化合物在 $C_7 \sim C_8$ 位上含有第三个环氧基。这类化合物由单端孢霉菌产生，仅有几种化合物。

D 型：是大环疣孢漆斑菌属二乳酮衍生物。这类化合物大约有 12 种是已知的，均从漆斑菌、疣孢漆斑菌、黑葡萄穗霉等中分离得到。

单端孢霉烯族毒素的靶器官是肝脏和肾脏，且大都属于组织刺激因子和致炎物质，因而可直接损伤消化道黏膜。畜和禽中毒后的临床症状一般表现为食欲减退或废绝、胃肠炎症和出血、呕吐、腹泻、坏死性皮炎、运动失调、血凝不良、贫血和白细胞数量减少、免疫机能降低和流产等，部分毒素已经被证明是有效的促癌物、致癌物，如伏马毒素。该类毒素能明显影响食欲，故临床上很少见到急性中毒现象。

GB 2761—2017 中规定：小麦、小麦面粉、玉米和玉米粉等谷物及其制品中脱氧雪腐镰刀菌烯醇含量不得高于 1000 μg/kg，玉米赤霉烯酮含量不高于 60 μg/kg。值得注意的是，由于气候原因，产呕吐毒素、伏马毒素的菌种在山东地区尤其适宜生长，故在检测相关谷物时也应格外注意。常见的真菌毒素化学结构如图 2-5 所示。

③赭曲霉毒素：赭曲霉毒素是由曲霉属的 7 种曲霉和青霉属的 6 种青霉菌产生的一系列真菌毒素的统称，主要有 7 种结构类似的化合物，其中 OTA 毒性最大、分布最广、产毒量最高、对农产品的污染最重。GB 2761—2017 规定谷物、豆类及其制品中 OTA 的允许量不

得超过 5 μg/kg。

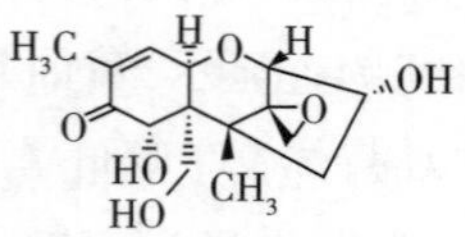

脱氧雪腐镰刀菌烯醇 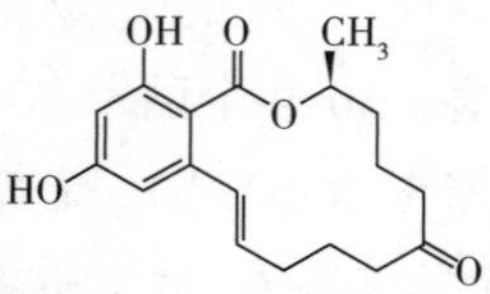　　　　玉米赤霉烯酮 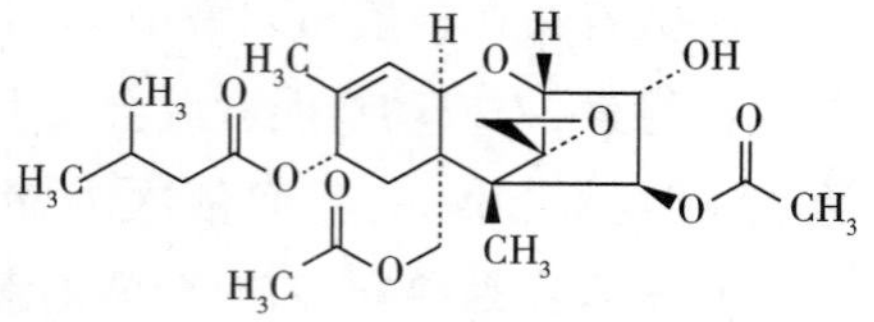　　　　　　T-2 毒素

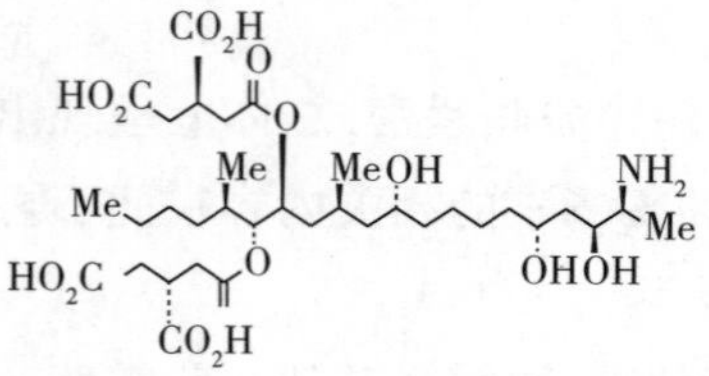

伏马菌素 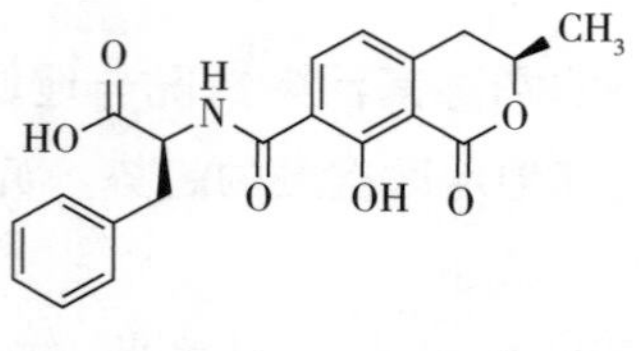　　　　　　　　　赫曲霉毒素 A 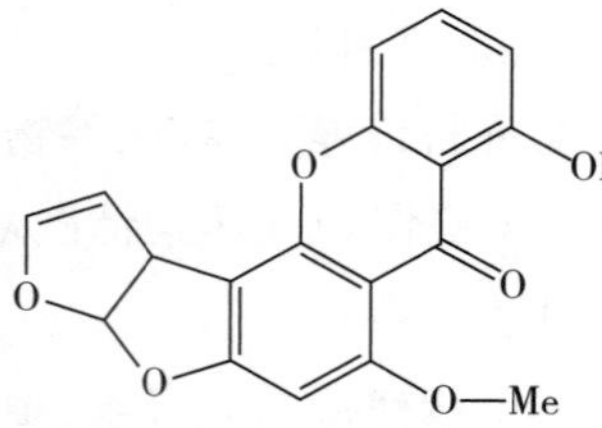　　　　　　杂色曲霉毒素

图 2-5　常见的真菌毒素化学结构

④杂色曲霉毒素:杂色曲霉毒素是一类化学结构很近似的化合物,其来源主要是杂色曲霉、构巢曲霉、焦曲霉及索拉金离蠕孢霉。目前有 10 多种已确定结构,其化学结构除异杂色曲霉毒素外,都有两个呋喃环,与黄曲霉毒素结构相似。通过碳-14 标记法已经验证,杂色曲霉毒素在一定条件下能够转变为黄曲霉毒素,因此,其对食品的污染应当受到重视。目前,我国尚未针对杂色曲霉毒素制定相关检测和限量标准。

由于真菌毒素引发的伤害或者疾病多为潜在性的慢性疾病,目前仍缺乏有效的治疗措施,这就需要在预防控制上入手,减少其危害。第一,是做好谷物的干燥贮存,通常高湿环境是霉菌产毒的必要条件之一,因此做好谷物贮藏环境的干燥、低温、通风是有效遏制真菌毒素污染的手段。第二,做好检测手段,目前薄层色谱法、气相色谱法、酶联免疫法、高效液相色谱法、利用免疫亲和柱净化后的荧光仪检测法都是成熟稳定的检测霉菌毒素的手段,极大地在原料端避免真菌毒素进入加工环节。第三,个人提高警惕,对于发霉、陈化的谷物及其制品格外注意,避免食用或者接触。

(2)重金属污染

重金属一般指对生物有显著毒性的元素,如铅(Pb)、镉(Cd)、汞(Hg)、铬(Cr)、锡(Sn)、镍(Ni)、钴(Co)、铜(Cu)、锌(Zn)等,也包括铍(Be)、铝(Al)等轻金属和砷(As)、硒(Se)等过渡元素。重金属在环境中很难降解、消失,通过迁移,转化富集在农作物中,进入人类的食物链,威胁人类健康。对谷物而言,有毒金属污染主要来源于环境中大气沉降、污水农灌、固体废弃物堆放处置、化肥农药等施用,以及自然环境本底过高、贮藏和运输过程中处理不当。

同时,谷物富集的重金属在加工过程中也会迁移至产品中,造成产品的污染,比如,小麦颖壳中富集的铅、镉等重金属会在脱皮制粉的过程中污染面粉。此外,制粉机器摩擦也会将重金属元素引入面粉中,造成"二次污染"。

(3)农药残留

食品中农药残留的来源、危害及措施详见第3章。目前我国常用的农药主要有:有机磷、氨基甲酸酯、拟除虫菊酯、有机氮化合物、有机硫化合物、酰胺类化合物、脲类化合物、醚类化合物、苯甲酸类、三唑类等,在绝大多数谷物生长过程中都会接触到一种或数种农药。我国谷物中农药残留主要有两大来源:一是防治虫害、病害、草害时直接施用的农药;二是环境中蓄积的农药,通过水、空气、土壤等途径在植物体内富集。当过量使用农药或安全期[1]内收获时,都可能造成谷物农药残留超标。谷物位于人类食物链的底层,在脱壳、抛光、研磨等加工处理过程中,一定程度降低了农药残留。正是由于这种隐蔽性,谷物中的农药残留问题一直未得到足够的关注和重视。

需要指出的是,通常谷物农药残留大多指谷物在生长过程中残留的农药。我国在粮食贮藏过程中,经常使用谷物保护剂,其主要的作用是在粮食贮藏期间有效地杀虫灭菌,然而,这些保护剂的非正常使用和谷物非安全期出仓,将可能造成谷物在加工过程中农残超标,引发安全问题。目前常见的谷物保护剂有:马拉硫磷、杀螟硫磷、甲基嘧啶硫磷和溴氰菊酯,其化学式如图2-6所示。

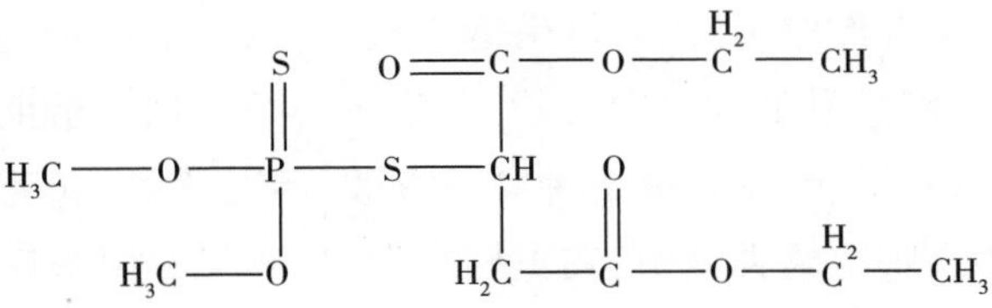

马拉硫磷

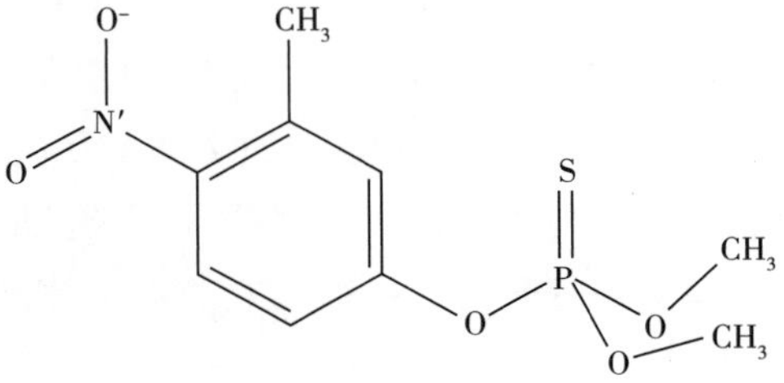

杀螟硫磷

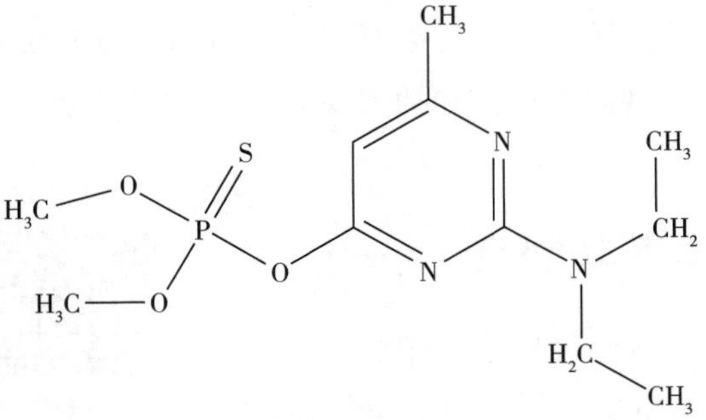

甲基嘧啶硫磷

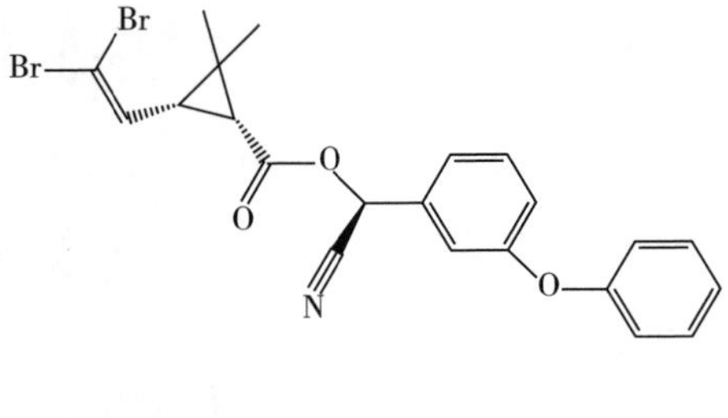

溴氰菊酯

图2-6 4种常见的谷物保护剂化学式

①马拉硫磷:又名马拉松、杀虫剂4049。学名*O*,*O*-二甲基-*S*-(1,2-二羟乙氧基乙

[1] 安全间隔期是指最后一次施用保护剂至其在粮食中的残留量降低至符合粮食卫生标准所经历的时间。除使用载体法施药外,直接喷洒或拌和在粮食中的保护剂必须经过安全间隔期后才能加工使用。

基)二硫代磷酸酯。浅黄色油状液体。溶于乙醇、丙酮、苯、甘油、植物油、氯仿、四氯化碳,难溶于水。在中性介质中稳定,在碱性或酸性介质中均会水解。为高效低毒杀虫剂、杀螨剂。用于稻、麦、棉生产,也用于蔬菜、果树、茶叶以及仓库。

②杀螟硫磷:又名杀螟松,属于有机磷杀虫剂。毒性中等,对人畜低毒,大鼠急性经口 LD_{50} 为 400~800 mg/kg,大鼠急性经皮 LD_{50} 为 1200 mg/kg。杀螟硫磷具有触杀和胃毒作用,无内吸和熏蒸作用,残效期中等,杀虫谱广,对鳞翅目幼虫有特效,也可防治半翅目、鞘翅目等害虫。该药剂对光稳定,遇高温易分解失效,碱性介质中可水解,铁、锡、铝、铜等会引起该药分解,玻璃瓶中可贮存较长时间。

③甲基嘧啶硫磷:又名甲嘧硫磷、害虫敌、虫螨磷,原药为棕黄色液体,30℃水中溶解度为 5 mg/L,易溶于大多数有机溶剂,其可被强酸和碱水解,对光不稳定,对黄铜、不锈钢、尼龙、聚乙烯和铝无腐蚀性。甲基嘧啶硫磷是有机磷速效、广谱的杀虫剂、杀螨剂,具有胃毒和熏蒸作用。对于储粮甲虫、象鼻虫、米象、锯谷盗、拟锯谷盗、谷蠹、粉斑螟、蛾类和螨类均有良好的药效,也可防治仓库害虫、家庭及公共卫生害虫(蚊、蝇)。

④溴氰菊酯:溴氰菊酯是白色斜方针状晶体,常温下几乎不溶于水,溶于多种有机溶剂,对光及空气较稳定,在酸性介质中较稳定,在碱性介质中不稳定。溴氰菊酯是菊酯类杀虫剂中对虫类毒力最高的一种,对害虫的毒效可达滴滴涕的 100 倍、西维因的 80 倍、马拉硫磷的 550 倍、对硫磷的 40 倍。具有触杀和胃毒作用,触杀作用迅速,在高浓度下对一些害虫有驱避作用,持效期长(7~12 天)。配制成乳油或可湿性粉剂,为中等杀虫剂。杀虫谱广,对鳞翅目、直翅目、缨翅目、半翅目、双翅目、鞘翅目等多种害虫有效,但对螨类、介壳虫、盲蝽象等防治效果很低或基本无效,还会刺激螨类繁殖,在虫螨并发时,要与专用杀螨剂混用。

溴氰菊酯属于中毒毒类,对人的皮肤及眼黏膜有刺激作用,3 类致癌物质。浓度达到一定净含量后皮肤接触可引起刺激症状,出现红色丘疹。急性中毒时,轻者有头痛、头晕、恶心、呕吐、食欲不振、乏力等症状,重者还可出现肌束震颤和抽搐现象。

2.3 豆类及其制品

拓展知识 4

我国对豆类食品的加工起源于 2000 多年以前,经历些小作坊、前店后厂式发展,现今逐渐形成了以大豆为主要原材料的、种类繁多的集成化豆类加工体系,产品类别主要包括大豆油、豆类制品,如干豆及豆粉、非发酵豆制品、发酵豆制品、豆类罐头等食品。近几年,我国豆类加工行业呈现出爆发式增长的趋势,然而,由于豆制品加工简单、原料来源广泛等因素,其产品的卫生安全问题被媒体频频报道。如豆制品生产者 90%无证经营;"黑豆腐"占据 60%市场份额;用发霉的豆子做原料,添加增稠剂或添加从饭店里收集来的剩米饭或者米粉;使用工业卤水、硫酸亚铁加硫化钠泡制臭豆腐;在市面上买的豆制品只有不到 30%是放心产品。一方面折射出生产者、管理者、监督者职能缺位的现象,另一方面则是因为我国没有出台相应的标准来规范产品。对多数新出现的豆制品,尤其是大豆蛋白类制品,其生产者往往只能执行食品卫生标准进行生产,这就难以保证产品质量。

大豆油是我国需求量最大的植物油,其加工规模在市场需求的刺激下快速增长,现已占国内植物油总产量的60%左右,产能已居世界首位。相应地,我国既对大豆油制定了专门的国家标准(GB/T 1535—2017),又在榨油工艺上着重研究,确保我国大豆油的品质优良。随着大型企业的规模化生产逐渐扩大,小作坊式的豆油产品市场份额减少,豆油产品一般具有较少的卫生安全问题,其可能出现的问题在植物油脂部分已经讲述,在此不再赘述。

豆类制品中,非发酵豆制品主要指没有经过发酵工艺所生产出来的以大豆为原料的食品,如豆腐、豆腐干、腐竹、千张、百叶等。发酵豆制品则是以大豆为主要原料,经微生物发酵而成的豆制品,如腐乳、豆豉等。这类产品的卫生问题大多集中在以下3个方面。

(1)菌落总数及大肠菌群超标

由于豆制品含有丰富的蛋白质,且水分适宜,极易被微生物污染,因此在生产、储存、运输、销售过程中都可能导致菌落总数超标。若采用的灭菌方式和储存方式不当,很容易造成微生物污染,进而引起食物中毒。

(2)苯甲酸非法添加、明矾超标

苯甲酸是一种防腐剂,添加至食品中用于抑制微生物的生长。国家标准规定,豆制品中不允许添加苯甲酸。抽查发现,部分产品中检出苯甲酸。明矾,学名硫酸铝钾,含铝,长期超量食用会降低智力、记忆力。抽查发现,部分食品中明矾含量超标。

(3)化学物质非法添加

一些厂家在腐竹等豆制品中非法添加吊白块,以增加产量,改善腐竹的外观和口感。甲醛次硫酸氢钠,俗称"吊白块",为原生质毒物,影响人体代谢机能,食后会引起胃痛、呕吐、呼吸困难等症状,对肾脏有损害,为国家明令禁止在食品中使用的化工原料。

此外,豆类罐头中,对原料熟制不彻底、罐体腐蚀及微生物污染也是引发豆类食品卫生安全问题的重要因素。目前,我国已经加快制定豆类产品的标准,并加强市场指导和监督,以及将新的快速检测手段逐渐引入行业,我国豆制品行业的质量也在不断提升。

2.4　坚果及籽类

我国的坚果类食品主要指具有坚硬外壳的木本植物籽粒,包括但不限于:核桃、板栗、杏核、扁核桃、山核桃、开心果、香榧、夏威夷果、松子等。籽粒食品为瓜、果、蔬菜、油料等植物的籽粒,包括但不限于:葵花籽、西瓜籽、南瓜籽、花生、蚕豆、豌豆、大豆等。

2000年以来,随着人们健康意识的提升和对食品营养价值的关注,坚果炒货食品的营养价值被深入发掘,坚果炒货行业实现了行业的飞速发展,也被行业誉为"黄金十年"。这

10年间,坚果炒货的年销售总量基本保持两位数的增长趋势,对已经成规模、成体系的企业来说,平均销售总收益近1000亿元,行业总收益更是高达2500亿元,占据了休闲食品行业的35%左右,稳居休闲食品行业的榜首。

坚果及籽类是高档油脂原料,也是干果类零食、新食品资源开发的重要来源,但是我国的坚果及籽类仍然面临很多问题,主要是原料的品质参差不齐,尽管市场整体处在良好的状态,但必须要说,不管是知名厂商,还是各个小食品厂、小超市、小作坊所用的原料都面临着霉菌污染、重金属污染、非可食用杂质污染等问题。而且,由于产品的品种数量繁多,生产者分布遍及全国,为产品的监管、检测带来了巨大难度,也变相造成了我国目前相关产品质量难以保证,消费者对产品质量被动无奈接受的局面。

GB 19300—2014《食品安全国家标准 坚果及籽类食品》对生干、熟制(炒货)坚果及籽类食品的卫生安全做了明确的要求。其标准指标明确了霉菌及微生物、坚果内油脂和过氧化值、农药残留在内的限量,并结合GB 2760对食品添加剂做了限制规定,但如何更好地做好原料质量的控制、做好产品的检测才是切实提升坚果类食品质量的核心所在。

思考题

1. 黄曲霉毒素是我国粮油食品加工中重要的污染源和危害来源,请查阅资料,并结合已学过的知识,简述粮油加工中脱除黄曲霉毒素的主要方法及过程。

2. 日常生活中,人们闻氢化植物油而色变,究其原因是对反式脂肪酸的恐惧,请查阅文献资料,简述氢化植物油和反式脂肪酸之间的关联,并结合反式脂肪酸生成机理,探讨粮油加工中反式脂肪酸的控制方法。

3. 请选取一种粮油产品,找出与其卫生、安全、质量相关的国家标准,归纳总结形成报告。

参考文献

[1]何佳璘,段永红.农作物中多环芳烃污染的研究进展[J].山西农业科学,2020,48(7):1152-1157,1170.

[2]管剑豪,温彤,孙丽华.三种常见真菌毒素检测方法研究进展[J].轻工科技,2020,36(7):32-34.

[3]李宁新,卢志标,马潇,等.淡豆豉关键质量指标的确定及标准修订研究[J/OL].中国现代中药:1-17[2020-08-02].https://doi.org/10.13313/j.issn.1673-4890.20200316008.

[4]刘宝臣,齐闯,孙英旗,等.黄曲霉毒素B_1降解菌的筛选与鉴定[J].农业与技术,2020,40(12):15-17.

[5]程天笑,韩小敏,王硕,等.2018年中国4省脱粒小麦中9种真菌毒素污染情况调查

[J].食品安全质量检测学报,2020,11(12):3992-3999.

[6]宋承钢,王彦多,杨健,等.黄曲霉毒素脱毒研究进展[J].食品安全质量检测学报, 2020,11(12):3945-3957.

[7]潘程,张云鹏,刘晓萌,等.农产品中真菌毒素检测技术研究进展[J].食品安全质量检 测学报,2020,11(11):3571-3580.

[8]杨博磊,张晨曦,王刚,等.花生及花生油中危害物污染调查[J].花生学报,2020,49 (2):49-53.

[9]郭志明,尹丽梅,石吉勇,等.粮食真菌毒素的光谱检测技术研究进展[J].光谱学与光 谱分析,2020,40(6):1751-1757.

[10]李荧.粮油食品中真菌毒素检测技术研究进展[J].食品安全导刊,2020(15):150.

[11]付亚楠,张配配,RadkaBorutova.霉菌毒素的经济影响[J].国外畜牧学(猪与禽), 2020,40(5):1-2.

[12]赵珊,王兆琦,蒋万枫,等.花生油香精掺伪鉴别技术的研究[J].中国食品添加剂, 2020,31(4):49-55.

[13]李波,刘秀斌,曾建国.真菌毒素与隐蔽型真菌毒素研究进展[J].饲料研究,2020,43 (4):94-98.

[14]赵子舒.坚果炒货行业增速发展策略探究[J].现代食品,2020(8):76-77,81.

[15]邵博.稻谷真菌毒素污染及早期预测分析[J].福建茶叶,2020,42(4):3.

[16]刘春梅,刘玉兰,黄会娜,等.不同脱臭工艺和条件对菜籽油综合品质的影响[J].中国 粮油学报,2020,35(4):46-53.

[17]韩瑞丽,杨克英,袁婷兰,等.花生油中塑化剂污染的来源分析及管控方法[J].中国油 脂,2020,45(3):80-84.

[18]龙作亮.食用植物油与食用调和油问题探讨和建议[J].食品安全导刊,2020(6):55.

[19]刘玉兰,温运启,刘春梅,等.油脂脱臭馏出物中多环芳烃含量及检测方法研究[J].中 国油脂,2019,44(5):82-88.

[20]张浪,杜洪振,田兴垒,等.煎炸食品中多环芳烃的生成及其控制技术研究进展[J].食 品科学,2020,41(3):272-280.

[21]吕怀智.反式脂肪酸能避则避[N].中国医药报,2019-04-11(007).

[22]陈蓓,阮丽萍,李放,等.2015~2017年江苏省食品中多环芳烃污染状况的调查分析 [J].食品安全质量检测学报,2018,9(24):6569-6575.

[23]徐闯,张文龙,李晓龙,等.大豆油精炼行业工艺进展[J].粮食与食品工业,2017,24 (5):22-25.

[24]张瑞菊,张洪坤.豆制品的营养、生产现状及前景展望[J].山东商业职业技术学院学 报,2013,13(5):99-102.

[25]李文辉,陈嘉东,林亚珍,等.微胶囊谷物保护剂在粮食害虫防治研究应用[J].医学动

物防制,2013,29(5):523-525.

[26]李勇.反式脂肪酸的危害及氢化油的使用现状[J].广东科技,2011,20(8):48-49.

[27]卫祥云.豆制品行业现状及其安全问题的思考[J].大豆科技,2011(1):39-41.

[28]张九魁.谷物及其制品卫生标准清理工作进程[J].中国卫生标准管理,2010,1(5):54-55.

[29]蒋社才,李志权,张峰,等.新型高效谷物保护剂"储粮安"的应用研究[J].粮食储藏,2008,37(6):17-21.

[30]白旭光,唐利红.常用谷物保护剂在储粮中的残留与粮食卫生安全[J].粮食科技与经济,2008(2):30-32.

[31]高建炳.防腐剂对豆类制品抑菌作用的研究[J].郑州工程学院学报,2001(3):43-45.

3 果蔬产品的卫生及管理

本章学习目的与要求

1. 了解蔬菜、果品类食品受污染的因素和途径。

2. 熟悉蔬菜、果品类食品存在的主要卫生问题及对人体健康的影响。

3. 掌握预防蔬菜、果品类食品原料及常用加工食品污染的技术措施和做好食品卫生的管理措施。

4. 掌握蔬菜、果品卫生认证的概念及分类,了解其生产技术要点。

课程思政目标

1. 果蔬中的主要污染物中包括农药,农药的残留会给人类造成健康危害。所以农药的使用一定要严格执行国家的法律、法规和标准,使其有法可依、违法必究。树立良好的职业道德,始终把人民的生命安全放在第一位,养成遵纪守法的良好习惯。

2. 果蔬中的细菌污染可以导致果蔬的腐败变质,我们要了解控制细菌污染食品的方法,利用各种预防措施的协同作用产生最佳效果,生产出健康安全的食品。

蔬菜、水果含有丰富的维生素、纤维素、水分,在人类膳食中占有重要地位,且占我国居民膳食组成的 1/3 以上,随着蔬菜食品健康及保健性的广泛认识,其消费量逐步增加,其卫生问题备受重视。总体来讲,果蔬产品的卫生问题,主要包括农药、重金属、硝酸盐等化学污染,以及来自粪便的微生物与寄生虫等生物性污染问题。

3.1 果蔬产品化学性污染

从果蔬污染物类型来看,目前果蔬面临的污染威胁主要来自农药、重金属和硝酸盐。

3.1.1 果蔬产品与农药残留

3.1.1.1 果蔬农药残留现状

农药(pesticides)是指农业上用于防治病虫害及调节植物生长的化学药剂。按《中国农业百科全书·农药卷》的定义,农药主要是指用来防治危害农林牧业生产的有害生物(害虫、害螨、线虫、病原菌、杂草及鼠类)和调节植物生长的化学药品,但通常也把改善有效成分物理、化学性状的各种助剂包括在内。需要指出的是,对于农药的含义和范围,不同的时代、不同的国家和地区有所差异。如美国,早期将农药称为"经济性毒剂"(economic poison),欧洲则称为"农业化学品"（agrochemicals），还有的书刊将农药定义为"除化肥以外的一切农用化学品"。20 世纪 80 年代以前，农药的定义和范围偏重于强调对害物的"杀死"，但 20 世纪 80 年代以来，农药的概念发生了很大变化，农药的定义和范围更侧重于调节作用。尽管表述不同，但内涵均统一为"对有害物高效、对非靶标生物及环境安全"。

农药残留（pesticide residues）是农药使用后一个时期内没有被分解而残留于生物体、收获物、土壤、水体、大气中的微量农药原体、有毒代谢物、降解物和杂质的总称，其残留的数量被称为残留量。

再残留限量是指一些残留持久性农药虽已禁用，但已造成对环境的污染，从而再次在食品中形成残留，为控制这类农药残留物对食品的污染而制定其在食品中的残留限量。

最大残留限量（maximum residues limits，MRLs）指在生产或保护商品过程中，按照农药使用的良好农业规范（GAP）使用农药后，允许农药在各种食品、动物饲料中或其表面残留的最大浓度。

果蔬大多数生长期短、病虫害比较严重，种植过程中需多次施药，加上施药后采摘间隔短，不可避免地造成蔬菜农药残留过量。常见的残留农药品种主要是有机磷农药和氨基甲酸酯农药，如氧化乐果、乐果、马拉硫磷、甲胺磷、久效磷、倍硫磷、百克威、抗芽威和西维因等。目前我国农药年用量为 80 万～100 万吨，居世界首位。其中剧毒的有机磷类农药年使用量约占 70%，毫克级的有机磷类农药即可致人畜于死地。当农药残留在人体中达到一定的数量不为人体所分解时，将发生各种病变。根据国家有关部门统计，近年来食物中毒中，由农药残留引起的食物中毒所占比例越来越高。由农药引起的中毒死亡人数占总中毒死亡人数的 20% 左右。

对 2019—2021 年滨州市 13 种市售蔬菜农药残留的抽检结果表明，叶菜类蔬菜、根茎类蔬菜（姜）、豆类蔬菜、葫芦科蔬菜、茄果类蔬菜农药残留合格率分别为 84.48%、86.11%、91.56%、94.10%、99.07%，叶菜类蔬菜农药合格率较低，茄果类蔬菜农药合格率较高。

3.1.1.2 果蔬农残的主要种类

目前在世界各国注册的农药近 2000 种，其中常用的有 500 多种。中国有 250 种农药原药和 800 多种制剂，居世界第二位。

按照来源分类，可以分为有机合成农药（包括有机氯、有机磷、氨基甲酸酯、拟除虫菊酯、有机氟等）、生物源农药（包括微生物杀农药、植物源农药和动物源农药）、矿物源农药（包括硫制剂、铜制剂和矿物油乳剂等）。按照用途分类，可以分为杀虫剂、杀菌剂、除草剂、杀鼠剂和植物生长调节剂等。

1. 有机氯农药

（1）有机氯农药的概念及分类

有机氯农药是为了防治植物病、虫害，生产的含有有机氯元素的化合物，其大部分含有一个或几个苯环。其主要可以分为以苯为原料的有机氯农药（图 3-1）和以环戊二烯为原料的有机氯农药(图 3-2)的两大类。前者代表类型包括 DDT、"六六六",以及杀螨剂(三氯杀螨砜、三氯杀螨醇等);后者包括作为杀虫剂的氯丹、七氯、艾氏剂等。此外以松节油为原料的杀虫剂、以萜烯为原料的冰片基氯也属于有机氯农药。除上述两种农药外,与之结构类似的化学物质还包括多氯联苯物质(PCBs),我国自从 20 世纪 70 年代开始生产多氯联苯,产量近万吨,主要用作电容器的浸渍剂,在化学及毒性特点上与有机氯农药具有相似性。

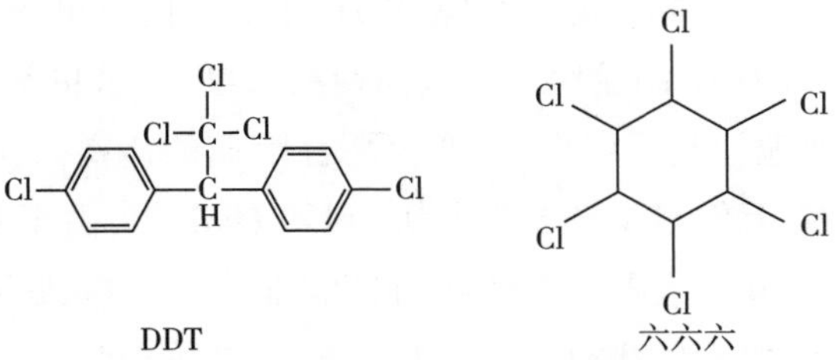

图 3-1　苯原料有机氯农药化学式

DDT,又称滴滴涕,二二三,化学名为双对氯苯基三氯乙烷(dichlorodiphenyl-trichloroethane),化学式$(ClC_6H_4)_2CH(CCl_3)$。

六六六,又名六氯环己烷,是环己烷每个碳原子上的一个氢原子被氯原子取代形成的饱和化合物。分子式 $C_6H_6Cl_6$,分子的结构式中含碳、氢、氯原子各 6 个,其中 γ 异构体(又称林丹)杀虫效力最高,α 异构体次之,δ 异构体又次之,β 异构体效率极低。

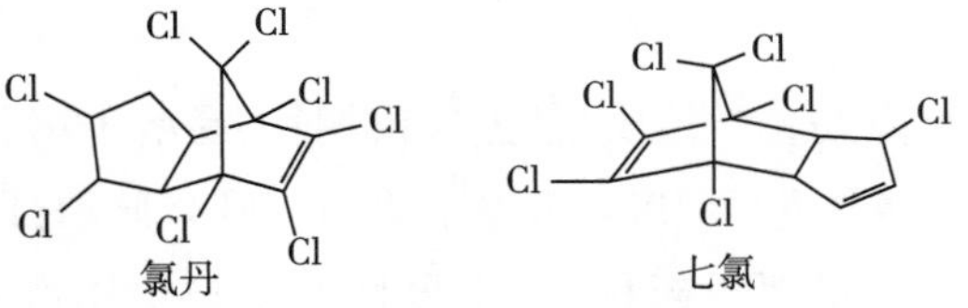

图 3-2　环戊二烯原料有机氯农药化学式

氯丹($C_{10}H_6Cl_8$),无色或淡黄色黏稠液体,带有针叶松树味,不溶于水,易溶于有机溶剂,属于中等毒类。

七氯($C_{10}H_5Cl_7$),又称七氯化茚,纯品为具有樟脑气味的无色晶体,挥发性较大;工业品七氯为软蜡状固体,含七氯约 72%,熔点 46~74℃。七氯与氯丹类似,进入机体后很快转化为毒性较大的环氯化物并贮于脂肪中,主要影响中枢神经系统及肝脏等。

多氯联苯是联苯进行多氯代过程的产物,根据氯原子在联苯环上取代的数目和位置的不同,理论上共有 209 种异构体。无色或淡黄色的黏稠液体,流动性好,有较高的熔点和沸点,稳定性强。水溶性小,脂溶性大,比热大、增塑能力强、绝缘性和介电常数较高、隔热性和润湿性能好。闪点在 170~380℃,因此有很好的阻燃性。

(2)有机氯农药的特点

20 世纪 30 年代,人类生命开始受到一种可怕疾病——斑疹伤寒的威胁,这是一种由蚊虫虱子传播的传染病,它肆虐在当时卫生条件较差的地方,亚非拉等地区人民饱受煎熬,在当时战火纷飞的欧洲,人民也不能幸免。防治这种疾病的最直接手段主要是通过灭杀病原体的寄主——蚊蝇跳蚤,从源头消灭这种疾病,与此同时,当时农业生产也面临大面积虫害的考验,螟虫也是农业生产的大敌。据资料显示,极微量的DDT就可灭杀大量的害虫,且生产成本低,便于大量生产。1874年,珀斯泰勒学院普雷斯顿合成了DDT,人们当时并未发现它的用处。1939年,米勒在实验中发现,DDT可以干扰蚊虫的神经系统,具有显著的杀虫效果,并于1939年将DDT制成用于灭杀棉铃虫、蚊蝇的杀虫剂且申请了专利,DDT杀虫剂一经问世,立即有效地抑制了疟疾、伤寒等恶性疾病的传播。例如,在印度,DDT使疟疾病例在10年内由7500万例减少到500万例,到了1962年,由于DDT的使用,全球疟疾伤寒几近灭绝。此外,将DDT施用于农作物可使农业产量大幅提升,有了近双倍的增长。DDT的使用,曾挽救了无数人的生命,并显著提升了农业产量。1948年,米勒通过发现DDT作为接触性杀虫剂对一些节肢动物的极大灭杀效果获得了诺贝尔生理医学奖。美国海洋生物学家雷切尔卡尔出版的《寂静的春天》一书中,列举了大量的事实,说明了DDT对生态环境的严重影响。2008年2月,乌干达政府在背部地区实施室内喷洒DDT计划以抗击疟疾传播,当地农民与环保主义者以污染和影响农产品质量为由,向乌干达高等法院提出诉讼被驳回。相关的科学研究显示,安全剂量的DDT不会使人致癌,一位生物学家曾多次直接饮用DDT,居然活到85岁,几十年前参加实验志愿者每天口服半毫克持续一年也无致病记录。《寂静的春天》中描述的环境所蒙受灾难的真正元凶,不是DDT本身而是人类的滥用所带来的危害。

有机氯农药的主要特点是化学性质稳定、残留期长、易溶于脂肪,且在脂肪中积累。美国已于1973年停止使用,我国也于1984年停止使用。研究显示,以广州、香港为代表的珠三角地区,母乳中DDT的含量严重超标,学术界怀疑这与食用淡水鱼类有关。这是因为DDT是一种易溶于人体及动物体脂肪,并能在其中长期富集的污染物。如果水质、泥底中含有DDT残留,其中生存的淡水鱼类就易于受到污染,并富集到人体内。

常用有机氯农药的主要特性:

①蒸气压低,挥发性小,使用后消失缓慢。

②脂溶性强,水中溶解度大多低于1 pm。

③氯苯架构稳定,不易为体内酶降解,在生物体内消失缓慢。

④土壤微生物作用的产物,也像亲体一样存在着残留毒性,如DDT经还原生成DDD,经脱氯化氢后生成DDE。

⑤有些有机氯农药,如DDT能悬浮于水面,可随水分子一起蒸发。环境中有机氯农药,通过生物富集和食物链作用,危害生物。

(3)有机氯农药对生物的危害

①急性毒性:神经毒性,能对人体造成脑损伤、抑制脑细胞合成、发育迟缓、降低智商。

②慢性毒性:对肝脏、肾脏和神经系统的慢性损伤,对水生动物生殖系统的破坏及雌性

化损伤。

③生殖毒性:能使人类精子数量减少、精子畸形的人数增加;人类女性的不孕现象明显上升;有的动物生育能力减弱。

④致癌性:国际癌症研究中心已将有机氯农药列为人体致癌物质,"致癌性影响"代表了有机氯农药存在于人体内达到一定浓度后的主要毒性影响。

2. 有机磷农药

有机磷农药是含有 C—P 键或 C—O—P、C—S—P、C—N—P 键的有机化合物。相比较于有机氯农药而言,有机磷农药化学性质不稳定,在施用后,容易受外界条件影响而分解。但有机磷和氨基甲酸酯类农药中存在着部分高毒和剧毒品种,如甲胺磷、对硫磷、涕灭威、克百威、水胺硫磷等,如果被施用于生长期较短、连续采收的蔬菜,则很容易因残留量超标而导致人畜中毒。除少数(敌百虫)为固体外,其他多呈淡黄色或棕色油状液体,有似大蒜样臭味,一般不溶于水。

(1)化学性质

①在酸性介质中水解速度较慢,在碱性介质中水解速度较快。

②在氧化剂或生物酶催化下容易被氧化。

③多数不能耐受较高温度的作用。

④有异构化现象。

(2)类型

①磷酸酯类:如敌敌畏、磷胺、速灭磷。

②硫代磷酸酯类:如对硫磷、甲基对硫磷、辛硫磷、内吸磷。

③二硫代磷酸酯类:如乐果、甲拌磷(3911)、马拉硫磷(4049)。

④磷酸酯类:如敌百虫、丁酯磷等。

⑤氟磷酸酯类:如甲氟磷(甲胺氟磷)、丙胺氟磷等。

⑥酰胺基磷酸酯类:如育畜胺磷、八甲磷等。

⑦焦磷酸酯类:如特普、双硫磷等。

(3)毒理作用

①进入人体途径:呼吸道、消化道及完整的皮肤。

②体内分布:迅速分布到全身各组织脏器并与组织蛋白牢固结合。

③代谢:5~12 h 血中浓度最高,体内代谢迅速,大部分经过肾脏排出,24 h 难测出,48 h 完全消失。

(4)毒物的吸收和代谢

①吸收:皮肤、黏膜、呼吸道、消化道。

②代谢:分解与氧化(肝),氧化后毒性增强,分解后毒性降低。对硫磷氧化成对氧磷毒性增强 300 倍,内吸磷氧化成亚砜毒性增强 5 倍。

③排泄:肾脏、粪便、呼气、出汗。

（5）中毒机制

①对乙酰胆碱酯酶的抑制：主要抑制胆碱酯酶的活性，造成乙酰胆碱在体内堆积，引起胆碱能神经的高度兴奋。[可逆—不可逆（磷酰化）—老化酶]

②对神经病靶酯酶（NTE）的抑制：某些种类的有机磷农药，在中毒后1~2周，部分病人可发生周围神经病。

3. 氨基甲酸酯农药

毒扁豆的有毒成分是生物碱——毒扁豆碱，1925年确定了其分子结构式，这就是人类发现的第一个天然氨基甲酸酯类化合物，其化学式如图3-3所示。

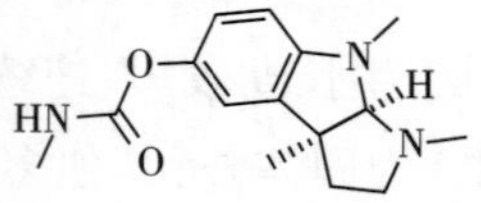

图3-3　毒扁豆碱化学式

氨基甲酸酯类农药（carbamates）用作杀虫剂、除草剂、杀菌剂等。其毒理机制是抑制昆虫乙酰胆碱酶（AchE）和羧酸酯酶的活性，造成乙酰胆碱（Ach）和羧酸酯的积累，影响昆虫正常的神经传导而致死。

氨基甲酸酯类农药主要类型：稠环基氨基甲酸酯类、取代苯基类、氨基甲酸肟类。

（1）稠环基氨基甲酸酯类

①甲萘威（西维因）：水中溶解度低，30℃下40×10^{-12}，苯、二甲苯中溶解度低，稳定性好（光、热、酸），碱中易分解。具有触杀、胃毒和微弱的内吸作用。低毒，大白鼠口服LD_{50} 540 ~ 710 mg/kg，经皮$LD_{50} > 2000$ mg/kg。人体中酯酶水解为主，昆虫中MFO酶分解（非水解酶），在酸性条件下能转化为亚硝基苯化合物，具有致癌作用。

②克百威（呋喃丹）：广谱性杀虫、杀线虫剂，可防治300多种害虫，如稻、棉、玉米、马铃薯、地下害虫。具有胃毒、触杀、内吸作用，残效长、残留低。高毒，对鱼、牛、水生动物有毒。不易积累，代谢快（水解、羟基化）。不允许喷雾，桑树附近不使用。

③丙硫克百威（安克力，benfuracarb）：难溶于水，溶于大多数有机溶剂，对光不稳定。具有触杀、胃毒和内吸作用，持效期长。中毒，大鼠急性经口LD_{50}为138 mg/L，急性经皮$LD_{50} > 2200$ mg/L。

④丁硫克百威（好年冬，carbosulfan）：不溶于水，与丙酮、二氯甲烷、乙醇、二甲苯互溶，酸性介质中易分解。克百威低毒化衍生物，杀虫谱广，有内吸性。大鼠急性经口LD_{50}为209 mg/L，兔急性经皮$LD_{50} > 2000$ mg/L。

（2）取代苯基类

①异丙威（叶蝉散，isoprocarb）：不溶于卤代烷烃和水，难溶于芳烃，溶于丙醇、甲醇、乙醇、二甲亚砜、乙酸乙酯等有机溶剂。在酸性条件下稳定，碱性溶液中不稳定。具有较强的触杀作用，

速效性强,主要防治水稻叶蝉、飞虱类害虫;中等毒性。不能与敌稗混用,否则易发生药害。

②仲丁威(巴沙,fenobucarb):微溶于水,易溶于一般有机溶剂,如氯仿、丙酮、苯、甲苯、二甲苯、石油醚、甲醇等。遇碱或强酸易分解,弱酸介质中稳定,高温下热分解。杀虫作用快,有杀卵和内吸作用,低温下仍有良好的杀虫效果,低毒。

(3)氨基甲酸肟类

①涕灭威:水中溶解度 0.6 g/100 mL(> 33%),溶于大多数有机溶剂。经皮 LD_{50} 为 5 mg/kg。具有内吸作用。防治方法:5%G 的用量为 1 kg/亩,主要针对的是棉花刺吸式害虫(蓟马、盲蝽、蚜、叶蝉、螨、粉虱);针对甘薯线虫病,3%G 用量为 5 kg/亩。有一定的水溶性,可使地下水受污染。我国规定在下列地区禁止使用:地下水埋深不足 1.0 m 的地区;地下水埋深不足 1.5 m 的地区,月降雨量大于 150 mm 的砂性土地区(砂粒含量大于 85%);地下水埋深不足 1.5 m,月降雨量大于 200 mm 的壤砂土地区(砂粒含量 70% ~ 85%);地下水埋深不足 3.0 m,月降雨量大于 200 mm 的砂性土地区(砂粒含量 90%);所用施药区距饮水源必须在 30 m 以上。

②灭多威(methomyl):具有内吸、触杀、胃毒作用;高毒:口服 LD_{50} 为 17 ~ 24 mg/kg,兔经皮 LD_{50} >5000 mg/kg。

③硫双灭多威(拉维因,thiodicarb):具有胃毒、较弱的触杀作用;中毒:口服 LD_{50}66 mg/kg。

④苯氧威(fenoxycarb):又名双氧威、苯醚威。1982 年由瑞士的 DR. R. MAAG 公司发现,这是一种非萜烯类昆虫生长调节剂,对大多数昆虫表现出强烈的保幼激素活性,可以使卵不孵化,抑制成虫期变态及幼虫期的蜕皮,有时还会抑制成虫或幼虫的生长和出现早熟。特点:具胃毒、触杀作用,杀虫谱广;选择性很强,通过干扰昆虫特有的发育和变态过程而产生杀虫的作用,因此对哺乳动物低毒。当苯氧威进入昆虫体内后,很低的浓度就可以使昆虫体内的保幼激素超过正常值,严重干扰了昆虫的正常发育而导致死亡,因此剂量很少就可以起到较好的杀虫效果;持效期长,对环境无污染。

⑤茚虫威:美国杜邦公司于 1992 年开发,并于 2001 年登记为上市的氨基甲酸酯类杀虫剂。通用名为 indoxacarb,商品名为 Ammate(全垒打)、Avatar(安打),和传统的氨基甲酸酯杀虫剂不同,茚虫威为钠通道抑制剂,而非胆碱酯酶抑制剂,故无交互抗性。茚虫威主要通过阻断害虫神经细胞中的钠通道,使靶标害虫的协调受损,出现麻痹,最终致死,同时,害虫经皮或经口摄入药物后,很快出现厌食反应。茚虫威已在美国、澳大利亚、中国等国作为"降低风险产品"(reduced-riskproduct)登记注册。

(4)标准中的限量(表3-1)

表 3-1　氨基甲酸酯类农药检测参考数据表

序号	中文名	英文名	保留时间/min	检出限/
			RRT(Cu,FLD)	(mg · kg⁻¹)
1	涕灭威亚砜	aldicarb sulfoxide	0.53	0.02

序号	中文名	英文名	保留时间/min RRT(Cu,FLD)	检出限/ (mg·kg⁻¹)
2	涕灭威砜	aldicarb sulfone	0.59	0.02
3	灭多威	methomyl	0.66	0.01
4	三羟基克百威	3-hydroxycarbofuran	0.79	0.01
5	涕灭威	aldicarb	0.90	0.009
6	速灭威	metolcarb	0.94	0.01
7	克百威	carbofuran	0.97	0.01
8	甲萘威	carbaryl	1.00	0.008
9	异丙威	isoprocarb	1.06	0.01
10	仲丁威	fenobucarb	1.13	0.01

（5）超标原因及健康危害

氨基甲酸酯类农药对人体的急性毒作用与有机磷农药相似,抑制体内乙酰胆碱酯酶,使它失去分解乙酰胆碱的功能,造成组织内乙酰胆碱蓄积而中毒。

氨基甲酸酯类农药可经呼吸道、消化道侵入机体,也可经皮肤黏膜缓慢吸收,主要分布在肝、肾、脂肪和肌肉组织中。在体内代谢迅速,经水解、氧化和结合等代谢产物随尿排出,24 h 一般可排出摄入量的 70%~80%。

氨基甲酸酯类农药毒作用机理与有机磷农药相似,主要是抑制胆碱酯酶活性,使酶活性中心丝氨酸的羟基被氨基甲酰化,因而失去酶对乙酰胆碱的水解能力。氨基甲酸酯类农药不需经代谢活化,即可直接与胆碱酯酶形成疏松的复合体。由于氨基甲酸酯类农药与胆碱酯酶结合是可逆的,且在机体内很快被水解,胆碱酯酶活性较易恢复,故其毒性作用较有机磷农药轻。与轻度有机磷农药中毒相似,但症状一般较轻,以毒蕈碱样症状为明显,可出现头昏、头痛、乏力、恶心、呕吐、流涎、多汗及瞳孔缩小,血液胆碱酯酶活性轻度受抑制,因此一般病情较轻,病程较短,复原较快。大量经口中毒严重时,可发生肺水肿、脑水肿、昏迷和呼吸抑制等症状。中毒后不发生迟发性周围神经病。

（6）食品安全事件链接

2007 年 4 月 10 日,北京市海淀区卫生局接到某医院疑似食物中毒报告,调查人员立即出发,及时赶到现场进行调查。根据流行病学调查情况、临床症状体征和实验室检测结果等综合分析,确认为一起由西瓜中残留的氨基甲酸酯类农药"涕灭威"引起的食物中毒事件。

2002 年 5 月 20 日,福建省宁德市蕉城区发生一起 27 人食物中毒事件。经流行病学、临床调查及实验室检验结果,确认是空心菜上残留的氨基甲酸酯类农药"灭多威"引起的。

4. 拟除虫菊酯类农药

（1）天然除虫菊素及发展概况

除虫菊酯是从一种植物"除虫菊"上提炼出的天然杀虫剂，又叫"天然除虫菊酯"。这种菊酯对环境很友好，杀虫效果又好，天然除虫菊酯是国内外公认最理想的杀虫剂，联合国粮农组织向全世界推荐了12种生物杀虫剂，其中有几种是除虫菊素或拟除虫菊素类化合物。除虫菊原产于南斯拉夫，我国主要在云南种植。

拟除虫菊酯是一种化学结构基于天然菊酯的人工合成杀虫剂，又被称为拟除虫菊酯类杀虫剂。当初拟除虫菊酯的开发是为了达到或超过天然菊酯的杀虫效果，不可否认的是拟除虫菊酯在阳光下会更稳定。拟除虫菊酯常常被应用于农业，是因为它在阳光下使用时，性质会更稳定。

1973年第一个对光稳定的拟除虫菊酯苯醚菊酯研发成功，是第一个适用于农林害虫防治的光稳定性品种，开创了拟除虫菊酯用于农业的先河。此后不断出现许多光稳定性品种，被称为第二代拟除虫菊酯，溴氰菊酯、氯氰菊酯、杀灭菊酯等优良品种不断出现，拟除虫菊酯的开发和应用有了迅猛的发展。

主要几种拟除虫菊酯的化学分子式如下：

①胺菊酯（tetramethrin）（图3-4）。

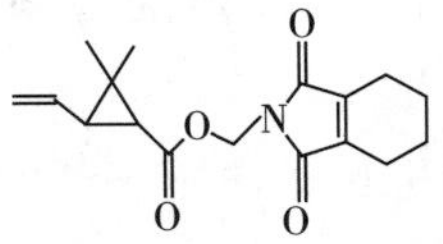

图3-4　胺菊酯分子式

②氯氰菊酯（cypermethrin）（图3-5）。

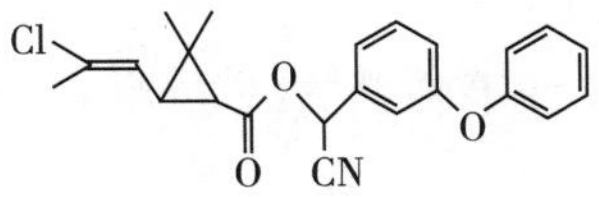

图3-5　氯氰菊酯分子式

③氰戊菊酯（fenvalerate）（图3-6）。

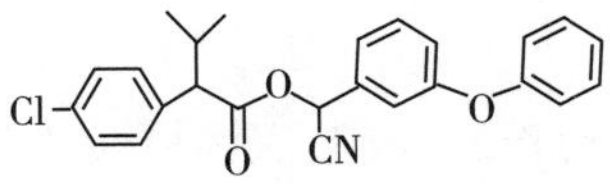

图3-6　氰戊菊酯分子式

（2）拟除虫菊酯的化学及毒性特点

本类农药绝大多数为黏稠油状液体，呈黄色或黄褐色，也有少数为白色结晶如溴氰菊酯，易溶于多种有机溶剂，难溶于水，大多数不易挥发，在酸性溶液中稳定，遇碱则容易分解失效。

3.1.1.3 果蔬产品中农药残留的来源

果菜的农残污染主要来自产前、产中、产后三个环节。农药对果蔬食品的污染有施药过量或间隔太短而造成的直接污染,也有土壤污染等造成的间接污染。

1. 直接污染

①使用农药时可直接污染果蔬作物,作物从周围环境中吸收药剂。黏附在作物表面的农药可被部分吸收;喷洒于果实表面的农药则可直接摄入人体。

在蔬菜和水果的种植中,农药用量各有不同。一般来说,叶菜类要比根茎类的农药残留多,因为它们的叶片柔软、水分多,虫子爱吃;根茎类埋在地底下不易招虫。例如:胡萝卜、土豆、洋白菜、大白菜、生菜、香菜等用农药都比较少,而豇豆、洋葱、韭菜、黄瓜、西红柿、油菜、茄子这些蔬菜的农药用量较多。另外,樱桃、早桃、杏都属于打农药比较少的水果。在众多蔬菜中,有的蔬菜容易受害虫"青睐",这就是多虫蔬菜,如大白菜、卷心菜、菜花等;有的蔬菜害虫不大喜欢吃,可以叫作少虫蔬菜,如茼蒿、生菜、芹菜、胡萝卜、洋葱、大蒜、韭菜、大葱、香菜等。这是由蔬菜的不同成分和气味的特异性决定的。多虫蔬菜由于害虫多,不得不经常喷药防治,势必形成农药残留;少虫蔬菜的情况则相反。在日常生活中,许多人有一种错误的认识,认为如果蔬菜叶子虫洞较多,就是没打过农药,吃这种蔬菜安全。其实,这是靠不住的。叶片上的虫洞随着叶片的生长而增大,有很多虫洞只能说明曾经有过虫害,并不表示后来没有施用过农药。为了避免过多摄入农药,平时应尽可能选购少虫蔬菜。

②贮藏期间为防止病虫害、抑制生长等使用农药而造成的果蔬产品的农药残留。

③不法商家购买未完全成熟的水果,用催熟剂和激素类药剂处理,造成的农药残留。

2. 间接污染

农药通过对土壤、水和大气的污染而间接污染果蔬产品。

(1)土壤污染

来源:直接施用;通过浸种、拌种等施药方式进入土壤;漂浮在大气中的农药随降水和降尘进入土壤。

特点:土壤中农药的污染状况决定于农药的种类和性质;农药在土壤中的残留与土壤类型、pH 值、金属离子种类和数量有关系;农药在土壤中的消失机制与农药的气化作用、地下渗透、氧化水解和微生物活动有关。

(2)水体污染

来源:农田施肥;土壤中的农药被水冲刷;农药厂废水排入水中。

特点:水体中的农药残留由水体本身的化学性质和与污染源的位置关系决定;含有较高的化肥、农药。施用农药、化肥的 80%～90% 均可进入水体,有机氧农药半衰期约为 15年,参加了水循环,形成了全球污染,其中,雨水>河水>海水>自来水>地下水。

(3)大气污染

来源:喷洒农药后产生的药剂漂浮物;来自农作物表面、土壤表面及水中残留农药的蒸

发、挥发扩散;农药厂排出的废气。

特点:大气中农药的污染状况取决于农药的使用情况;大气中农药的污染程度因地而异;大气中农药的残留量随施药时间而有规律地衰减。

3.1.2 果蔬产品农残控制措施

3.1.2.1 加强农药使用管理

(1)严格选用农药

正确合理使用农药所涉及的因素是多方面的、复杂的。为达此目的,必须了解化学防治与其保护对象、防治对象及所处环境条件的相互关系。

农药的使用涉及了由"有害生物""植物""环境条件"三者所组成平衡体系的方方面面,要达到正确合理地使用农药,完全要依靠掌握农药这一武器、用科学知识武装起来的"人"。主要指在全面、正确分析所获得的资料和数据后,使用者在用药时综合考虑多方面的因素,这就是农药化学防治法所依据的基本论点。主要可通过以下3方面选择剂型。

①根据害物特点选择剂型。

②根据作物和环境特点选择剂型。

③根据农药本身特点灵活选用剂型。

药剂的油溶性,不同品种间的差异很大。按强、弱顺序排列为:油剂>乳油剂>可湿性粉剂>粉剂。油溶性越强,对害虫触杀作用越强。

(2)适时用药

影响用药的因素有:剂量、浓度和用药次数;其中还要贯穿"间隔时间"这一概念。农药的适时用药是指,根据蔬菜病虫草害的不同种类,首先选择适用的农药品种,然后考虑最适的用药时期。

①根据害虫各生育期的不同特点适时用药。蔬菜害虫随着虫龄增长,其抗药性也逐渐增强。杀虫剂农药的最佳用药期应在幼虫期3龄前;对于钻蛀性害虫(如棉铃虫、食心虫、斑潜蝇、葱蓟马等)用药应在卵孵化高峰期,成虫期可采用性诱剂诱杀,效果明显。

②根据不同气候选择最佳用药时期。农药的防效与温度高低有密切关系,如敌百虫、乐果、辛硫磷,防治效果在一定的温度范围内随着温度增高而提高,此类农药应在温度较高时使用;拟除虫菊酯类杀虫剂如溴氟菊酯、联苯菊酯、氟氯氰菊酯等,在温度较低时防效较好,此类农药应在早晨和傍晚使用;具有内吸输导功能的杀虫剂、杀菌剂、除草剂和生长调节剂,在田间光照较弱、温度较低、空气相对湿度开始升高时,药剂挥发少、防效较好。此类药剂应在下午或傍晚使用;微生物杀虫剂对光照、湿度敏感,应选择雾天或露水较多时用药。

③根据蔬菜病害不同的侵染危害特点选择杀菌剂最佳用药时期。应在病害危害最重、产量损失较重之前用药防治。施用保护性杀菌剂时,应在病菌侵染作物之前打药。如蔬菜病毒病,发病后才防治就比较困难,最好在发病前用药预防。

④根据用药后栽培管理的效果选择最佳时间。在冬季温室用药时,为了保持温室的温

度和降低空气湿度,应在晴天上午或中午用药,便于通风、排湿;露地蔬菜栽培,避免在降雨前用药,防止雨水冲淡药液,降低药效。

(3)适法适量用药

目前国内外生产的杀虫剂以乳油剂为主;杀菌剂和除草剂以可湿性粉剂为主。目前施药方式以喷雾为主,其次是拌种、喷粉、撒粉、撒毒土等。

①防治地下害虫。可用拌种、毒饵、毒土、灌根、土壤处理等方法。

②防止种子带菌。可用药剂处理种子、温汤浸种等。

③在保护地生产中用药。常用喷雾和点燃烟雾剂。用烟雾法比喷雾法要好,烟雾法具有使用方便、施药均匀、速效性好、防治及时、利用率高、不增加空气湿度等优点。

④不同的病虫为害特点不同,用药部位也不同。如蔬菜的霜霉病、灰霉病、疫病、白粉病、赤霉病、黑霉病、青霉病及锈病等,喷药时应着重喷叶背面;炭疽病、轮纹病、叶枯病、叶腐病和斑病等,施药时应着重喷叶的正面。

⑤设法增强农药的防效。如在农药中加入0.3%的食盐;在阿维菌素系列农药中加入适量的丹铜,可增强农药的渗透能力,对斑潜蝇的杀灭力更大;在苦参碱中加入0.5%白糖,对消灭白粉虱更有利。

(4)加强科技培训,提高农民素质

农民教育的重点是学习安全科学使用农药的知识和参加技术的宣传培训,提高安全科学使用农药意识,以适应生产过程中的监控和管理。

3.1.2.2 加强农药市场管理

(1)发展高效安全农药(包括生物农药)

安全、高效、经济和使用方便的农药产品将成为市场的主流产品,绿色环保是未来农药行业发展的要求。目前吡虫啉、啶虫脒、阿维菌素、丙环唑、腈菌唑、灭幼脲等高效低毒农药产品数量增加,市场份额逐渐增大。微乳剂、水剂、悬浮剂、可溶性液剂、水分散粒剂等环境相容性剂型不断发展,水性化产品比例不断提高。

(2)改善农药品种结构

目前生产的600多个品种、20000多个制剂产品中,农药品种亩用量和毒性等逐渐下降。从3大类品种结构来看,杀虫剂在总产量中的比重不断下降,而杀菌剂和除草剂的比重逐渐上升。1986年杀虫剂在总产量中的比重高达72.5%,杀菌剂和除草剂分别为7.8%和7.5%;而到了2019年,杀虫剂在总产量中的比重下降为55.4%,降低了17.1个百分点,杀菌剂和除草剂的比重上升为9.3%和24.4%,分别上升了1.5和16.9个百分点,品种结构有了大幅度的改善。但品种老化、结构不合理的问题仍突出。主要表现为整个农药产量中杀虫剂比例偏大,而除草剂比例还不高,植物生长调节剂缺少。

(3)推动科研开发及企业规模化发展

目前农药生产企业2800多家,绝大部分农药企业的规模小而分散,而且生产技术落后,产品重复,低水平重复生产严重,使产品供过于求,市场混乱。市场集中度低,市场占有率最高的企业占整个市场份额的份额不到 4%,15 家最大农药企业的市场份额仅占 25% 左右,而世界上前 8 家农化集团销售额已占到全球农药市场的 80% 以上。

3.1.2.3 挑选"少毒蔬菜"

蔬菜农药残留是否超标从外观上是很难辨别的,但只要注意以下几点一般可以挑选到农药残留少、食用安全的蔬菜:一是选购当令盛产的蔬果,不要偏食某些特定的蔬果;二是尽量不要购买外形美观的蔬果,形状、颜色正常的蔬菜,一般是用常规方法栽培的,未用激素等化学品处理过,而形状、颜色异常的蔬菜则可能用激素处理过;三是选购使用农药较少的蔬果,如具有特殊气味的洋葱、大蒜等,当发现蔬果表面有药斑或有刺鼻化学药剂味道时应当避免购买;四是尽量减少选购一些连续性采收的蔬菜,如菜豆、小黄瓜等,这类蔬菜由于采收间隔短,往往农药残留多。

3.1.2.4 清除果蔬中农残的主要方法

(1)清水浸泡洗涤法

一般先用清水冲洗掉表面污物,剔除可见有污渍的部分,然后用清水盖过果菜部分 5 cm 左右,流动水浸泡不少于 30 min。必要时可加入果蔬洗剂之类的清洗剂,增加农药的溶出。如此清洗浸泡 2~3 次,基本上可清除绝大部分残留的农药成分。

(2)碱水浸泡清洗法

大多数有机磷类杀虫剂在碱性环境下,可迅速分解,所以用碱水浸泡的方法是去除蔬菜水果残留农药污染的有效方法之一。一般在 500 mL 清水中加入食用碱 5~10 g 配制成碱水,将初步冲洗后的果蔬置入碱水中,根据菜量多少配足碱水,浸泡 5~15 min 后用清水冲洗果蔬,重复洗涤 3 次左右效果更好。

(3)加热烹饪法

由于氨基甲酸酯类杀虫剂会随着温度升高而加快分解,所以对一些其他方法难以处理的果蔬可通过加热法除去部分残留农药。一般将清洗后的果蔬放置于沸水中 2~5 min 后立即捞出,然后用清水洗 1~2 遍后置于锅中烹饪成菜肴。高温加热也可以使农药分解,比如用开水烫或油炒。实验证明,一些耐热的蔬菜,如菜花、豆角、芹菜等,洗干净后再用开水烫几分钟,可以使农药残留下降 30%,再经高温烹炒,就可以清除 90% 的残留农药。

(4)清洗去皮法

对于带皮的果蔬,如苹果、梨子、猕猴桃、黄瓜、胡萝卜、冬瓜、南瓜、茄子、萝卜、西红柿等,残留农药的外表可以用锐器削去皮层,食用肉质部分,既可口又安全。蔬菜去皮虽然会造成一定的营养损失,但可以减少农药残留。尤其是黄瓜、茄子等农药用得多的蔬菜和大部分水果,最好去皮吃。吃苹果的时候,最好少吃果核周围的部分,因为果核的缝隙会导致农药渗入。

(5)储存保管法

某些农药在蔬果的存放过程中会随着时间的增长缓慢分解为对人体无害的物质。所以有条件时,可将某些适合于储存保管的果品购回存放一段时间(10~15 天)。食用前再清洗并去皮,效果会更好。

（6）减少非天然果蔬洗涤剂的使用

此外，对于非天然类的果蔬洗涤剂，不建议使用。一般果蔬洗涤剂化学结构中的苯环含毒性很高，其在蔬果上残留导致的危害性，可能比农药残留还大。

3.1.3　重金属类

[案例一]蔬菜的重金属污染是食品污染物中的一个重要因素。重金属在蔬菜中的富集积累，可通过食物链危害人类健康和生命安全。据世界卫生组织等报道，重金属在人体内过量累积可诱发心血管、肾、神经和骨骼等器官病变甚至癌变。目前我国有些城市，尤其是以金属和矿业为主的三线城市，大量废弃物和重金属的排放，使土壤被破坏，蔬菜质量安全堪忧。重金属污染与其他有机化合物的污染不同，有些有机化合物可以通过自然界本身物理的、化学的或生物的净化，使有害性降低或解除；而重金属具有富集性，很难在环境中降解，如镍、镉、汞、锌等重金属不易被人体分解，对人体健康产生巨大的危害（司桂满等，2020）。

铅、镉、铬等重金属是我国蔬菜主要重金属污染物。近30年来，有大量蔬菜产品重金属污染情况的报道，其中重金属超标率最低为12%，有些高达90%以上。从浙江省11个城市农贸市场采集的28个品种5785个蔬菜样本中重金属含量，发现As、Cr、Ni未超标，而Cd和Pb超标率分别为0.25%和1.56%，表明该地区人群有一定的通过消费蔬菜摄取重金属的风险（Pan等，2016）。

2007—2016年已发表的220篇论文中的1335个数据，发现蔬菜作物中重金属污染风险较低，Pb、Cd、Hg的平均含量分别为 $0.11\ mg\cdot kg^{-1}$、$0.04\ mg\cdot kg^{-1}$、$0.01\ mg\cdot kg^{-1}$，均低于最大允许浓度，南方部分地区如贵州、云南、湖南、广东、湖北等省份和北方辽宁省因食用蔬菜有一定的公众健康风险（Zhong等，2018年）。

研究表明，蔬菜对重金属的积累能力受蔬菜类型、土壤pH值及土壤重金属含量三个主要因素的影响，且其影响程度为由高到低（Huang等，2020）。

同一土壤环境中不同类型蔬菜对重金属的积累能力不同。研究发现，表现为叶菜类>根茎类>瓜果类。叶菜类蔬菜对重金属的富集能力相对较强，尤其是对Cd的富集能力显著高于瓜果类和根茎类蔬菜。根茎类蔬菜对Cr和Cu具有较强的积累能力。此外，同一类型的不同蔬菜种类对重金属的积累能力也存在较大差异。研究发现在相似生长环境下，同为叶菜类，香菜的Cd含量为葱的12倍，筒蒿的Zn含量为葱的6.5倍，表明即使是同一类型的蔬菜，也应考虑不同种类对重金属积累能力的差异。

pH值是反映土壤特性的最根本指标，也是影响土壤重金属可利用性的关键因素。研究表明，当土壤pH值升高时，重金属有效态含量降低，当pH值为中性或弱碱性时，土壤对重金属的吸附能力明显增强。因此，因地制宜调节土壤pH值可有效降低蔬菜对Cu和Zn等重金属的积累，保障蔬菜品质安全（王润等，2022）。

充分利用蔬菜对重金属吸收能力的差异性，通过合理安排作物的种植，使蔬菜最大限度地适应现存污染环境这一思路是以后充分利用有限耕地的解决途径。选择种植对重金属富集能力较弱的蔬菜,不但能保证蔬菜食用的安全性,还可使土壤向蔬菜转移重金属的能力大大降低(韩峰等,2014)。

[案例二]2020年,深圳海关责令销毁一大批进口山竹,包括1.9吨马来西亚鲜山竹和7.9吨印度尼西亚鲜山竹,原因是重金属镉含量超标。同年6月,海南省市场监督管理局通报了5批次不合格食品情况,其中1批次不合格样品为陵水椰林北斗林飞蔬菜摊销售的韭菜,检出镉(以Cd计)不符合食品安全国家标准规定。

镉是一种重金属元素,经有色金属冶炼和其他工业生产过程产生的废水、废气污染水源、土壤和空气。人体主要通过饮用被镉污染的水或食用被镉污染土壤上生长的农产品而摄入镉,其中大米是容易富集镉而且食用量比较大的食物,蔬菜水果和动物性食品等也是人体摄入镉的重要来源。

关于镉的危害,最初发现是在20世纪40年代日本发生的"痛痛病"。当时含大量镉的冶炼厂废水排入了河流,农民用污染的河水灌溉庄稼,导致稻米、鱼虾等食物中富集了大量镉,最终进入人体。进入体内的镉可使骨骼中的钙大量流失,中毒者出现骨质疏松、骨骼萎缩、关节疼痛等症状,感到全身疼痛,严重者甚至打个喷嚏就能发生骨折。经由这一事件,人们逐渐认识了镉的危害。

镉的摄入量过高可能对机体产生多方面危害,最主要的损害部位就是肾脏和骨骼。长期镉摄入过量可造成不可逆的肾脏损伤以及骨软化和骨质疏松。还有研究显示镉的摄入与糖尿病发生有关。另外,镉被国际癌症研究机构(IARC)归为确定的人类致癌物,可能引发肺癌和其他多器官肿瘤发生。

如今各国都在控制镉污染,我们想要不摄入镉也是不现实的。但将摄入量控制在什么水平之下才安全呢?

我国食品安全国家标准《食品中污染物限量》(GB 2762-2017)规定了各种主要食品类别的镉限量值,如大米0.2mg/kg,其他谷物0.1mg/kg,叶类蔬菜0.2mg/kg,新鲜水果0.05mg/kg,肉类0.1mg/kg,禽畜肝脏0.5mg/kg,禽畜肾脏1.0mg/kg。此次深圳海关检测不合格的进口山竹就是超过了该标准对新鲜水果的镉限量要求(检测的镉含量为0.0658mg/kg)。

值得关注的是,人体的钙、铁、锌等营养素水平可显著影响机体对镉的吸收和利用。如果上述营养素摄入充足,那么机体对镉的吸收率就会降低。反之,如果营养不良,则会增加镉的吸收和危害。

3.1.3.1 果蔬重金属污染因素分析

(1)工业化污水和生活用水灌溉

在中国部分地区,会有大量未经处理或处理未达标的工业污水、城市生活用水直接排放到菜地中,导致菜地土壤重金属超标。

(2)化学农药和有机肥料的滥用

磷肥中含有多种微量元素,其中一些为有害元素,Cd是情况较为严重的一种。

（3）采矿、冶炼、造纸的滥排

采矿、冶炼、造纸等活动产生的废弃物未经处理或不达标排放，均将最终进入土壤和水体，并造成土壤或水体重金属含量超标。

（4）畜禽粪便

随着现代畜牧业的发展，饲料添加剂应用越来越广泛，而其中往往含有一定量重金属（如Cu、Zn 等）。这些重金属随着畜禽粪便排出而污染环境，这些肥料中的重金属也会积累在土壤中，成为一种污染源。

（5）大气污染

工矿活动、交通运输等排入大气中的重金属可通过沉降进入土壤，在相应的区域内形成累积，造成土壤重金属污染。

（6）人为污染

通过硫磺等防腐性物质处理的果蔬产品，可以导致硫磺中的重金属物质污染果蔬产品。

3.1.3.2 防控措施

（1）选择性种植

由于不同种类的蔬菜对重金属富集能力具有差异性，所以在重金属污染的土壤中可以选择种植对污染元素富集能力低的蔬菜。

（2）合理规划与控制

可以从污染源方面考虑采取相应措施避免重金属污染的发生。

①做好城市蔬菜生产基地的选址，远离高速路或工业区。

②制订出一系列的相关环境法规，严格控制工业上"三废"的排放。

③控制菜园地的污水灌溉和污泥施用，对污泥、污水的重金属浓度和土壤的重金属残留状况进行定期的监测。

④对存在重金属污染严重的菜田，要改为他用，不能继续种植。

⑤谨慎使用固体废弃物，在采用工业废渣做改土剂时，要检测其中重金属的含量；工业废弃物与生活垃圾分开处理、堆放，施用的垃圾肥要经无害化处理。

⑥合理施用化肥，尽多施用无害的有机肥料，提高土壤的有机质含量，增强土壤对重金属的吸附能力，在酸性土壤上，可通过施石灰等措施提高土壤 pH 值、降低重金属离子活性。

（3）生物修复

对重金属污染土壤采取合理物理、化学及生物措施进行修复。

土壤重金属污染的主要物理措施包括换土、客土、深耕翻土、水洗、高温热解、蒸汽抽提、固化和玻璃化等技术。

①热处理措施。

热处理技术主要包括：热脱附（thermal desorption）技术；土壤蒸汽浸提（soil vapor extraction）技术；超声/微波加热（ultrosonic/microwave heating）技术。

目前对土壤重金属的修复主要运用热脱附技术，它是指通过载气直接或间接加热土壤,使当中易挥发的重金属(如 Hg、As、Se)等从土壤中分离并进入气体处理系统的一种修复方法。热脱附技术主要包括:滚筒式热脱附、微波热脱附和远红外线热脱附。

②稳定/固化技术(solidification/stabilization)。

稳定/固化技术是指向污染土壤中加入药剂,将重金属捕获或固定在固体结构中,从而达到降低重金属生物有效性的修复技术。

③淋洗/萃取技术。

淋洗/萃取技术是用水或含有冲洗助剂的无机溶液(HNO_3、HCl、H_2SO_4)、螯合剂(EDTA、DTPA、HEDTA、EGTA、CDTA)、表面活性剂(DDT、APG、SDS、二鼠李糖脂)、天然有机酸(草酸、酒石酸、柠檬酸)等水溶液淋洗土壤中污染物,通过淋洗液的解吸、螯合、溶解或固定等化学作用,达到污染物和土壤分离的目的。

④电动修复技术。

电动修复是一种环保、高效的原位土壤修复技术,运行成本低、修复周期短、去除效率高,特别适用于小范围内黏质的多种重金属污染的土壤。

生物修复技术:利用生物的吸收、转化和代谢作用,清除、降解或转移环境污染物,达到生态恢复、环境净化的目的。

主要包括三种修复技术:植物修复;微生物修复;动物修复。下面主要介绍植物修复。

植物修复是指利用绿色植物吸收、提取、分解、转化或固定等作用来去除环境中的污染成分或降低其毒性的技术总称。根据植物修复土壤重金属的作用过程和机理,可将植物修复分为以下五种:植物萃取、植物固定、植物挥发、根际圈生物降解、植物根际过滤。其中最有应用前景的就是植物萃取技术,即为通常所指的植物吸收修复技术。

(4)控制工业硫磺的使用

硫磺属有毒危险化学品,其蒸汽及硫磺燃烧后产生二氧化硫,经熏蒸的食品表面会残留有二氧化硫。少量的二氧化硫进入机体可以认为是安全无害的,但长期超量则会对人体健康造成危害。过量的二氧化硫主要会危害呼吸道,尤其是对哮喘病人等敏感人群有害,因为它过多时可使人体免疫系统功能下降。

工业硫磺由于含有较多的重金属(如砷等),对人体的危害尤其严重。砷会蓄积于骨质疏松部、肝、肾、脾、肌肉、头发、指甲等部位,作用于神经系统,刺激造血器官,可能诱发恶性肿瘤。因此,国家标准明确规定工业硫磺不得用于食品加工。

3.1.4　硝酸盐

3.1.4.1　概念及来源

亚硝酸盐是一类无机化合物的总称,主要是指亚硝酸钠,为白色至淡黄色粉末或颗粒状,味微咸,易溶于水。

亚硝酸盐主要来源于蔬菜,尤其是叶菜类蔬菜,如小白菜、芹菜、韭菜、甜菜叶、萝卜叶、莴苣等含有较多的硝酸盐,这些蔬菜一旦开始腐烂,亚硝酸盐含量就会明显增高。蔬菜腐烂程度越重,亚硝酸盐含量就越高。

除此之外,腊肉中的蛋白质也容易产生较多的硝酸盐类物质,某些地区的井水中也含有较多的硝酸盐及亚硝酸盐(一般称苦井水)。

在蔬菜食品中,亚硝酸盐的形成主要是有害微生物将蔬菜中的硝酸盐还原为亚硝酸盐,许多蔬菜都含有一定量的硝酸盐,在发酵过程中某些杂菌(亚硝酸细菌)可以将氨氧化成亚硝酸。

$$2NH_3 + 3O_2 \longrightarrow 2HNO_2 + 2H_2O + 158 \text{ kcal}$$

硝酸细菌(亚硝酸氧化菌)可将亚硝酸氧化为硝酸。

$$HNO_2 + 1/2O_2 \Longrightarrow HNO_3, -\Delta G = 18 \text{ kcal}$$

来源主要包括以下四方面。

①过量施用硝态氮肥。

硝酸铵及其他硝态化肥被使用后,蔬菜吸收的硝态氮在贮藏加工等过程中,在亚硝酸菌的作用下变为亚硝酸盐。

②隔夜菜、霉变蔬菜。

加热后的蔬菜,营养成分中的氮类物质容易被亚硝酸盐细菌吸收,被还原为亚硝酸盐。

③水。

有些地区(盐碱地)水中含有较多的硝酸盐,加热后在不洁容器中放置过久后,容易产生亚硝酸盐。

④发酵腌渍蔬菜。

蔬菜中通常含有一定量的硝酸盐,在长期储存过程中,硝酸盐容易被还原成亚硝酸盐。

3.1.4.2 中毒机制

亚硝酸盐中毒的原理是其与血红蛋白作用,使正常的二价铁被氧化成三价铁,形成高铁血红蛋白。高铁血红蛋白能抑制正常血红蛋白携带氧和释放氧的功能,因而致使组织缺氧,特别是中枢神经系统缺氧更为敏感。被动吸收后亚硝酸根离子能迅速使血红蛋白的二价铁氧化为三价铁,血红蛋白被氧化成高铁血红蛋白,从而阻止正常血红蛋白的携氧和释氧功能,造成组织缺氧,导致器官的功能障碍。

3.1.4.3 解救方法

①吸氧:亚硝酸盐是一种氧化剂,可使正常低铁血红蛋白氧化成高铁血红蛋白,失去输氧能力而使组织缺氧。病人面色发青、口唇紫绀、静脉血呈蓝紫色都是缺氧的表现,因此应立即给予吸氧处理。

②洗胃:如果中毒时间短,还应及时予以洗胃处理。

③美蓝(亚甲蓝)的应用:是亚硝酸盐中毒的特效解毒剂,能还原高铁血红蛋白,恢复正常输氧功能。用量以每千克体重 $1 \sim 2$ mg 计算。同时,高渗葡萄糖可提高血液渗透压,能增加解毒功能并有短暂利尿作用。

④对症处理:对于心肺功能受影响的患者还应对症处理,如用呼吸兴奋剂、纠正心律失常药等。

⑤营养支持:病情平稳后,给予能量合剂、维生素 C 等支持疗法。

3.1.4.4 控制方法

控制方法有加强亚硝酸盐危害宣传等。

[案例]山东济南市售蔬菜的硝酸盐含量(鲜重)为叶菜类 472 mg/kg、根茎类 214 mg/kg、葱蒜类 105 mg/kg、瓜果类 95 mg/kg、豆类 65 mg/kg、茄果类 52 mg/kg;河北坝上地区蔬菜科技园区硝酸盐含量(鲜重):叶菜类 985 mg/kg、根茎类 714 mg/kg、葱蒜类 94 mg/kg、茄果类 29 mg/kg;福建泉州地区蔬菜抽样调查的硝酸盐含量(鲜重):叶菜类 2423 mg/kg、根茎类 1514 mg/kg、茄果类 693 mg/kg、葱蒜类 510 mg/kg、瓜类 406 mg/kg、豆类 341 mg/kg、水生类 250 mg/kg、多年生类 160 mg/kg、食用菌类 110 mg/kg。硝酸盐含量最高的为薯芋类中的生姜,其次为菠菜,再次为萝卜、芜菁甘蓝,含量最低为西瓜。

据资料报道,北京、上海、天津、重庆、杭州、兰州、银川等城市居民消费量较大的几种蔬菜的硝酸盐含量已大大地超过了 432 mg/kg 鲜重(表 3-2)。对部分城市主要蔬菜硝酸盐程度分级如表 3-3 所示。

表 3-2 全国部分城市几种主要蔬菜硝酸盐含量(mg/kg 鲜重)

蔬菜种类	北京	上海	天津	重庆	杭州	兰州	银川	平均值
菠 菜	2358	1112	1944	1846	1649	1035	1522	1638
小白菜	1818	1933	—	1824	1416	3410	2570	2162
大白菜			2312	1308	—	799	1858	1569
芹 菜	—	—	2144	1021	2045	1090	2180	1696
甘 蓝	845	1558	1023	1621	497	510	719	965
萝 卜	2177	2462	1933	2674	875	1762	1802	1950
黄 瓜	65	485	513	63	104	212	157	228
番 茄	15	238	—	87	16	168	362	148

注 "—"表示未检测。

表 3-3 我国部分城市主要蔬菜硝酸盐程度分级

城市	轻度污染	中度污染	重度污染	严重污染
北京	豇豆、菜豆、黄瓜、丝瓜、西葫芦、冬瓜、番茄、青椒、茄子	韭菜、小葱、青蒜	芹菜、莴笋、莴苣、菠菜、茴香、花菜、甘蓝、大白菜、小白菜、雪里蕻	马铃薯、姜、萝卜、芜菁甘蓝
上海	番茄、水芹、花菜、小葱、韭菜	黄瓜、冬瓜、甜椒、长豇豆、蚕豆、芫荽、茄子	莴笋、菜豆、菠菜、马铃薯、南瓜、芹菜、豌豆、青蒜、洋葱	甘蓝、塌菜、小白菜、雪菜、萝卜、榨菜、胡萝卜、大白菜、米苋、荠菜
重庆	番茄、茄子、辣椒、黄瓜、冬瓜、豇豆、菜豆	丝瓜	大葱、大白菜、芹菜、韭菜	白萝卜、红萝卜、小白菜、甘蓝、花菜、莴笋、菠菜、青蒜
兰州	番瓜、黄瓜、小辣椒、番茄、胡萝卜、花菜	甘蓝、韭菜、茄子、豇豆	菜豆、绿萝卜、大白菜、菠菜、芹菜	莴笋、大白菜

城市	轻度污染	中度污染	重度污染	严重污染
银川	胡萝卜、茄子、番茄、黄瓜、辣椒	甘蓝、莴笋、马铃薯、花菜、菜豆、西葫芦	韭菜、葱、水萝卜	大白菜、小白菜、芹菜、菠菜、雪里蕻、青萝卜、蒜苔

①氮肥施用方式对蔬菜硝酸盐的控制。

合理施用氮肥是有效降低蔬菜硝酸盐累积的主要措施。合理降低蔬菜硝酸盐的氮肥施用方式有很多种,如不同氮肥基追比例的调配、灌水方式的改变等。

调节适当的氮肥基追比例是控制蔬菜体内硝酸盐含量的重要技术环节,提高基肥在总施肥量中的比例,能够大幅度地降低收获蔬菜体内的硝酸盐含量。对于生育期较短的蔬菜,采用一次性基肥比后期追肥的施肥方式对降低硝酸盐更为有效;对于生育期较长的蔬菜,应采用重基肥、轻追肥的施肥技术方式。在莴苣水培试验中,前期提供较高的氮素水平,而后期停止氮素供应,这样既可获得高产又可降低硝酸盐的含量。

相关研究提出蔬菜施氮应以"攻头控尾""重基肥、轻追肥"的模式。氮肥的最后施用期会影响硝酸盐含量。最后施用期离收获期越近,蔬菜中硝酸盐的含量越高。施肥越晚,后期土壤中硝酸盐的含量越高;收获时蔬菜的根生长仍然很旺盛,养分吸收能力较强,导致施氮肥晚的蔬菜硝酸盐含量普遍高于施氮早的蔬菜、根高于叶。

针对生长期不同的蔬菜类型,合适氮肥基追比例是降低收获蔬菜硝酸盐含量的主要农艺措施之一。

②有机肥的施用。

有机肥中含有较多的酚、糖、醛类化合物及羧基,可以对肥料中的 NH_4^+ 吸附和固定,抑制 NH_4^+ 的硝化作用,减少硝态氮的形成。

施有机肥是降低蔬菜 NO_3^- 累积的有效措施,生产上用有机肥配合化肥合理施用来减轻蔬菜中硝酸盐污染是可行的。

③提高灌溉及清洗加工用水的质量。

随着大量氮肥的施用,近年来地下水的 NO_3^- 污染越来越严重。对于地下水 NO_3^- 含量高的地区,使用地下水进行灌溉,会造成 NO_3^- 的循环污染,从而导致蔬菜可食部分 NO_3^- 污染加剧。此外,利用被 NO_3^- 污染的地表沉积水浇灌、清洗加工也是蔬菜 NO_3^- 污染的途径之一。

④培育高产高效、低硝酸盐积累的蔬菜品种。

由于氮肥损失和利用率之间存在内在联系,培育能高效利用氮素的蔬菜品种来提高氮肥利用率是一条途径。不同蔬菜品种体内积累硝酸盐的能力差别很大,选择低积累硝酸盐的蔬菜品种来降低蔬菜中的硝酸盐含量是另外的选择。

⑤改善蔬菜生产地的生态条件,选择适宜的采收时间。

根据蔬菜 NO_3^- 含量生长前期大于生长后期的特点,在保证商品品质和运输质量的前提下,适当延期采收有利于降低 NO_3^- 含量。

根据一些蔬菜各生育期 NO_3^- 含量不同的变化规律,选择在其 NO_3^- 含量最低时适期采收,有利于降低蔬菜硝酸盐含量。此外还可根据施肥至收获的安全期采收上市。

⑥加强蔬菜贮藏保鲜和加工技术研究。

新鲜蔬菜的亚硝酸盐含量,各地调查结果均在 1 mg/kg 鲜重以下,不致对人体构成危害。蔬菜采收后在低温条件下存放,NO_3^- 还原成 NO_2^- 的进程缓慢,但在温度较高时蔬菜易腐烂变质,NO_2^- 也急剧增加。因此,蔬菜贮运过程中应推广采用冷链系统,尽量减少中间环节,确保蔬菜新鲜。

⑦进行蔬菜食前处理,改进饮食习惯。

进行蔬菜食前处理、改进饮食习惯是减少蔬菜 NO_3^- 含量的补救措施。蔬菜经烧煮后 NO_3^- 降低 5%~74%;食前沸水浸 3 min,蔬菜 NO_3^- 含量平均可下降 42.4%(降幅为 10.8%~73.1%),而食前清水浸 10 min 或锅炒 3 min 处理效果几乎无用。

多吃果菜(如瓜类、豆类、茄果类),少吃根菜、叶菜类;多吃新鲜蔬菜,少吃腌渍加工蔬菜;多吃熟菜,少吃生菜,对于防止、消除 NO_3^- 和 NO_2^- 造成的潜在危害也具有很好作用。

⑧加强监测、监督、指导。

加强生产、科研、推广和环境监测等有关部门的协作,开展对蔬菜生产地灌溉地表水、地下水 NO_3^- 和蔬菜 NO_3^-、NO_2^- 残留的定期、定点监测与分析研究,及时发现问题,提出改进措施,对防控蔬菜 NO_3^- 污染尤为必要。

3.2 果蔬生物性污染

3.2.1 真菌性毒素污染

目前已发现的果蔬中常见的真菌毒素有几十种,可分为四大类。

3.2.1.1 单端孢霉烯族毒素

单端孢霉烯族毒素(trichothecenes)主要是由镰刀菌(*Fusarium*)、木霉(*Trichoderma*)、头孢霉(*Cephalosporium*)、漆斑霉(*Myrothecium*)、轮枝孢(*Verticillium*)和黑色葡萄状穗霉(*Stachybotrys chartarum*)等属的真菌产生。

据其化学结构的不同,可将其分为 A、B、C、D 四大类,其中以 A 和 B 型较为常见,A 型[图 3-7(A)]在 C8 位上有羟基(—OH)或酯基(—COOR)的存在,B 型[图 3-7(B)]在 C8 位上有羰基(—C ═O),具体结构如图 3-7。

单端孢霉烯族毒素广泛存在于干腐病马铃薯块茎、心腐病苹果等果蔬类中,单端孢霉烯族毒素的毒性作用机理主要是通过抑制和干扰人和动物体内的蛋白质和核酸的合成,从而对人畜健康产生免疫抑制。人畜在食用该类毒素污染的食品后可产生广泛的毒性效应。

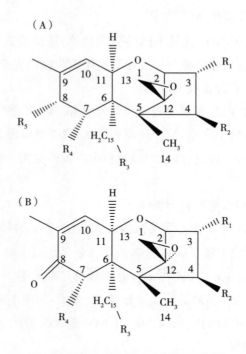

图 3-7　单端孢霉烯族毒素基本结构

如脱氧雪腐镰刀菌烯醇可引起人和动物头昏、腹胀、恶心、呕吐等症状,若长期摄入,则具有致癌、致畸、遗传毒性、肝细胞毒性、中毒性肾损害、生殖紊乱、免疫抑制的作用。T-2 毒素是由多种真菌(主要是三线镰刀菌)产生的单端孢霉烯族化合物之一,可损伤细胞膜,引起淋巴腺和造血细胞组织的凋亡,同时还可导致骨髓坏死、白细胞减少和软骨组织退行性变化等。

3.2.1.2　展青霉素

　　展青霉素(patulin),又名棒曲霉毒素、珊瑚青霉毒素,可由曲霉属和青霉属中的棒曲霉(*Aspergillus clavatus*)、扩展青霉(*Penicillium expansum*)、展青霉(*Penicillium patulin*)等病原真菌产生。其中扩展青霉是引起苹果、梨等果蔬腐烂且产生展青霉素的主要菌种。展青霉素的化学结构式如图 3-8 所示。

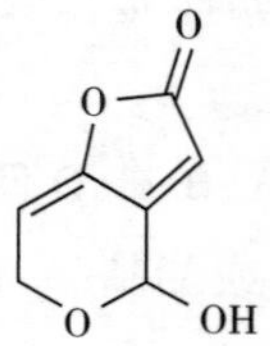

图 3-8　展青霉素的化学结构式

　　病原菌主要在果蔬采收后贮藏和运输的过程中通过寄主表面的伤口或自然孔口侵入。

病原菌产生展青霉素的温度范围较宽,一般在 0~40℃ 范围内均可产生。酸性环境比碱性环境更有利于展青霉素合成,pH 4~5 是展青霉素合成的最适 pH 值。展青霉素是一种世界范围内的水果污染物,在多种水果、水果制品和果酒中均有发现。展青霉素对人及动物均具有较强的毒性作用。当人摄取了展青霉素时,可通过影响细胞膜的透过性间接引起生理呼吸异常。而动物(如大鼠)摄取了该毒素,其急性中毒症状主要表现为痉挛、肺出血水肿、皮下组织水肿、肾淤血变性、无尿直至死亡;中毒奶牛主要表现为上行性神经麻痹、中枢神经系统水肿及灶性出血。亚急性毒性实验表明,中剂量的展青霉素可使大鼠饮食和饮液减少,体质量减轻,而高剂量的展青霉素则对大鼠的肾和胃肠系统有毒性作用,可直接导致基底胃溃疡。

3.2.1.3 赭曲霉毒素

赭曲霉毒素(ochraceors)主要是由曲霉属(如赭曲霉、硫黄色曲霉、洋葱曲霉、孔曲霉、炭黑曲霉等 7 种曲霉)和青霉属(如纯绿青霉、疣孢青霉、产紫青霉、圆弧青霉等 6 种青霉)产生的一种病原真菌毒素,属于聚酮类化合物,包括 7 种结构类似的化合物,其基础化学结构如图 3-9 所示。其中,赭曲霉毒素 A(ochratoxin A,OTA)在自然界分布最广泛,毒性最强,对人类和动植物影响最大。

由于 OTA 产生菌广泛分布于自然界,所以在干果、葡萄及葡萄酒、罐头食品等多种果蔬及制品中均有检出。通过动物细胞实验,将其暴露于 OTA 中,结果发现 DNA 损伤不再修复,该致病机理主要通过胎盘的致畸致癌物,因为,OTA 可通过怀孕小鼠胎盘到达致命器官并产生 DNA 加合物,同时发现,雄性小鼠对 OTA 的毒性较雌性小鼠更敏感。

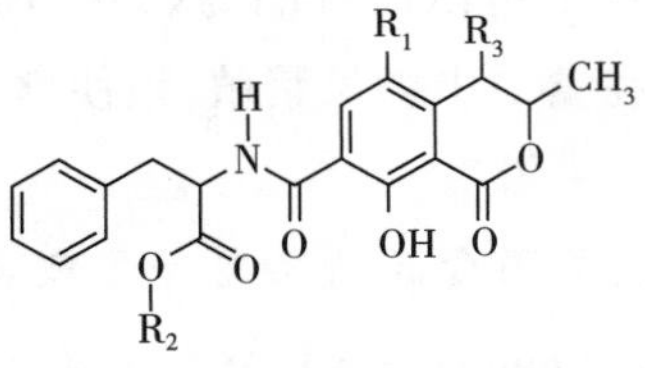

图 3-9　赭曲霉毒素基础化学结构

3.2.1.4 交链孢霉毒素

交链孢霉毒素主要是由交链孢霉产生。交链孢霉可以产生 40 多种毒素及其衍生物,据其化学结构和毒性作用不同,可分为三大类:

①二苯吡喃酮化合物,又称聚酮,主要有交链孢酚(alternaiol,AOH)、交链孢酚单甲醚(alternariol monomethyl ether,AME)、交链孢烯(altenuene,ALT)。

②四价酸类化合物,如交链孢菌酮酸(tenuazonic acid,TA)。

③戊醌类化合物,主要包括:交链孢毒素 Ⅰ(altertoxin Ⅰ,ATX-Ⅰ)、ATX-Ⅱ、ATX-Ⅲ。

其中,AOH、AME、ALT 和 TA 是果蔬中最常见的,也是最重要的交链孢霉毒素种类(图 3-10)。

由于交链孢霉是一种广泛污染食品的病菌之一。这种病菌具有腐生寄生和植物致病

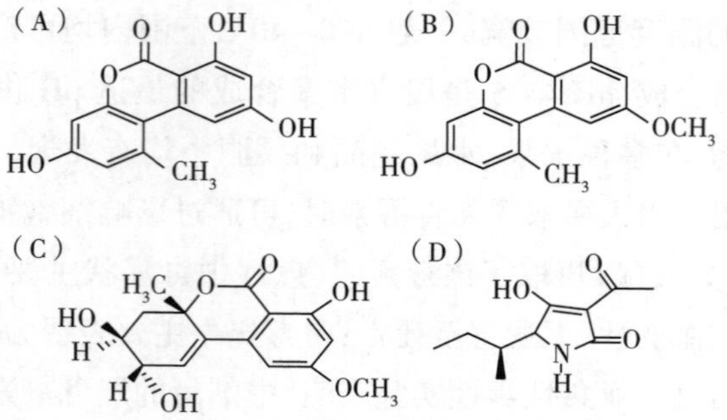

图3-10 交链孢霉毒素的基本结构
（A）AOH；（B）AME；（C）ALT；（D）TA

性,既可以在田间通过果蔬类作物的自然孔口侵入,也可以在果蔬采后贮藏和运输过程中通过伤口或健康果蔬与腐烂果蔬的相互接触而霉变。大多数交链孢毒素的急性毒性较低,但AOH、AME却具有明显的遗传毒性和致突变性。此外,我国食管癌高发区可能与进食被交链孢毒素污染的食品有关。

3.2.2　细菌性污染

果蔬食品的周围环境中,到处都有微生物的活动,在生产、加工、贮藏、运输、销售及消费过程中,随时都有被微生物污染的可能。其中,细菌对果蔬的污染是最常见的生物性污染,是食品最主要的卫生问题。引起食品污染的细菌有多种,主要分为两类:一类为致病菌和条件致病菌,它们在一定的条件下可以食品为媒介引起人类感染性疾病或食物中毒;另一类为非致病菌,但它们可以在食品中生长繁殖,致使食品的色、香、味、形等感官性状发生改变,甚至导致食品腐败变质。

[案例一]2020年10月7日,美国食品药品监督管理局(FDA)本周宣布,由于生产的鲜切水果存在李斯特菌污染风险,Country Fresh公司主动召回了鲜切水果产品。

此次召回的产品主要由沃尔玛贩卖,最初仅涉及鲜切西瓜,而现在涉及范围已扩大到其他水果,包括苹果、葡萄、芒果、菠萝和哈密瓜。FDA表示,召回是一种预防措施,因为在包装这些产品的设备上检测到的李斯特氏菌可能造成健康风险。受影响的水果先是被运送到沃尔玛配送中心,然后再被送到位于阿肯色州、伊利诺伊州、印第安纳州、堪萨斯州、肯塔基州、路易斯安那州、密苏里州、俄克拉荷马州和得克萨斯州的沃尔玛商店。这些产品被包装在不同尺寸的容器中,最佳品尝期在10月3日至10月11日之间。沃尔玛零售商店正在从货架和库存中移除相关产品。FDA敦促,购买了被召回产品的消费者应立即丢弃。

李斯特菌可在幼儿、体弱者、老年人以及其他免疫系统较弱的人身上引发严重的,甚至是致命的感染。即使是体制健康的人,也会出现高烧、剧烈头痛、僵硬、恶心、腹痛和腹泻等症状。不过目前尚未收到与本次被召回产品有关的疾病报告。FDA还指出,与其他食源性疾病相比,李斯特菌病"很少见,但非常严重"。一旦患病,超过90%的患者需要入院治疗,而且通常需要入住重症监护病房。美国每年约有1600人患李斯特菌病,约有260人死亡,约1500人住院。

果蔬食品中的细菌主要有以下2种。

①致病性大肠杆菌。

蔬菜很容易被致病性大肠杆菌所污染。致病性大肠杆菌的传染源是人和动物的粪便,传播途径主要是粪口途径、以食源性传播为主要,水源性和接触性传播也是重要的传播途径。这些食品经加热烹调,污染的致病性大肠杆菌一般都能被杀死。但熟食在存放过程中仍有可能被再度污染。因此要注意熟食存放环境的卫生,尤其要避免熟食直接或间接地与生食品接触。对于各种凉拌食用的食品要充分洗净,并且最好不要大量食用,以免摄入过量的活菌而引起中毒。如餐饮从业人员个人卫生不当面带该菌,也可污染食品,甚至引起食品中毒。

②单核细胞增生李斯特氏菌。

单核细胞增生李斯特氏菌属于李斯特菌属。革兰氏阳性、短小的无芽孢的杆菌。单核细胞增生李斯特氏菌耐碱不耐酸,在 pH 9.6 中仍能生长。耐盐,在 10% NaCl 溶液中可生长。耐冷不耐热,在 5℃ 低温和 45℃ 均可生长,而在 5℃ 低温条件仍能生长则是李斯特菌的特征,故用冰箱冷藏食品不能抑制李斯特氏菌的繁殖,在冷藏食品中易检出。李斯特氏菌的最高生长温度为 45℃,该菌经 58~59℃、10min 可杀死;在 -20℃ 可存活一年;在 4℃ 的 20% NaCl 中可存活 8 周。单核细胞增生李斯特氏菌能致病和产生毒素,并可以在血液琼脂上产生 β-溶血素,这种溶血物质称李斯特氏菌溶血素。中毒多发生在夏秋季节,原因主要是食用了未经煮熟、煮透的食品,冰箱内冷藏的食品。

为了防止单核细胞增生李斯特氏菌增殖,可采取以下措施:

A. 防止食品被污染,在食品生产加工和运输过程中,确保每个环节都符合卫生和安全标准。

B. 控制食品中菌体繁殖,如低温贮存,保持食品的安全温度,生熟分开,使用专门的厨具器皿储存食物。

C. 彻底杀灭食品中病原菌,如采用加热、辐照、超高压等方法进行杀菌。

3.2.3 病毒污染

[案例二] 果蔬内外包装阳性,已致 11 名接触者感染!"物传人"到底怎么防?

2022 年 4 月 17 日,沈阳发布《关于大东区八家子水果批发市场疫情情况的通报》。沈阳市在对大东区八家子水果批发市场进行常规监测中,发现一批圣女果内、外包装新冠病毒核酸检测结果均为阳性,立即对相关接触人员进行排查和隔离管控,在集中隔离点医学观察期间例行核酸检测陆续发现 11 例新冠病毒阳性感染者,涉及 1 号厅、4 号厅、5 号厅和蔬菜厅等经营场所。经专家分析研判,认为该市场目前存在较大疫情传播风险,现暂时对大东区八家子水果批发市场进行封闭管理,进行终末消毒和消毒效果评价合格后,该市场将恢复正常运行。

果蔬中的病毒种类很少。从案例二中我们可以得知:新冠病毒可以在蔬菜和水果上存活,所以在疫情比较重的时期,避免食用未经检验的从疫区来的蔬菜和水果,除避免食用蔬菜和水果以外,还要避免食用一些冷鲜的食物,例如鱼、虾等,建议煮熟煮透后食用,经过高温可以有效灭活新冠病毒,不过新冠病毒在蔬菜水果上的存活时间都不会太长,一般情况下,几个小时就会死亡。

3.2.4 虫卵污染

以人或动物的粪便做肥料时,粪便中的虫卵有可能污染果蔬食品。所以对于粪便做肥料时,必须经过无害化处理。粪尿混合封存,采用发酵沉卵法、堆肥、沼气发酵等方法及厌氧处理后,杀灭粪便中的寄生虫和病原体,按卫生鉴定要求,应杀灭全部血吸虫卵、钩虫卵及蛔虫卵要减少95%以上,大肠菌群值大于 10^{-2}。高温堆肥要求最高堆温达 50～55℃,持续 5～7 天,蛔虫卵死亡率达到 90%～100%;大肠菌群值在 10^{-2}～10^{-1} 范围内。

3.3 果蔬产品卫生认证管理

3.3.1 蔬菜

根据蔬菜的形态特点,蔬菜种类主要包括叶菜类、茎菜类、根菜类、果菜类、花菜类。

随着人们消费水平的提高,对于日常买菜,人们对各种蔬菜的品质要求提高,同时希望吃得更健康、安全、营养。面对市场上丰富多样的标有"绿色""无公害""有机"宣传的蔬菜,不免让人眼花缭乱。虽然这三种蔬菜的标准各不相同,但都是安全食品。从其生产到售出的整个流程和安全等级来看,无公害蔬菜是基本档次,绿色蔬菜是第二档次,有机蔬菜为最高档次,价格也相对有所不同。日常在挑选蔬菜时,这三者都是可以放心食用的,可根据需要购买。不同蔬菜标识及等级图如图 3-11 所示。

3.3.1.1 无公害蔬菜

(1)无公害蔬菜的概念及发展历程

无公害蔬菜即没有受到有害物质污染的蔬菜,一些不可避免的有害物质如农药残留、重金属、亚硝酸盐等都控制在国家规定允许的含量范围内,人们食用后对健康不会造成危害。无公害蔬菜允许限量、限品种、限时间来使用化肥、农药,但上市的产品在检测时,不得检测出超标的化肥农药残留物。严格来讲,无公害是蔬菜的一种基本要求,普通蔬菜都应达到这一要求。

从 20 世纪 70 年代开始,世界上一些发达国家就开始关注无污染农产品的生产。1972年在法国成立了国际有机农业联盟,总部设立在德国。经过多年的发展,目前该联盟已有来自 100 多个国家和地区的 800 多个成员组织,组织生产无污染无公害的有机食品。据统计,2019 年全世界应用无土栽培技术的国家和地区已达 800 多个,蔬菜无土栽培面积达到

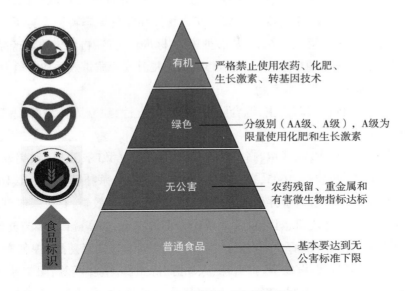

图 3-11　不同蔬菜标识及等级图

19.7 万 hm²；新西兰，半数以上的番茄、黄瓜采用无土栽培，日本、荷兰、美国等发达国家，采用现代化温室，常年生产无公害水果。

日本探索出客土换层、地底暗灌、配方施肥、生物固定等综合农艺措施来解决土壤重金属污染问题。广州市政府 1991 年正式提出要实施无公害蔬菜生产，1997 年 1 月全面实施了"净菜"上市，全市有 10000 hm² 菜地实施无公害蔬菜生产，国家商标局正式批准了广州花都区的无公害蔬菜"HDV"商标；杭州市推行了无公害蔬菜产业化，从蔬菜生产到销售整个过程实行"无公害管理"；广西在 2000 年开始实施无公害蔬菜生产计划；南京、上海、深圳等 16 个大城市将无公害蔬菜生产列入了政府的工作日程；全国还建立和发展了天津蓟州区、山东寿光、河北永清等一批无公害绿色食品生产基地；四川省近年来也在各地实施和推行无公害蔬菜产业化，如彭州市、绵阳市、攀枝花市的国家级、省级无公害蔬菜生产基地已经建成。2007 年，大部分无公害农产品产地已实现连片认定和基地化生产。2012 年，"三品一标"农产品在总量规模稳步扩大的同时，产业化、规模化水平不断提高。

农业农村部统计，截至 2016 年底，"三品一标"总数接近 10.8 万个，逐渐成为人们购物篮里的"常客"。无公害农产品、绿色食品、有机食品、农产品地理标志分别达到 7.8 万个、2.4 万个、3844 个、2004 个。产地规模稳定扩大，全国有效无公害农产品产地超过 3.5 万个、种植面积达到 1604 万 hm²，绿色食品原料标准化生产基地达到 696 个、面积为 1100 万 hm²，有机农业示范基地达到 24 个、面积为 169 万 hm²，农产品地理标志示范基地达到 20 个，这些产地基本实现了环境良好、生态稳定、产品安全的有机统一，达到了农业增效、农民增收、农村增绿的三生共赢效果。

目前，全国 2760 个县开展了"食用农产品合格证制度"试点工作，绿色食品、有机和地理标志认证农产品达到2.3万个,38.1万家规模化经营主体和51.5万小农户已开具使用合格证并产生实效。在多重努力、多管齐下的质量安全管控和绿色生态转型态势下,我国主要农产品例行监测总体合格率达到97.6%。从品种源头、标准化生产,再到优质农产品落地、农业品牌输出,全产业链上的增值增效空间开始显现,大大提升农业质量效益和竞争力。

(2)无公害蔬菜的生产技术要点

蔬菜生产中,应做到"预防为主,综合防治"的指导方针,建立无污染源生产基地,并遵循以下十项技术要点。

①严禁使用剧毒、高毒、高残留、高生物富集体、高三致(致畸、致癌、致突变)农药及其复配制剂。如甲胺磷、呋喃丹、1605、3911、氧化乐果、杀虫脒、杀扑磷、六六六、DDT、甲基异柳磷、涕灭威、灭多威、磷化锌、甲拌磷、甲基对硫磷、对硫磷、久效磷、有机汞制剂等。

②选用高效、低毒、低残留、对害虫天敌杀伤力小的农药,如辛硫磷、多菌灵等。限定使用的化学类杀虫杀螨剂有:敌百虫、辛硫磷、敌敌畏、乐斯本、氯氰菊酯、溴氰菊酯、氰戊菊酯、克螨特、双甲脒、尼索朗、辟蚜雾、抑太保、灭幼脲、除虫脲、噻嗪酮等;限定使用的化学类杀菌剂有:波尔多液、DT、可杀得、多菌灵、百菌清、甲基托布津、代森锌、乙膦铝、甲霜灵、磷酸三钠等。

③蔬菜基地要远离工矿业污染源,避免"三废"污染。

④选用抗病、抗虫优质丰产良种。

⑤深耕、轮作换茬,调整好温、湿度,培育良好的生态环境。

⑥推广应用微生物农药。

⑦搞好病虫害预测预报,对症适时适量用药。

⑧推广不造成污染的物理防治方法,如温汤浸种、高温闷棚、黑籽南瓜嫁接等。

⑨搞好配方施肥,控制氮肥用量,推广施用酵素菌、K100等活性菌有机肥等。

⑩搞好植物检疫,严防黄瓜黑星病、番茄溃疡病等毁灭性病害传入蔓延。

3.3.1.2 绿色蔬菜

绿色蔬菜是指遵循可持续发展的原则,在产地生态环境良好的前提下,按照特定的质量标准体系生产,并经专门机构认定,允许使用绿色食品标志的无污染的安全、优质、营养类蔬菜的总称。绿色蔬菜是我国农业部门推广的认证蔬菜,分为A级和AA级两种。其中,A级绿色蔬菜生产中允许限量使用化学合成生产资料;AA级绿色蔬菜则更为严格,要求在生产过程中不使用化学合成的肥料、农药、兽药、饲料添加剂、食品添加剂和其他有害于环境和健康的物质。从本质上讲,绿色蔬菜是从普通蔬菜向有机蔬菜发展的一种过渡性产品。

野菜为绿色植物,如果野菜生长在污染地带,受污染就是很自然的事。如果食用了被污染的野菜,会对身体造成危害,严重者还会引起食物中毒。

特别提示:生长在纯天然环境中的野菜,如果附近没有污染源,周围没有农作物施用农药,土壤未受污染,这样的野菜比较安全,可以放心食用。

绿色蔬菜必须遵循的五个标准：

①产品或产品原料地必须符合绿色食品生态环境质量标准。

②农作物种植、畜禽饲养、水产养殖及食品加工必须符合绿色食品生产操作规程。

③产品必须符合绿色食品和卫生标准。

④产品外包装必须符合国家食品标签通用标准。

⑤符合绿色食品特定的包装、装潢和标签规定。

3.3.1.3　有机蔬菜

（1）有机蔬菜的概念及发展历程

有机蔬菜是指来自有机农业生产体系，根据国际有机农业的生产技术标准生产，经独立的有机食品认证机构认证允许使用有机食品标志的蔬菜。

有机农业遵循自然规律和生态学原理，协调种植业和养殖业平衡，采用一系列可持续发展的农业技术，促进生物多样性和强调与自然秩序相和谐。有机农业是解决食品安全问题的良好途径之一。20 世纪 20 年代欧洲国家首先提出，经过近百年的实践与发展，有机食品逐步受到各国政府的重视，已成为西方发达国家人们消费的时尚。我国 1994 年成立"国家环保总局有机食品发展中心"，二十多年来有机农业发展迅速。

有机蔬菜是有机农业中的一部分，必须经过国家专门机构认证，根据有机农业的原则，结合蔬菜作物自身的特点，强调因地、因时、因物制宜的耕作原则，在整个生产过程中禁止使用人工合成的化肥、农药、激素和转基因产物，采用天然材料和与环境友好的农作方式，恢复园艺生产系统物质能量的自然循环与平衡，通过作物种类品种的选择、轮作、间作、套种，休闲养地水资源管理与栽培方式的配套应用，创造人类万物共享的生态环境。

因此，种植有机蔬菜需要更多劳力和更密集的技术，精耕细作，用功量大，产量低，但有机蔬菜远离污染，品质高，具有自然本色。目前有机蔬菜生产基地很少，产品不多，有机蔬菜已成为礼品菜需求的时尚。

（2）有机蔬菜的栽培技术要点

由于有机蔬菜栽培过程中不允许使用人工合成的农药、肥料、除草剂、生长调节剂等，因此，在栽培中不可避免地对病虫草害和施肥技术提出不同于常规蔬菜的要求。

①有机蔬菜生产基地要求 3 年内未使用过化学农药、化肥等违禁物质，如果从常规蔬菜种植向有机蔬菜种植转换需 2 年以上转换期。

②基地无水土流失、风蚀及其他环境问题，包括空气污染等。

③有机蔬菜的灌溉用水应优先选用未受污染的地下水和地表水，水质应符合《农田灌溉水质标准》。

④基地的土地应是完整的地块，其间不能夹有进行常规生产的地块，但允许存在有机转换地块；有机蔬菜生产基地与常规地块交界处必须有明显标记，如河流、山丘、人为设置的隔离带等。

⑤必须有转换期。由常规生产系统向有机生产转换通常需要 2 年时间，其后播种的蔬

菜收获后,才可作为有机产品;多年生蔬菜在收获之前需要经过3年转换时间才能成为有机作物。转换期的开始时间从向认证机构申请认证之日起计算,生产者在转换期间必须完全按有机生产要求操作。在经1年有机转换后的田块中生长的蔬菜,可以作为有机转换作物销售。

⑥如果有机蔬菜生产基地中有的地块可能受邻近常规地块污染的影响,则必须在有机和常规地块之间设置缓冲带或物理障碍物,保证有机地块不受污染。不同认证机构对隔离带长度的要求不同,如我国OFDC认证机构要求8 m,德国BCS认证机构要求10 m。

(3)肥料施用技术

①施肥技术。只允许采用有机肥和种植绿肥。一般采用自制的腐熟有机肥或采用通过认证、允许在有机蔬菜生产上使用的一些肥料厂家生产的纯有机肥料,如以鸡粪、猪粪为原料的有机肥。在使用自己沤制或堆制的有机肥料时,必须充分腐熟。有机肥养分含量低,用量要充足,以保证有足够养分供给,否则,有机蔬菜会出现缺肥症状,生长迟缓,影响产量。针对有机肥料前期有效养分释放缓慢的缺点,可以利用允许使用的某些微生物,如具有固氮、解磷、解钾作用的根瘤菌、芽孢杆菌、光合细菌和溶磷菌等,经过这些有益菌的活动来加速养分释放、养分积累,促进有机蔬菜对养分的有效利用。

②培肥技术。绿肥具有固氮作用,种植绿肥可获得较丰富的氮素来源,并可提高土壤有机质含量。一般每亩绿肥的产量为2000 kg,含氮0.3%~0.4%,固定的氮素为68 kg。常种的绿肥有:紫云英、苕子、苜蓿、蒿枝、兰花籽、箭苦豌豆、白花草木樨等50多个品种。

③允许使用的肥料种类。有机肥料,包括动物的粪便及残体、植物沤制肥、绿肥、草木灰、饼肥等;矿物质,包括钾矿粉、磷矿粉、氯化钙等物质;另外还包括有机认证机构认证的有机专用肥和部分微生物肥料。

④肥料的无害化处理。有机肥在施前2个月需进行无害化处理,将肥料泼水拌湿、堆积、覆盖塑料膜,使其充分发酵腐熟。发酵期堆内温度高达60℃,可有效地杀灭农家肥中带有的病虫草害,且处理后的肥料易被蔬菜吸收利用。

⑤肥料的使用方法。

A.施肥量:有机蔬菜种植的土地在使用肥料时,应做到种菜与培肥地力同步进行。使用动物和植物肥的比例应掌握在1∶1为好。一般每亩施有机肥3000~4000 kg,追施有机专用肥100 kg。

B.施足底肥:将施肥总量80%用作底肥,结合耕地将肥料均匀地混入耕作层内,以利于根系吸收。

⑥巧施追肥:对于种植密度大、根系浅的蔬菜可采用铺肥追肥方式,当蔬菜长至3~4片叶时,将经过晾干制细的肥料均匀撒到菜地内,并及时浇水。对于种植行距较大、根系较集中的蔬菜,可开沟追肥,开沟时不要伤断根系,用土盖好后及时浇水。对于种植株行距较大的蔬菜,可采用开穴追肥方式。

（4）病虫害防治技术

①农业措施。

A.选择适合的蔬菜种类和品种。在众多蔬菜中，具有特殊气味的蔬菜，害虫发生少。如韭菜、大蒜、洋葱、莴笋、芹菜、胡萝卜等；毛豆在有机蔬菜种植时选择较多。在蔬菜种类确定后，选抗病虫的品种十分重要。

B.合理轮作。蔬菜的连作多会产生障碍，加剧病虫害发生。有机蔬菜生产中可推行水旱轮作，这样会在生态环境上改变和打乱病虫发生小气候的规律，减少病虫害的发生和危害。

C.科学管理。在地下水位高、雨水较多的地区，推行深沟高畦，此种做法利于排灌，保持适当的土壤和空气湿度。一般病害孢子萌发首先取决于水分条件，在设施栽培时结合适时的通风换气，控制设施内的湿温度，营造不利于病虫害发生的湿温度环境，对防止和减轻病害具有较好的作用。此外，及时清除落蕾、落花、落果、残株及杂草，清洁田园，消除病虫害的中间寄主和侵染源等，也是重要方面。

②生物、物理防治。有机蔬菜栽培中可利用害虫天敌进行害虫捕食和防治，还可利用害虫固有的趋光、趋味性来捕杀害虫。其中较为广泛使用的是费洛蒙性引诱剂、黑光灯捕杀蛾类害虫，利用黄板诱杀蚜虫等方法，达到杀灭害虫、保护有益昆虫的作用。

③利用有机蔬菜上允许使用的某些矿物质和植物药剂进行防治，可使用硫磺、石灰、石硫合剂、波尔多液等防治病虫。可用于有机蔬菜生产的植物有除虫菊、鱼腥草、大蒜、薄荷、苦楝等。如用苦楝油 2000~3000 倍稀释液防治潜叶蝇，使用艾菊 30 g/L（鲜重）防治蚜虫和螨虫等。

④因不能使用除草剂，一般采用人工除草及时清除。还可利用黑色地膜覆盖，抑制杂草生长。在使用含有杂草的有机肥时，需要使其完全腐熟，从而杀死杂草种子，减少带入菜田杂草种子的数量。

⑤杂草控制。通过采用限制杂草生长发育的栽培技术（如轮作、种绿肥、休耕等）控制杂草；提供使用秸秆覆盖除草；允许采用机械和电热除草；禁止使用基因工程产品和化学除草剂除草。

3.3.2　果品

按照水果（果品）的形态，水果种类包括仁果类、核果类、浆果类、瓜果类、柑果类。从卫生角度分类，也可以将水果分为无公害果品、绿色果品、有机果品。

从 2001 年开始原农业部组织实施，无公害食品行动计划，力争用 5 年的时间，使大多数农产品及其加工产品的质量达到国家标准或行业标准，质量安全指标全部达到国家标准。2002 年原农业部农产品质量安全中心将苹果、柑橘、香蕉、芒果、鲜食葡萄、梨、草莓、猕猴桃、桃、西瓜 10 种水果列入《第一批实施无公害农产品认证的产品目录》，制定和颁布了这 10 种水果的无公害产品标准、生产基地环境条件及生产技术规程，并且已经在无公害果品生产中开始实施。

3.3.2.1 无公害果品

无公害果品是指产地环境、生产过程、产品质量符合国家有关标准和规范的要求，经认证合格获得认证证书并允许使用无公害农产品标志的未经加工或初加工的果品。

（1）有害物质和农药残留限量

无公害水果的产品标准一般只规定感官指标和卫生指标的要求，仅有个别标准规定了理化指标要求。在感官要求方面，通常只纳入与食用安全性密切相关的内容（如腐烂、霉变、伤害等），同常规产品标准相比较，感官要求显得简略，并且无分级方面的内容。卫生要求规定了果品中砷、铅、铬、锡、汞、铜、氟、亚硝酸盐等有害物质的残留限量，以及在果品生产过程中使用量大、对果品食用安全性有较大影响的化学农药的残留限量。在有害物质方面，除鲜食葡萄要求镉≤0.05 mg/kg外，其余均采用相应的国家标准限量值。在农药残留限量方面，除甲基硫菌灵、克菌丹，柑橘上残留的乐果、氰戊菊酯，苹果上残留的三唑酮和双甲脒外，其余均采用相应的国家标准限量值。凡国家明令禁止在果树上使用的化学农药（如六六六、滴滴涕等）除了2001年制定的苹果、芒果、香蕉等产品残留限量标准外，其余果品未作残留限量的规定，但是必须符合国家标准对禁用农药残留限量的要求。无公害水果中有害物质及农药残留限量的规定如表3-4所示。无公害水果的卫生指标检测法如表3-5所示。

表3-4　无公害水果中有害物质及农药残留限量的规定

矿害物质和农药名称	残留限量/(mg·kg⁻¹)									
	苹果	梨	桃	鲜食葡萄	草莓	猕猴桃	柑橘	香蕉	芒果	西瓜
砷（以As计）	0.5	0.5	—	0.5	0.5	0.5	0.5	0.5	0.5	0.5
铅（以Pb计）	0.2	0.2	0.2	0.2	0.2	0.2	0.2	0.2	0.2	—
铬（以Cr计）	—	—	—	—	—	—	0.5	—	0.5	—
镉（以Cd计）	0.03	0.03	—	0.05	0.03	0.03	—	0.03	0.03	—
汞（以Hg计）	0.01	0.01	0.01	0.01	0.01	0.01	0.01	0.01	0.01	—
铜（以Cu计）	10	—	—	—	—	—	—	10	10	—
氟（以F计）	0.5	—	—	—	—	—	—	0.5	0.5	0.5
亚硝酸盐和硝酸盐	—	—	—	—	—	—	0.5	—	—	4.0
六六六	0.2	—	—	—	—	—	0.2	—	—	—
滴滴涕	0.1	—	—	—	—	—	0.1	—	—	—
敌敌畏	0.2	—	0.2	0.2	—	—	0.2	0.2	0.2	—
敌百虫	0.1	—	—	0.1	—	—	0.1	—	—	—
乐果	1	—	1	—	1	1	2.0	1	—	1.0
辛硫磷	0.05	0.05	0.05	—	0.05	—	0.05	—	—	0.05
杀螟硫磷	0.5	—	—	0.5	0.5	0.5	—	—	—	—

矿害物质和农药名称	残留限量/(mg·kg⁻¹)									
	苹果	梨	桃	鲜食葡萄	草莓	猕猴桃	柑橘	香蕉	芒果	西瓜
喹硫磷	1	1	1	—	—	—	1.0	—	—	—
二嗪磷	—	—	—	—	—	—	0.5	—	—	—
毒死蜱	1	1	1	—	—	—	1.0	—	—	—
倍硫磷	—	—	—	—	—	—	—	*	—	—
甲胺磷	—	—	—	—	—	—	—	*	—	—
乙酰甲胺磷	—	—	—	—	—	—	—	0.5	—	—
甲拌磷	—	—	—	—	—	—	—	*	—	—
杀扑磷	—	—	—	—	—	—	2.0	—	—	—
对硫磷	—	—	—	—	—	—	—	*	—	—
马拉硫磷	*	—	—	—	—	—	—	—	—	—
抗蚜威	0.5	—	—	—	—	—	0.5	—	—	1.0
克百威	—	—	—	—	—	—	—	*	—	—
氯菊酯	2	—	—	—	—	—	—	—	—	—
氰戊菊酯	0.2	—	0.2	0.2	0.2	0.2	2.0	0.2	—	0.2
氮氰菊酯	—	2	—	—	—	—	2.0	—	—	—
溴氰菊酯	0.1	0.1	0.1	0.1	—	—	0.1	0.1	—	—
氯氟氰菊酯	0.2	0.2	—	—	—	—	0.2	—	—	0.2
除虫脲	1	—	—	—	—	—	1.0	—	—	—
双甲脒	0.5	—	—	—	—	—	—	—	—	—
百菌清	—	—	1	1	—	—	—	—	—	1.0
多蒲灵	0.5	0.5	0.5	0.5	0.5	0.5	—	—	—	0.5
甲基硫菌灵	—	—	—	—	—	—	10.0	—	—	—
克菌丹	5	—	—	—	—	—	—	—	—	—
二唑酮	1	—	0.2	—	—	—	—	—	—	—
三唑锡	2	—	—	—	—	—	—	—	—	—

注　"—"表示未规定限量;＊表示规定限量。

表 3-5　无公害水果的卫生指标检测法

项目	检测方法	依据标准	检测仪器
砷	电感耦合等离子体质谱法	GB 5009.11—2014	电感耦合等离子体质谱仪
铅	石墨炉原子吸收光谱法	GB 5009.12—2017	原子吸收分光光度计
铬	石墨炉原子吸收光谱法	GB 5009.123—2014	原子吸收分光光度计
镉	石墨炉原子吸收光谱法	GB/T 5009.15—2014	原子吸收分光光度计
汞	原子荧光吸收光谱法	CB 5009.17—2021	原子荧光光谱仪

续表

项目	检测方法	依据标准	检测仪器
铜	石墨炉原子吸收光谱法	GB 5009.13—2017	原子吸收光谱仪
氟	氟离子选择电极法	GB/T 5009.18—2003	氟电极、酸度计
亚硝酸盐和硝酸盐	比色法	GB 5009.33—2016	紫外/可见光分光光度计
六六六	毛细管柱气相色谱—电子捕获检测法	GB/T 5009.19—2008	气相色谱仪
滴滴涕	毛细管柱气相色谱—电子捕获检测法	GB/T 5009.19—2008	气相色谱仪
敌敌畏	气相色谱法	GB/T 5009.20—2003	气相色谱仪
乐果	气相色谱法	GB/T 5009.20—2003	气相色谱仪
杀螟硫磷	气相色谱法	GB/T 5009.20—2003	气相色谱仪
倍硫磷	气相色谱法	GB/T 5009.20—2003	气相色谱仪
马拉硫磷	气相色谱法	GB/T 5009.20—2003	气相色谱仪
对硫磷	气相色谱法	GB/T 5009.20—2003	气相色谱仪
甲拌磷	气相色谱法	GB/T 5009.20—2003	气相色谱仪
二嗪磷	气相色谱法	GB/T 5009.20—2003	气相色谱仪
唑硫磷	气相色谱法	GB/T 5009.20—2003	气相色谱仪
辛硫磷	气相色谱法	GB/T 5009.102—2003	气相色谱仪
甲胺磷	气相色谱法	GB/T 5009.103—2003	气相色谱仪
乙酰甲胺磷	气相色谱仪	GB/T 5009.103—2003	气相色谱仪
敌百虫	气相色谱仪	KJ 201710	紫外/可见光分光光度计
毒死蜱	气相色谱仪	GB 23200.96—2016	气相色谱仪—质谱仪
杀扑磷	气相色谱仪	GB 5009.145—2013	气相色谱仪
抗蚜威	气相色谱仪	GB/T 5009.104—2013	气相色谱仪
克百威	气相色谱仪	GB/T 5009.104—2013	气相色谱仪
三唑酮	气相色谱仪	GB/T 5009.126—2013	气相色谱仪
三唑锡	气相色谱仪	SN/T 4558—2016	气相色谱仪
亚胺硫磷	气相色谱仪	GB/T 5009.131—2013	气相色谱仪
氯菊酯	气相色谱仪	GB/T 5009.106—2013	气相色谱仪
溴氯菊酯	气相色谱仪	GB/T 5009.110—2013	气相色谱仪
氰戊菊酯	气相色谱仪	GB/T 5009.110—2013	气相色谱仪
氯氰菊酯	气相色谱仪	GB/T 5009.110—2013	气相色谱仪
氯氰菊酯	气相色谱仪	GB/T 5009.146—2008	气相色谱仪
双甲脒	气相色谱仪	GB/T 5009.143—2003	气相色谱仪
百菌清	气相色谱仪	GB/T 5009.105—2003	气相色谱仪
除虫脲	高效液相色谱法	GB/T 5009.147—2003	液相色谱仪

项目	检测方法	依据标准	检测仪器
克菌丹	高效液相色谱法	SN 0654—2019	液相色谱仪
多菌灵	比色法	GB/T 5009.38—2003	紫外/可见光分光光度计
甲基硫菌灵	比色法	GB/T 5009.38—2003	紫外/可见光分光光度计

（2）有害物质和农药残留的检测程序

①采集样品。

检测样品要求能够反映所要检测对象的真实情况,采集足够数量的样品是保证样品代表性的关键,同时也要考虑采样的经济性和科学性,采样量一般为最后选取量的 3~5 倍。大、中型水果的采样量一般为 30~50 个,小型水果的采样量一般为 10~15 kg,同时做 2~3 次重复。从田间采集无公害果品检测样品时,要求每种管理方式都抽取 1 个样品。采样点要根据产地环境状况、主导风向而合理设置,一般采用"S""X"和"W"形布点。每株果树一般采集迎风面树冠外围中部的 1 个果实并作为样品,果实的着生部位、大小和成熟度应尽量一致。采样时期要根据不同树种、品种在其种植区域的成熟期来确定。如果是大范围的监督抽查,还要考虑采样时期的一致性。采样应在晴天上午的 9~11 时或者下午 3~5 时进行。

②样品预处理。

检测的样品送达检测实验室后要及时处理,一般不留鲜果样品做备份。大、中型水果取样品 10~15 个,小型果取样品 2~3 kg。预处理时先将样品在半小时内用清水冲洗 3~4 遍,用去离子水洗 2 遍,晾干或用干净纱布轻轻擦干。取可食部分切碎、混匀,取 40 g,用组织捣碎机捣碎,匀浆用于检测,另外 200 g 匀浆做备份样品,放入−20 ℃冰箱长期保存。

③检测。

检测无公害果品的有害物质和农药残留,应由国家计量认证和机构认可的专业实验室来完成,所有项目的检测必须严格按照标准规定的方法执行。如果采用其他方法,要由本实验室技术负责人组织有关人员全面审查检验全过程,确认检测结果的可靠性,报农产品质量安全中心审查并备案,方可进行检测工作。

3.3.2.2 绿色果品

绿色果品是指遵循可持续发展原则,按照特定生产方式生产,经专门机构认定,许可使用绿色食品标志的无污染的安全、优质、营养类果品。认证流程如图 3-12 所示。

（1）绿色果品生产要求

具体要求包括:绿色食品产地环境质量标准(即《绿色食品 产地环境质量》)、绿色食品生产技术标准、绿色食品产品标准、绿色食品包装标签标准、绿色食品贮藏、运输标准、绿色食品其他相关标准(如绿色食品生产资料认定标准、绿色食品生产基地认定标准)等。这些标准都是促进绿色食品质量控制管理的辅助标准。

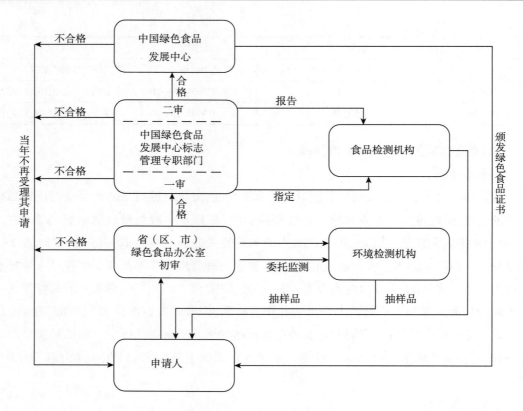

图 3-12　绿色果品认证流程

①绿色果品对空气环境的要求（表 3-6）。

表 3-6　绿色果品对空气环境的要求

主要污染物	任何一天平均	任何一小时平均
总悬浮颗粒物/（mg·m^{-3}）	≤0.30	—
二氧化硫/（mg·m^{-3}）	≤0.15	≤0.50
氮氧化物/（mg·m^{-3}）	≤0.10	≤0.15
氟化物/（μg·m^{-3}）	≤7	≤20

②绿色果品对灌溉水质的要求（表 3-7）。

表 3-7　绿色果品对灌溉水质的要求

污染物	水 pH 值为 5.8~8.5 时的含量要求/（mg·L^{-1}）
水中总汞	≤0.001
总镉	≤0.005
总砷	≤0.05
总铅	≤0.1
六价铬	≤0.1
氟化物	≤2.0

③绿色果品对土壤污染物的限量要求(表3-8)。

表 3-8　绿色果品对土壤污染物的限量要求

重金属含量	不同土壤 pH 值		
	<6.5	6.5~7.5	>7.5
镉/(mg·L^{-1})	≤0.30	≤0.30	≤0.40
汞/(mg·L^{-1})	≤0.25	≤0.30	≤0.35
砷/(mg·L^{-1})	≤25	≤20	≤20
铅/(mg·L^{-1})	≤50	≤50	≤50
铬/(mg·L^{-1})	≤120	≤120	≤120
铜/(mg·L^{-1})	≤100	≤120	≤120

④AA 级果品对土壤肥力的要求(表3-9)。

表 3-9　AA 级果品对土壤肥力的要求

指标	不同肥力等级		
	Ⅰ级	Ⅱ级	Ⅲ级
质地	轻壤	砂壤、中壤	砂土、黏土
有机质/(g·kg^{-1})	>2.0	1.5~2.0	<1.5
全氮/(g·kg^{-1})	>1.0	0.8~1.0	<0.8
有效磷/(mg·kg^{-1})	>10	5~10	<5
有效钾/(mg·kg^{-1})	>100	50~100	<50
阳离子交换量	>15	15~20	<15

⑤绿色果品生产过程标准。

包括生产资料和生产操作规程。生产 A 级果品则允许限量使用部分化学合成肥料;生产 AA 级果品主要使用的肥料有农家肥料和非化学合成的商品肥料;生产绿色食品应不用或少用农药。

⑥绿色食品产品标准。

A. 原料要求:这一项主要针对加工食品,要求绿色食品的主要原料来自绿色食品产地。

B. 感官要求:包括外形、色泽、气味、口感、质量等。

C. 理化要求:这是绿色果的内容要求,主要指应有成分指标,如蛋白质、脂肪、糖类、维生素、果实硬度等。理化要求还包括保鲜剂、防腐剂等的残留要求。

D. 卫生要求:这是绿色食品的特色和安全性所在,也是绿色食品质量保证的关键因素,它主要针对不应有的成分。

⑦绿色食品包装、标签标准。

绿色食品产品包装必须加注绿色食品标志:LB-7-99-01-15-018-2。

其分别表示的意义:绿标—产品类别—认证年份—认证月—省份(国别)—产品序列—产品级别。

⑧绿色食品贮藏、运输标准。

选择的贮藏方法不能使绿色食品品质发生变化、引入污染。贮藏中,绿色食品不能与非绿色食品混堆贮存,A级绿色食品与AA级绿色食品必须分开贮藏。

(2)绿色食品认证程序

①申请人向所在省绿色食品办公室(以下简称省绿办)提出认证申请。

②省绿办组织检查员对申请材料进行文审。

③省绿办委派检查员对申请认证企业进行现场检查和产品抽样。

④绿色食品定点环境监测部门对产地进行环境监测。

⑤绿色食品定点产品监测部门对产品进行质量检测。

⑥中国绿色食品发展中心(以下简称中心)组织专家对省绿办上报的申请认证材料进行审核。

⑦绿色食品认证评审委员会对申请认证产品进行认证评审。

⑧中心颁发证书,并进行公告。

3.3.2.3 有机果品

有机果品指来自有机农业生产体系,根据有机农业生产要求和相应标准生产加工,并且通过合法的、独立的有机食品认证机构认证的果品及其加工品。

有机果品是比无公害果品、绿色果品级别更高的果品,有机果品是来源于生态良好的有机农业生产体系的果品,是营养丰富、高品质、环保、健康的生态型食品。有机果品在生产中最基本的要求是在施肥、防病虫、控制杂草等管理中禁止使用人工合成的化肥、杀虫剂和除草剂等现代农业投入品,而是通过有机的、生物的、物理的手段来控制病虫的发生与蔓延。

有机果品相对于常规果品在环境、生产、加工和销售环节都有更加严格的要求,具有下列特点:

①产地环境要求高。有机果品的产地要求选择在生态条件良好,远离污染源,并具有可持续生产能力的农业生产区域。具体来说,要求有机果品生产基地所处的环境空气清洁、干净(符合GB 3095的二级标准);土壤中铅、汞、镉、砷和铬等重金属元素和六六六、DDT等农残的含量应在规定的范围内(符合GB 15618的二级标准);果品园灌溉用水要求有干净的水源(符合GB 5084的标准);果品园与交通主干线、工厂和城镇之间应保持一定的距离,附近及上风口或河流的上游没有污染源。

②生产过程中不允许使用任何人工合成的农药、化肥、植物生长调节剂和除草剂等物质。强调采用农业内部物质、能源不断循环和再利用的方式培肥土壤;强调采用生态自然调控、农业技术措施和物理方法等方式控制病虫害的危害;生产过程中强调采用有益生态环境技术,降低资源消耗,解决生物多样性减少、土壤肥力下降、农业环境污染等

问题。

③注重对生产、加工和销售等环节的全过程控制。有机果品生产坚持"从果园到果品"的全程质量安全控制,无论是田间生产,还是加工过程乃至销售到消费者手中,均要按标准和规范操作,每个步骤要有详细的记录。记录内容包括果园投入物、原料的收获、加工产品的质量和数量、产品的流转和废弃物的处理等,产品具有可追溯性。

④实行认证和标志管理。有机果品必须通过国家认监委批准的具有有机产品认证资质的认证机构,按照 GB/T 19630—2019《有机产品生产、加工、标识与管理体系要求》标准和相关规则进行认证,并在产品最小销售包装上加印中国有机产品认证标志及其唯一编号、认证机构名称或标识,才能在市场上进行销售。

思考题

1. 果蔬产品中的污染因素有哪些?
2. 如何控制农药对果蔬产品的污染?
3. 汞对果蔬产品的污染途径及预防措施。
4. 无公害果品、绿色果品、有机果品的生产要求及加工技术侧重点。

参考文献

[1] 张伟,马天博,张焱妯,等.蔬菜农药残留的根本原因及应对措施[J].现代农业科技,
    2010(1):173-173.
[2] 于弘慧,等.果蔬农药残留降解方法研究进展[J].食品安全质量检测学报,2016,7
    (9):7.

4　肉与肉类制品的卫生及其管理

本章学习目的与要求

1. 了解肉与肉类制品受污染的因素和途径。
2. 熟悉肉与肉类制品可能存在的主要卫生问题及对人体健康的影响。
3. 掌握预防肉与肉类制品原料及常用加工食品污染的技术措施和搞好食品卫生的管理措施。

课程思政目标

1. 肉及肉类制品的卫生问题主要源于饲养及屠宰检验阶段的兽药残留问题，而兽药的残留会给人类造成健康危害。所以兽药的使用一定要严格执行国家的法律、法规和标准，使其有法可依、违法必究。树立良好的职业道德，始终把人民的生命安全放在第一位，养成遵纪守法的良好习惯。

2. 肉及肉类制品的卫生问题包括食源性寄生虫，我们要了解其生活史、流行病学、感染的途径和预防措施，在养殖、屠宰及其宰后的加工过程中采取创新、严谨的科学态度，发扬淡泊名利、孜孜不倦、不怕失败、奋战到底的精神，生产出更多健康优质的肉与肉制品。

广义而言，凡是适合人类作为食品的动物有机体的所有组成部分都称为肉，具体而言，肉是指去皮、毛、头、尾和内脏后的胴体，又称为净肉。

肉类制品包括屠宰后畜体的肌肉、脂肪、结缔组织、内脏及其制品。它们能供给人体必需的蛋白质、脂类、碳水化合物、无机盐及维生素等多种营养素，且易被消化、吸收和利用，饱腹作用强，故食用价值高。但这类食品易受到微生物和寄生虫的污染，容易引起食品腐败变质，导致人食物中毒、肠道传染病和寄生虫病的发生，也可引起动物疫病的流行和传播，因此，必须加强和重视畜禽肉类食品的卫生管理和监督。

肉及肉类制品的卫生问题主要源于以下 3 个方面：饲养及屠宰检验阶段；屠宰加工阶段；产品包装及运储阶段。

4.1　饲养及屠宰检验

4.1.1　饲养环节与肉类制品安全

动物饲养环节造成的肉及肉类制品安全问题，主要是兽药残留问题。

4.1.1.1　兽药及兽药残留

（1）兽药

兽药是指用于预防、治疗、诊断动物疾病或者有目的地调节动物生理机能的物质（含药物饲料添加剂）。主要包括血清产品、疫苗等。

按照兽药的用途分类，主要分为抗生素药、抗病毒药、抗寄生虫药、消毒防腐药等。

①抗生素药。

抗生素药是目前动物疾病治疗中广泛应用的一类药，主要包括：内酰胺类、氨基糖苷类、四环素类、大环内脂类、酰胺醇类、林可胺类、多肽类、多糖类等。

②抗病毒药。

主要是一些中成药与生物制剂，如黄芪多糖、大青叶、板蓝根、植物血凝素、聚肌胞、干扰素、白细胞介素等。

③抗寄生虫药。

抗球虫药：常用的有球痢灵、氯羟吡啶、盐霉素、拉沙洛菌素等。

抗滴虫药：常用的有甲硝唑、地美硝唑等。

抗锥虫药：常用的有萘磺苯酰脲、氯化氮氨啡啶、喹嘧氯铵等。

抗梨形虫药：常用的有三氮脒、硫酸喹啉脲等。

驱线虫药：常用的有芬苯达唑、左旋咪唑、伊维菌素氟苯达唑、奥芬达唑、哌嗪等。

抗绦虫药：常用的有吡喹酮、氯硝柳胺、硫双二氯酚等。

抗吸虫药：常用的有硝氯酚、溴酚磷等。

④消毒防腐药。

酚类：常用的有苯酚、复合酚、煤酚皂溶液、克辽林复方煤焦油酸溶液等。

酸类：常用的有硼酸、乳酸、醋酸、水杨酸、苯甲酸、十一烯酸、过醋酸等。

碱类：常用的有苛性钠、苛性钾、生石灰等。

醇类：常用的有酒精等。

醛类：常用的有福尔马林、多聚甲醛、戊二醛等。

氧化剂：常用的有双氧水、高锰酸钾等。

卤素类：常用的有碘、碘伏、速效碘、次氯酸钠、抗毒威等。

染料类：常用的有龙胆紫、利凡诺、亚甲蓝等。

表面活性剂：常用的有新洁尔灭、洗必泰、消毒净、度米芬、创必龙、百毒杀等。

其他消毒防腐剂：常用的有环氧乙烷、环中菌毒清、霉敌等。

⑤其他分类。

生物制品、强心药、止血药、抗凝血药、抗贫血药、体液补充剂、健胃药、助消化药、催吐药与止吐药、泻药与止泻药、祛痰药、镇咳药、平喘药、利尿药、脱水药、子宫收缩药、性激素与促性激素、中枢神经兴奋药、麻醉药、镇静催眠药、安定药、抗惊厥药、解热镇痛抗风湿药、拟胆碱药、抗胆碱药、拟肾上腺素药、抗肾上腺素药、维生素等。

（2）兽药残留

兽药残留是指畜禽等动物使用药物后积蓄或贮存在动物组织和器官内以及其他可食性产品中（如蛋、奶）的药物原形、代谢产物和药物杂质。

广义上的兽药残留除了由于防治疾病用药引起外，也可由使用药物饲料添加剂、动物接触或食入环境中的污染物如重金属、霉菌毒素和农药等引起。

（3）靶动物

根据兽药监督管理的规定，必须按照兽药或饲料添加剂的适用动物种类，直接选用规定数量的该种类的动物，进行安全性、临床疗效和饲养试验，这些种类的动物称为靶动物。例如，治疗猪丹毒的药物，必须用猪；治疗牛乳腺炎的药物，必须用泌乳母牛做临床疗效试验和进行安全性评价。此时的猪和泌乳母牛，都属于靶动物。食用动物用药的安全性和组织中兽药残留的检测，都必须在靶动物上进行。

（4）安全系数

药物和药物代谢物对人的毒性是通过实验动物的毒性试验结果推断确定的。由于人和动物的敏感性存在较大差异（同一药物的动物种间毒性可以相差 10 倍，同种动物的个体间毒性可以相差 10 倍），为了保证人的安全，在由实验动物的无作用剂量数值换算成人的无作用剂量数值，并由此推算人体每日允许摄入量时，一般要缩小至 1/100，这种缩小值，就是安全系数。

（5）最高残留限量

允许在食物表面或内部残留药物或其代谢物的最高量（或最高浓度），称为最高残留限量。包括从动物屠宰到加工、储运、销售等期间，直至被畜禽利用和被人食用时，饲料或食品中药物或药物代谢物残留的最高允许量或浓度。

我国现行最高兽残标准是根据农业农村部、国家卫生健康委员会和国家市场监督管理总局公告 2019 年第 114 号《食品安全国家标准 食品中兽药最大残留限量》[GB 31650—2019，代替原农业部公告第 235 号（动物性食品中兽药最高残留限量）中的相应部分]及 9 项兽药残留检测方法食品安全国家标准。

（6）休药期

休药期也叫停药期，是指从畜禽停止给药到许可屠宰或其产品（蛋、乳）许可上市的间隔时间。规定休药期，是为了减少或避免供人食用的动物组织或产品中的药物残留超量，危害人的健康。在休药期间，动物体内残留的药物或药物代谢物逐渐消除，直至低于最高残留限量。休药期的长短，因动物种类、药物种类、制剂类型、用药剂量、给药途径等的不同而存在差异。一般为若干小时、数日至数周。在《中华人民共和国兽药典》和原农业部颁发的《兽药质量标准》中，对兽药和饲料药物添加剂的休药期都有明确的规定。

4.1.1.2　兽药残留产生的原因

（1）不遵守休药期规定

使用了标有休药期的兽药及含药物添加剂的饲料后，未遵守有关休药期的规定就将产品出售,导致动物组织中的药物残留超标。

（2）不按照兽医师处方、药物标签和说明书用药

每种兽药的适应证、给药途径、用量、疗程等均有明确的规定,但有的使用者随意加大剂量、延长用药时间或同时使用多种药物,造成兽药残留超标。

（3）使用未经批准的药物

未经审批的药物,一般没有准确的用法、用量和休药期规定,用药后产生残留超标。

（4）饲料中随意添加某些药物

未按规定使用药物饲料添加剂,以及饲料加工过程中兽药污染;有的人在饲料中添加药物,但又没有在标签（说明书）中注明品种和浓度,造成饲养者重复用药,使兽药残留超标。

（5）非法使用违禁镇静药作为促生长剂

使用某些中枢神经抑制药以延长水产动物的存活时间等,如氯丙嗪等。

（6）使用违禁或淘汰药物

将违禁药物如克伦特罗等作为促生长添加剂,造成动物性食品中兽药和有害物质残留。

4.1.1.3　动物产品兽药残留的主要特点

（1）不同给药途径造成兽药残留量分布不同

研究显示,不同给药途径造成残留不同,肌肉注射比饲料、丸剂造成的残留要高30%左右,经乳房内灌注的方式更少。

（2）同一动物不同脏器兽药残留量不同

按残留量从高至低一般为:肝>胆汁>肾>肌肉,另外,注射部位及脂肪一般也较多。

（3）动物产品中的兽药残留很难消除

通过正常烹调加热处理方式很难完全破坏动物产品中的兽药残留物。普通巴氏低温消毒并不能破坏乳中的抗生素;链霉素100℃加热2 h其残留不受影响;四环素经加热后可降低残留80%以上,但其代谢和降解产物比四环素毒性更大。

4.1.1.4　兽药及兽药残留的危害

（1）一般毒性作用

许多兽药或添加剂都有一定的毒性作用,如氨基酸糖苷类抗生素有较强的肾毒性和耳毒性等。人若长期摄入含有药物残留的动物性食品,将造成药物在体内蓄积,可能产生急性或慢性毒性作用。

（2）特殊毒性作用

一般指致畸作用、致癌作用、致突变作用和生殖毒性作用等。在兽药中如喹乙醇、卡巴氧、砷制剂等有致癌作用;苯并咪唑类、氯羟吡啶等有致畸和致突变作用。特殊毒性作用对人体健康危害极大。

（3）过敏反应

如青霉素等在奶牛中的残留可引起人体过敏反应,严重者可出现过敏性休克并危及生命。

（4）激素样作用

使用雌激素、同化激素等作为动物的促生长剂，其残留物除有致癌作用外，还能对人类产生其他有害作用，超量残留可能干扰人类的内分泌功能，破坏人体正常激素平衡，甚至致畸、引起儿童性早熟等。

（5）对人类胃肠道菌群的影响

含有抗菌药物残留的动物性食品可能对人类胃肠道的正常菌群产生不良影响，致使平衡被破坏，病原菌大量繁殖，损害人体健康。另外，胃肠道菌群在残留抗菌药的选择压力下可能产生耐药性，这将使胃肠道成为细菌耐药基因的重要贮藏库。

（6）造成人类病原菌耐药性增加

抗菌药在动物性食品中的残留可能使动物病原菌产生耐药性，耐药基因可能通过转化、转导、接合、易位等方式在细菌之间传播，也可能通过食物链等途径扩散耐药基因，使细菌的耐药基因在人类、动物群和生态系统间互相传递，由此导致人类致病菌（如沙门氏菌、大肠杆菌等）的耐药性增加。

4.1.1.5 避免兽药残留的方法

根据兽药残留产生的原因，可以采取以下措施来避免产生兽药残留。

（1）依法用药

及时收集有关行政法规和技术法规，随时收集兽医行政管理部门的规范性文件，清楚哪些药能用，哪些药禁用，哪些药已被淘汰。凡原农业部已明令禁用的兽药及其他化合物和已淘汰的兽药，如使用，属非法用药。由此而引起的食品安全问题，使用者要承担法律责任。

（2）规范用药

①兽药的作用与用途、用法与用量、各种剂型的确定，是以大量的药理学、毒理学、药代动力学试验为基础，证明用于某些动物是安全、有效的，用于某些动物是不安全、无效的。

②根据原农业部发布的无公害肉牛、奶牛、生猪、肉羊、肉鸡、蛋鸡、肉兔、蜜蜂等动物饲养兽药使用准则严格执行。

③养殖企业做好用药记录。用药记录的内容至少包括：临床诊断、药品名称、药品来源、用药日期、给药方法、用药剂量、停药日期。

④兽药使用必须按照兽医行政管理部门批准兽药产品标签说明书中规定的作用与用途、用法与用量及使用对象给药。如规定只用于猪，就不能用于牛、羊；规定只用于鸡，就不能用于其他家禽。

⑤原料药不用于兽医临床和养殖生产环节。

⑥治疗药物不能长期低剂量添加用以预防动物疾病，而只能在确诊动物疾病后，对症下药，按规定的给药途径、给药剂量、给药周期用药。

（3）执行休药期的规定

不同的兽药品种用于不同畜禽，且具有不同的休药时间。因此，动物性食品上市前，应严格遵守休药期规定,以确保动物性食品安全。没有休药期规定的,按照国际惯例以停药28天计。

(4)在兽医的指导下用药

为进一步加大兽用药品管理的力度,原农业部已发布了《兽用处方药和非处方药管理办法》,同时还发布了《兽用处方药品种目录》和《乡村兽医基本用药目录》。兽用处方药必须凭兽医处方笺方可买卖,兽医处方笺由依法注册的执业兽医按照其注册的执业范围开具。

4.1.2　屠宰检验环节与肉类制品安全

4.1.2.1　宰前检验

宰前检验(antemortem inspection)指屠宰动物在宰杀前为防止疫病传染,杜绝宰杀种畜、母畜及仔畜而实行的兽医卫生检验方法,以保证健康动物交付屠宰。一般进行临床检查和测体温,必要时进行细密检查。

畜禽的宰前检验与管理是保证肉及肉类制品卫生质量的重要环节之一。其在贯彻执行病、健隔离,病、健分宰,防止肉品污染,提高肉品卫生质量方面,起着重要的作用。

家畜通过宰前临床检查,可以初步确定其健康状况,尤其是能够发现许多在宰后难以发现的传染病,如破伤风、狂犬病、李氏杆菌病、脑炎、胃肠炎、脑包虫病、口蹄疫及某些中毒性疾病。从而做到及早发现、及时处理、减少损失,还可以防止牲畜疫病的传播。此外,合理的宰前管理,不仅能保障畜禽健康,降低病死率,而且也是获得优质肉品的重要措施。

4.1.2.2　宰前检验后的处理

(1)准宰

经检查健康合格的畜禽准予屠宰。

(2)急宰

确认不影响肉食卫生的一般病畜和一般性传染病的畜禽,如患有布氏杆菌病、结核病、肠道传染病、乳房炎等一般性传染病的畜禽和普通病的畜禽,应立即在急宰间屠宰。

(3)缓宰

经检查确认患有一般性传染病且有治愈希望的畜禽,或未经确认患有传染病的畜禽,应缓宰。

(4)禁宰

凡符合政府禁宰或保护条令的动物,一律禁宰。凡确诊为恶性水肿、炭疽、鼻疽、气肿疽、疯牛病、狂犬病、羊块疫、羊肠毒血症、马流行性淋巴管炎、马传染性贫血病、鸡瘟、兔瘟等恶性传染病的畜禽,采取不放血的方法扑杀。尸体不得食用,必须深埋或焚烧。同时严格观察同群畜禽。屠宰检验的程序图如图4-1所示。

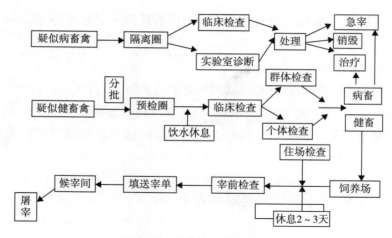

图 4-1　屠宰检验的程序图

4.1.2.3　宰前管理

（1）休息管理

动物经长途运输后,机体的一些生理机能受到抑制,抗病能力下降,致使一些细菌进入血液。实践证明,屠畜长途运输后充分休息,可以提高抗病能力,保证肉品质量。宰前休息时间一般不少于 48 h。

（2）停食管理

屠畜经过两天以上的宰前休息管理,达到消除疲劳的目的之后,经检查认可准予送宰。屠畜送宰前,还要实施一定时间的停食管理。按规定,牛、羊应停食 24 h,猪停食 12~24 h,但必须保证充足的饮水,直至宰前 3 h。

（3）宰前休息管理

①降低动物宰后肉品的带菌率。

A. 经 5 昼夜运输的牲畜,宰后肝脏的带菌率为 73%,肌肉带菌率为 30%。

B. 休息 24 h 后宰杀,肝脏的带菌率为 50%,肌肉为 10%。

C. 休息 48 h 后宰杀,肝脏的带菌率为 44%,肌肉为 9%。

②增加动物宰后肉品的糖原含量。

运输期间机体肌肉所消耗的大量肌糖原和肝糖原得到补充,从而为获得优质的肉品打下坚实的物质基础,还可减少"应激综合征"的发生。

③排出机体过多的代谢产物。

宰前停食期间机体的部分代谢产物排出,肉的质量得到改善。

（4）停食管理的意义

①饲料从进入胃内到完全消化要经过一段时间,如牛需 40 h 以上、猪需 24 h。因此,在宰前一定时间内停止喂料,对屠畜营养并无影响,而且能节约饲料,便于屠宰时净膛和内脏清洗,减少消化道血液分布,避免脾脏肿大。

②减少胃肠内容物有利于宰后动物解体操作,又可减少胃肠破损、胃肠内容物污染肉产品的可能。

③停食期间足够的饮水,能冲淡血液,使屠宰时放血充分,从而提高胴体质量。此外,可使屠畜肌肉保持足够的水分,剥皮加工等操作更为方便。

(5)其他事项

①宰前沐浴。

对于生猪屠宰,可以通过自来水或压力适中的温水流喷洒,冲洗畜体。淋浴水温以20℃为宜,水流压力不宜过大,以喷雾状为最佳。其主要目的是:

A.清洁皮毛,去掉污物,减少屠宰加工过程中的肉品污染。

B.可使屠畜趋于安静,促进血液循环,保证放血良好。

C.浸湿动物体表,提高电麻效果。

②病、死畜处理。

候宰期间如发现病畜,首先应加以诊断,以便判定属于普通病还是传染病。前者可暂时隔离观察,并加强饲养管理;后者则须立即处理,送急宰或集中整批屠宰。如为恶性传染病,则必须向上级汇报,及时作出合理处置。屠畜发生死亡,应立即送屠宰加工场,按其死亡原因作不同处置,如掩埋、焚化、湿化或炼制工业用油。动物因横死,死亡时间在 2 h 以内的,内脏废弃,胴体高温处理后出厂,超过 2 h 者全部销毁。

4.1.2.4　宰后检验

宰后检验是宰前检验工作的继续,通过对屠畜淋巴结、肉尸、内脏所发生的病理变化和异常状态的检查,结合宰前资料,必要时辅以实验室诊断,把病畜肉检查出的过程。

拓展知识5

宰后检验的目的是发现各种妨碍人类健康或已丧失营养价值的胴体、脏器及组织,并作出正确的判断和处理。因为宰前检验只能选出症状明显的病畜和可疑病畜,处于潜伏期或不明显症状的病畜难以被发现,通过宰后检验的进一步化验分析才能进行判断。检测方法主要包括视检、剖检、触检和嗅检。检验环节可分为头部、内脏和肉尸三个基本检验环节,猪的屠宰需要增加皮肤与旋毛虫检验两个环节。下面以猪屠宰为例,对检验内容进行阐述。

(1)头部检验

①颌下淋巴结剖检:放血后烫毛前,检炭疽和结核。

②咬肌剖检:去头后在左、右下颌骨外侧的咬肌顺肌纤维方向各切两刀以检囊尾蚴。

③视检:观察咽喉黏膜、会厌软骨、扁桃体,检猪瘟、猪肺疫;观察鼻盘、唇、齿龈、舌面等部位,有无水疱、溃烂,检口蹄疫、猪传染性水疱病、猪水疱疹性口炎、猪传染性萎缩性鼻炎等。

(2)内脏检验

①白下水检验。

A. 脾脏。

a. 视检：形态、大小、色泽。

边缘有出血性楔状梗死时,可能为猪瘟;肿大时,可能为败血性炭疽(猪极少见)、猪丹毒(樱桃红色)、弓形虫病、链球菌病等。

b. 触检：弹性、硬度,炭疽时变软。

c. 剖检：必要时剖开脾髓,炭疽时呈煤焦油样。

B. 胃肠：将胃放在检验台的左上方,结肠圆锥放在正上方,小肠覆盖在结肠上,暴露肠系膜淋巴结。

a. 视检：观察胃肠浆膜、肠系膜,有无粘连、充血、出血、坏死、溃疡及细颈囊尾蚴寄生。肠系膜淋巴结周围组织有无胶冻样浸润,与病变的淋巴结相关联的淋巴管和局部小肠壁浆膜有无出血炎性肿胀,检肠炭疽和弓形虫病(淋巴结肿大)。

b. 剖检：肠系膜淋巴结,检肠炭疽和结核。观察胃肠黏膜有无充血、出血、糜烂、溃疡、假膜等,检慢性猪瘟(回肠、盲肠、回盲瓣附近的黏膜有纽扣状溃疡)、猪丹毒(胃底黏膜出血)、副伤寒(纤维素性坏死性肠炎)等传染病。

②红下水检验(肺心肝检验)：自然悬垂,依次检验肺、心、肝。

肺脏视检：形态、大小、色泽,注意有无充血、出血、水肿、气肿、化脓、坏死、纤维素渗出物等病变,有无呛血和呛水等现象。

猪肺疫：充血、水肿、纤维素性肺炎,有大小不等的肝变区。

猪气喘病：急性病例以肺水肿和气肿为主;亚急性和慢性病例在肺的尖叶、心叶和膈叶的前端有对称性的肉样变或胰样变(融合性支气管肺炎)。

猪肺丝虫病(后圆线虫)：在膈叶后缘,可见界限清晰的灰白色微突起的气肿灶,切开挤压,在支气管内有大量白色丝状虫体。

(3)肉尸(胴体)检验

①视检：皮肤、皮下组织、肌肉、脂肪、胸膜、腹膜、骨及其断面和关节,有无出血、水肿、脓肿、蜂窝织炎、肿瘤等异常变化,并识别黄脂肉、黄疸肉、白肌肉、白肌病肉、红膘肉等。

②判定放血程度：放血程度评价肉品卫生质量的重要指标之一。

视检胴体的色泽、肋间静脉内血液滞留情况、肌肉切面的浸润情况,以判断放血程度。放血不良的胴体,肌肉颜色发暗;肋间静脉清晰并有血液滞留;肌肉切面有暗红色区域,挤压时有少量血液渗出。病理性和机械性因素都可导致放血不良。

③剖检胴体：主要是淋巴结。

④剖检腰肌：位于脊柱腹侧,肉质细嫩,结缔组织少。钩子固定胴体,用刀紧贴腰椎向下切开使腰肌和脊柱分离。钩开腰肌,顺肌纤维纵切3~4刀,仔细检查腰肌切面上有无囊尾蚴寄生。

⑤检查肾脏：钩住肾盂部,将肾脂肪囊切开,用手分离出肾脏,先观察肾包膜有无增厚、粘连等异常变化,再沿肾脏中间纵向轻划一刀切开肾包膜,用刀背将肾包膜挑开,钩住肾脏

向外下方牵拉暴露肾脏。

视检:肾脏大小、形态、色泽,有无出血、淤血、脓肿、囊肿、畸形等变化。猪瘟时肾脏有出血斑点;猪丹毒时肾脏淤血肿大,俗称"大红肾"。

剖检:必要时剖开检查皮质、髓质、肾盂,有无出血、积尿。

(4)皮肤检验

在烫毛后开膛前或剥皮后进行,以视检为主,主要检查皮肤完整性和颜色的变化。观察有无充血、出血、坏死、疹块、瘢痕、溃疡、丘疹、痘疮和黄染等病变。

猪瘟:皮肤点状出血。

猪丹毒:败血型的皮肤上有充血性红斑,疹块型皮肤上有突出的方形或菱形的疹块。

猪肺疫:耳根、腹侧、四肢内侧出现红斑。

皮肤上有异常表现的疫病还很多,如蓝耳病、链球菌病、弓形虫病等。

(5)旋毛虫检验

每头猪的左、右横膈膜肌脚各剪取一块 15~30 g 肉样,与胴体编为同一号码,送检验室检验。

常规镜检法:在充足自然光线下,先剥离膈肌的肌膜,再将肉样顺肌纤维方向拉紧,肉眼观察有无针尖大小的小亮点或灰白色(或浅灰白色)的小钙化点,然后从肉样两面顺肌纤维方向各剪取 6 个麦粒大的肉片(每侧膈肌剪取肉粒 12 个)共 24 片,用玻璃板压平展开,在 50~70 倍低倍镜下逐一检查有无虫体。镜检示意图如图 4-2 所示。

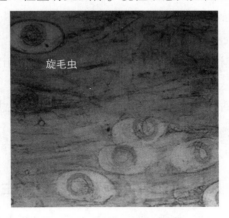

图 4-2　旋毛虫镜检示意图

(6)复检

①检查有无漏检。

②检查是否摘除"三腺"即甲状腺、肾上腺、病变淋巴结。猪的甲状腺呈深红色,位于胸前口处气管的腹侧面,菱形小肉块,俗称"栗子肉",长 4.0~4.5 cm,宽 2.0~2.5 cm,厚 1.0~1.5 cm。肾上腺位于肾内侧缘的前方,长而窄,表面有沟。

甲状腺含有大量的甲状腺激素,其性能比较稳定,一般的烹调方法不能将其破坏,人食用后可引起类似甲状腺功能亢进的中毒反应,会出现头晕、头痛、烦躁、失眠、四肢酸痛、疲乏无力、腹痛、恶心、呕吐等症状。肾上腺含有肾上腺素,一般食后半小时内发病,症状表现为头晕、眼花、恶心、呕吐、腹痛、腹泻、手足麻木及心慌气短等,严重者可出现颜面苍白、瞳孔散大等反应。病变的淋巴结(腺)会出现充血、出血、坏死等,含有较多的病原微生物或有毒物质,应弃之不食。甲状腺图如图4-3所示。

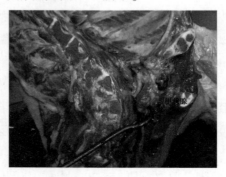

图4-3　甲状腺图

③肉品上加盖验讫印章。

(7)宰后检验后处理

①宰后检验结果的登记。

登记项目包括胴体编号、屠宰种类、产地名称、畜(货)主、疫病名称、病变组织器官及其病理变化、检疫结论和处理意见。

②宰后检验处理。

合格:肉尸加盖肉检验讫印章;内脏等产品加封检疫标志;出具《动物产品检疫合格证明》。

不合格:依照 T/CPPC 1023—2020 相关规定分别处理,如高温、化制、销毁等,并加盖有关无害化处理印戳或加封标志。

4.2　肉类制品加工过程中的卫生问题

肉(胴体)主要是由四大部分构成:肌肉组织、脂肪组织、结缔组织与骨组织。其中肌肉组织占胴体中比例的 50%~60%,脂肪组织占 15%~45%,结缔组织占 9%~13%,骨组织占比 5%~20%。

4.2.1　肉类制品的组织分类

4.2.1.1　肌肉组织

肌肉组织主要有两种:一种是平滑肌,存在于内脏器官,如肾脏、胃、肝等由平滑肌构成;一种是横纹肌,包括骨骼肌和心肌,是食用和肉制品加工的主要原料,占动物肌体的

30%~40%。

4.2.1.2　脂肪组织

脂肪组织由退化的疏松结缔组织和大量的脂肪细胞积聚组成。脂肪细胞通常以单位或成群状态存在于结缔组织中。

4.2.1.3　结缔组织

结缔组织由细胞和大量细胞间质构成,结缔组织的细胞间质包括液态、胶体状或固态的基质、细丝状的纤维和不断循环更新的组织液,具有重要功能意义。细胞散居于细胞间质内,分布无极性。广义的结缔组织,包括血液、淋巴,松软的固有结缔组织和较坚固的软骨与骨;一般所说的结缔组织仅指固有结缔组织。

4.2.1.4　骨组织

骨组织是一种坚硬的结缔组织,也是由细胞、纤维和基质构成。纤维为骨胶纤维(和胶原纤维一样),基质含有大量的固体无机盐。骨与其他结缔组织基本相似,也由细胞、纤维和基质三种成分组成。但骨的最大特点是细胞基质具有大量的钙盐沉积,成为很坚硬的组织,构成身体的骨骼系统。

4.2.2　肌肉组织与宰后变化的卫生学意义

禽类动物经屠宰后,其肌肉组织会发生一系列变化,包括尸僵、解僵成熟、自溶、腐败变质五个阶段。

4.2.2.1　尸僵阶段

刚屠宰的肌肉会顺着肌纤维的方向缩短,而横向变粗,如果肌肉连在骨骼上,肌肉只能发生等长性收缩(长度不变,肌肉内部产生拉力)。肌肉的宰后缩短,是由于肌纤维中的细肌丝在粗肌丝之间的滑动引起的,收缩的原理与活体肌肉一致,但与活体肌肉相比,此时的肌肉失去了伸缩性,只能收缩,不能松弛。这是因为肌肉中残存的 ATP 可以促进肌肉的收缩,而无法恢复到舒张的静息状态,使肉品呈现尸僵状态。处于尸僵状态的肉品,含水量和持水性下降明显,肌纤维不易咀嚼。

4.2.2.2　解僵与成熟阶段

解僵是指肌肉在宰后僵直达到最大限度并维持一段时间后,其僵直缓慢解除、肉的质地变软的过程。0~4℃环境温度下,鸡肉 3~4 h,牛肉 7~10 d。

成熟是指尸僵完全的肉在冰点以上温度条件下放置一段时间,使其僵直解除、肌肉变软、系水力和风味得到改善的过程。肉的成熟阶段包括肉的解僵过程,或者说,两者发生的许多变化是一致的。

环境温度越高,成熟过程的时间越短,在成熟过程中产生的乳酸,具有杀灭某些微生物的作用,同时会在肉表层形成一层干膜,可以阻止微生物侵入并具有防止肉品干燥的作用。

4.2.2.3　自溶阶段

成熟肉长时间保持较高的温度,组织酶的活性继续存在,引起组织自体分解,此现象称为肉的自溶。自溶的发生与微生物污染无关,即使肌肉深层无细菌存在,自溶仍然发生。自溶使蛋白质进一步分解,其产物有的具有碱性,使 pH 值上升,为腐败微生物的繁殖创造了条件。肉的弹性逐渐消失,肉质变软,肉的边缘呈现暗绿色,同时肉中的脂肪组织也开始分解,产生酸败味。

4.2.2.4 腐败阶段

自溶后的肉,在大量微生物的作用下,分解并产生恶臭味的过程称为肉的腐败。腐败主要由生前或宰后污染在表层的细菌所引起。

拓展知识6、7

在适宜的温度下细菌大量繁殖,并沿着结缔组织和骨组织向深层侵入,厌氧菌也随之而入。在深层组织中的需氧菌的繁殖又为厌氧菌的生长创造了条件。

4.2.3 肉的新鲜度检测

4.2.3.1 感官检验

肉新鲜度检验,一般采用感官检查和实验室检验方法配合进行。感官检查通常在实验室之前进行。猪肉感官指标如表 4-1 所示。

表 4-1　猪肉感官指标(GB 2707—2016)

项目	要求	检验方法
色泽	具有产品应有的色泽	取适量试样置于洁净的白色盘(瓷盘或同类容器)中,在自然光下观察色泽和状态,闻其气味
气味	具有产品应有的气味,无异味	
状态	具有产品应有的状态,无正常视力可见外来异物	

4.2.3.2 实验室检验

理化检验包括 pH 的测定、粗氨的测定、球蛋白沉淀实验、挥发性盐基氮的测定、过氧化物酶的测定。实验步骤如下。

①准备工作。

肉浸液的制备:将样品除去脂肪、筋腱后剪碎,称取 5~10 g 置于烧杯中,加 10 倍无氨蒸馏水,不时振摇,浸渍 30 min 后过滤,滤液置于锥形瓶中备用。

②pH 的测定。

方法:pH 试纸测定。

评判标准:健康新鲜肉 pH 值为 5.8~6.5;非新鲜肉 pH 值≥6.6。

步骤:滴一滴肉浸液于 pH 试纸条上,立即与标准比色卡比较。

③粗氨的测定。

方法:取三支试管,分别加入 1 mL 肉浸液 1、肉浸液 2 和蒸馏水。向试管中加纳氏试剂10 滴,每加 1 滴都要振摇,并比较试管中溶液颜色深浅程度、透明度、有无浑浊或沉淀等。

肉浸液 1 为新鲜猪肉肉浸液,肉浸液 2 为非新鲜肉肉浸液。

原理:肉中蛋白质分解产生的氨及胺盐等能与纳氏试剂作用产生黄棕色的碘化二亚汞胺沉淀,其颜色的深浅和沉淀物的多少能反映肉中氨的含量。

细菌检验:一般检验、表面检验、鲜肉压片镜检。

评判标准:健康新鲜肉:淡黄色透明,或呈黄色轻度混浊,以"-"表示;非新鲜肉:明显混浊或黄色、橙色沉淀,以"+/++"表示。

④球蛋白沉淀实验。

方法:取三支小试管,分别加入 2 mL 肉浸液 1、肉浸液 2 和蒸馏水。向试管中滴加 10% $CuSO_4$ 溶液 5 滴,充分振摇后观察。肉浸液 1 为新鲜肉的肉浸液;肉浸液 2 为次鲜肉的肉浸液。

原理:利用蛋白质在碱性溶液中能和重金属离子结合,形成不溶性盐类沉淀的性质。以 10%硫酸铜做试剂,使铜离子与样液中呈溶解状态的球蛋白结合形成稳定的蛋白质盐。

评判标准:健康新鲜肉:淡蓝色完全透明或微浑浊,以"-"表示;非新鲜肉:明显浑浊、明显絮状物或白色沉淀,以"+/++"表示。

⑤挥发性盐基氮的测定——康维皿微量扩散法。

方法:将水溶性胶涂于扩散皿边缘,在皿中央内室加入 1 mL 硼酸吸收液和 1 滴混合指示液,在皿外室一侧加入 1 mL 饱和碳酸钾溶液,另一侧精确加入肉浸液 1.00 mL(注意勿使两液接触),立即加盖密封;将皿于桌面上轻轻水平转动,使肉浸液与碳酸钾溶液混合,然后于 37℃温箱中放置 2 h(为防止玻璃盖滑开,可将数皿捆成一叠)。取出揭盖,内室吸收液用盐酸标准溶液(0.01 mol/L)滴定,滴定时轻轻晃动内室溶液,终点呈蓝紫色。同时用水作试剂空白对照。

评判标准:新鲜肉 TVBN≤15 mg/100 g。

⑥过氧化物酶的测定——试管法。

方法:取三支小试管,分别加入 2 mL 肉浸液 1、肉浸液 2 和蒸馏水。向试管中各加入 4~5 滴 0.2%联苯胺溶液,充分振摇后加入 1%过氧化氢溶液 3 滴,立即观察 3 min 内颜色变化速度和程度。

原理:健康动物的新鲜肉中,含有过氧化物酶。不新鲜肉、严重病理状态的肉或者过度疲劳的动物肉中,过氧化物酶显著减少,甚至完全缺乏。

肉中的过氧化物酶能分解过氧化氢,释放出新生态氧,新生态氧使联苯胺指示剂氧化成二酰亚胺代对苯醌,后者与未氧化的联苯胺形成淡蓝色或青绿色的化合物,一段时间后变成褐色。

评判标准:健康新鲜肉:立即或数秒内呈蓝色,以"+"表示;非新鲜肉:2~3 min 无明显颜色变化,以"-"表示。

4.3 肉与肉制品包装及运储卫生管理控制

4.3.1 肉与肉制品的包装及运储

4.3.1.1 肉的包装及运储

通常来讲,根据流通及运储(运输贮藏)的方法不同,肉可以分为冷鲜肉、热鲜肉及冷冻肉。

(1)冷鲜肉

冷鲜肉是指严格执行兽医检疫制度,对屠宰后的畜胴体迅速进行冷却处理,使胴体温度(以后腿肉中心为测量点)在 24 h 内降为 0~4℃,并在后续加工、流通和销售过程中始终保持 0~4℃ 范围内的生鲜肉。

微生物的生长和繁殖被有效抑制,尤其是腐败菌和致病菌是冷鲜肉的卫生控制关键点。

(2)热鲜肉

热鲜肉是指畜禽宰杀后不经冷却加工,直接上市的畜禽肉。

热鲜肉一般是在后夜屠宰,凌晨上市,从屠宰到出售的时间只有 2~4 h,刚好是肉处于僵硬阶段,口感和风味都很差,并且不易腌制、烹饪;由于屠宰环境差、温度高,各种细菌大量繁殖,缺乏卫生安全。

(3)冷冻肉

冷冻肉是指畜肉宰杀后,经预冷,继而在 -18℃ 以下急冻,深层肉温达 -6℃ 以下的肉品。

冻结时间过长,会引起蛋白质的冻结变性。解冻后,蛋白质丧失了与胶体结合水再结合的可逆性,冻肉烹制的菜肴口感、味道都不如新鲜肉。

不同肉的比较如表 4-2 所示。

表 4-2 不同肉的比较

项目	热鲜肉	冷鲜肉	冷冻肉
安全性	从加工到零售过程中,受到空气、运输车和包装等方面污染,细菌大量繁殖	0~4℃内无菌加工、运输、销售,24~48 h 冷却排酸,目前世界上较安全的食用肉	宰杀后的禽畜肉经预冷后,在 -1~8℃ 速冻,深层温度达 -6℃ 以下,有害物质被抑制
营养性	没有经过排酸处理,不利于人体吸收,营养成分含量少	保留肉质绝大部分营养成分,能被人体充分吸收	冰晶破坏猪肉组织,导致营养成分大量流失
口味	肉质较硬、肉汤浑浊、香味较淡	鲜嫩多汁、汤清、肉鲜	肉质干硬、香味淡、不够鲜美
保质期	常温下半天甚至更短	0~4℃保存 3~7 天	-18℃以下,12 个月以上
市场占有率	60%	25%	15%

（4）肉的包装及运储

目前,热鲜肉仍占我国全部生肉上市量的60%左右,冷鲜肉占10%左右,小包装肉品贩卖占10%。裸肉的区域性运输和贩卖较多,食品平安的隐患仍然较大。热鲜肉的污染来源如图4-4所示。

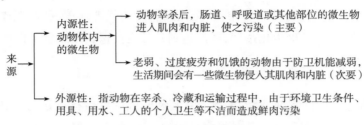

图4-4 热鲜肉污染来源图

微生物随着血液、淋巴管侵入肌肉组织内部。肉品的腐败常常是从外界环境中好氧微生物污染肉的表面开始的,然后沿着结缔组织向深层扩散,好氧微生物最容易生长繁殖,导致肉品的腐败。

（5）热鲜肉腐败过程

①静止期——肉仍呈新鲜状态。

某些细菌不能适应肉的物理化学环境而死亡,总菌数趋于减少。

②缓慢生长期——新鲜肉或次新鲜肉。

细菌仅沿肌肉表面扩散（很少向纵深发展）。肉的中、深层无明显的腐败分解现象。仅在肉的表面有潮湿、轻微发黏等感官变化。

③旺盛生长期——腐败肉。

细菌迅速繁殖,沿着结缔组织向深部蔓延。肌肉组织逐渐分解产生氨、硫化氢、乙硫醇等腐败分解产物,并散发出臭气。

4.3.1.2 肉制品的包装及运储

肉制品可以分为中式肉制品及西式肉制品。中式肉制品主要是指,中国传统的肉制品,主要为酱卤肉制品、一些地方的香肠和传统发酵类产品,可以说采用中式工艺的产品叫中式肉制品。西式肉制品主要是指采用盐水注射、滚揉、斩拌等西式工艺生产的肉制品。目前而言,我国市场流通的肉及肉制品多以现代化的包装及运输方式进行处理。

4.3.1.3 成品冷却的方法及要求

肉制品的冷却,要求蒸煮后立即使产品中心温度迅速下降,尽可能快地通过10~60℃,产品中心温度降至10℃以下方可结束冷却,绝对不能在产品中心温度未降到工艺规定的温度前就送入成品库储藏,肉制品的冷却还可减少产品的重量损失,因为产品的冷却过程也会造成重量的产生,冷却速度越快,重量损失越少。

4.3.2 肉及肉制品包装及运储过程中的卫生控制前沿技术

4.3.2.1 气调包装

肉及肉制品常用气调包装技术是指在一定温度条件下,将一定比例的混合气体充入具有一定阻隔性和密封性的包装材料中,改变肉品所处的气体环境,利用气体间的不同作用来抑制引起肉品变质的生理生化过程,从而达到延长肉品保鲜期或货架期的技术。

（1）主要气体

①CO_2。

CO_2 是气调包装的抑制剂,对大多数需氧菌和霉菌的繁殖有较强的抑制作用。CO_2 也可延长细菌生长的滞后期和降低其对数增长期的速度,但对厌氧菌和酵母菌无作用。

由于 CO_2 可溶于肉中,降低了肉的 pH 值,可抑制某些不耐酸的微生物。但 CO_2 对塑料包装薄膜具有较高的透气性和易溶于肉中,导致包装盒塌落,影响产品外观。若选用 CO_2 作为保护气体,应选用阻隔性较好的包装材料。如底盒选用 PP 材质,盖膜一般选用 25 μm-PA/EVOH 共挤膜。

②O_2。

在短期内使肉色呈鲜红色,易被消费者接受。氧的加入使气调包装肉的贮存期大大缩短。在 0℃ 条件下,贮存期仅为 2 周。

③N_2。

N_2 是惰性气体,对被包装物不起作用,也不会被食品所吸收。氮对塑料包装材料透气率很低,因而可作为混合气体缓冲或平衡气体,并可防止因 CO_2 逸出而导致包装盒受大气压力压塌。

（2）实施案例

①100%纯 CO_2 气调包装贮藏。

在冷藏条件下（0℃）,充入不含 O_2 的 CO_2 至饱和,可大大提高鲜肉的保存期,同时可防止肉色由于低氧分压引起的氧化变褐。用这一方式保存猪肉至少可达 15 周。如果能做到从屠宰到包装、贮藏过程中有效防止微生物污染,则贮藏期可达 20 周。

纯 CO_2 气调包装适合于批发的、长途运输的、要求较长保存期的销售方式。为使肉色呈鲜红色,让消费者所喜爱,在零售以前,改换含氧包装或换用聚苯乙烯托盘覆盖聚乙烯薄膜包装形式,使氧与肉接触形成鲜红色氧合肌红蛋白,吸引消费选购。改成零售包装的鲜肉在 0℃ 下约可保存 7 d。

②75%O_2+25%CO_2 的气调包装贮藏。

用 75%O_2 和 25%CO_2 组成的混合气体充入鲜肉包装内,既可形成氧合肌红蛋白,又可使肉在短期内防腐保鲜。在 0℃ 的冷藏条件下,可保存 10～14 d。这种气调保鲜肉是一种只适合于在当地销售的零售包装。

③50%O_2+25%CO_2+25%N_2 的气调包装。

用50%O_2、25%CO_2和25%N_2组成的混合气体作为保护气体充入鲜肉包装内,既可使肉色鲜红、防腐保鲜,同时又可防止因CO_2逸出导致包装盒受大气压力压塌。这种气调包装同样是一种适合于在本地超市销售的零售包装形式。在0℃冷藏条件下,保存期可达到14 d。

表4-3为三种气调保鲜方式下猪肉的保鲜效果。

表4-3　猪肉的气调保鲜效果

种类	包装前	100%CO_2		75%O_2+25%CO_2		50%O_2+25%CO_2+25%N_2	
		7 d	14 d	7 d	15 d	7 d	14 d
细菌总数/ (个·g^{-1})	7.8×10^2	2.5×10^3	6.5×10^3	2.6×10^3	3.8×10^7	7.4×10^5	9.6×10^5
TVBN/ (mg·$100g^{-1}$)	11	9	10	13	11	10	11
pH	5.9	6.1	6.0	6.5	6.4	6.4	6.3
血红素	258	43	411	68	132	145	130

(3)气调贮藏效果的影响因素

①鲜肉在包装前的卫生指标。

鲜肉气调包装应注意以下问题:猪宰杀后,如果在0~4℃温度下冷却24 h,可以抑制鲜肉中ATP的活性,完成排酸过程,这种排酸后的冷却肉,营养和口感远比速冻肉好。为了保证气调包装的保鲜效果,还必须控制好鲜肉在包装前的卫生指标,防止微生物污染。

②包装材料的阻隔性及封口质量。

气调包装应选用阻隔性良好的包装材料,以防止包装内气体外逸,同时也要防止大气中O_2的渗入。作为鲜肉气调包装,要求对CO_2和O_2均有较好的阻隔性,通常选用以PET、PP、PA、PVDC等作为基材的复合包装薄膜。

③充气和封口质量的保证。

充气和封口质量的控制,必须依靠先进的充气包装机械和良好的操作质量,例如连续式真空充气包装机,从容器成形、计量充填、抽真空充气到封口切断、打印日期和产品输出均在一台机器上自动连续完成,不仅高效可靠,而且减少了包装操作过程中的各种污染,有利于提高保鲜效果。

④包装贮存环境温度。

温度的高低直接影响肉体表面的各种微生物的活动;包装材料的阻隔性与温度有着密切关系。温度越高,包装材料的阻隔性越小。因此,必须实现从产品、贮存、运输到销售全过程的温度控制。

4.3.2.2　原料肉辐射贮藏

肉类辐射贮藏是利用放射性核素发出的射线,在一定剂量范围内辐照肉,杀灭其中的害虫,消灭病原微生物及其他腐败细菌,或抑制肉品中某些生物活性物质和生理过程,从而达到保藏或保鲜的目的。

（1）辐射对肉品质的影响

①颜色。

鲜肉类及其制品在真空无氧条件下辐照时,瘦肉的红色更鲜,肥肉也出现淡红色。这种增色在室温贮藏过程中,由于光和空气中氧的作用会慢慢褪去。

②嫩化作用。

辐照能使粗老牛肉变得细嫩,这可能是射线打断了肉的肌纤维所致。

③辐射味。

肉类等食品经过辐照后产生一种类似于蘑菇的味道,称作辐射味。辐射味的产生与照射剂量大致成正比。这种异臭的主要成分是甲硫醇和硫化氢。据报道在经 2~6 Mrad 照射后,牛肉中乙醛、丙酮、丁酮、甲醇、乙醇、甲硫醇、二甲硫醚、异丁硫醇等挥发性成分都有所增加,其中乙醛、丙酮、甲硫醇、二甲硫醚的增加尤为明显,这主要是含硫蛋白质分解所致。

（2）辐照杀菌的应用

①辐照消毒杀菌。

辐照消毒杀菌的作用是抑制或部分杀灭腐败性微生物及致病性微生物。辐照消毒杀菌又分为选择性辐照杀菌和针对性辐照杀菌,前者又称辐射耐贮杀菌,后者又称辐射巴氏杀菌。

②选择性辐照杀菌。

选择性辐照杀菌的剂量一般定为 500 Krad 以下,它的主要目的是抑制腐败性微生物的生长和繁殖,增加冷冻贮藏的期限。结合低温处理,常用于鱼、贝等水产品捕捞后的运贮。

③针对性辐射杀菌。

剂量范围是 0.5 Mrad,主要用于畜禽的零售鲜肉和水产品,用来杀灭沙门氏菌。

④辐射完全杀菌。

辐射完全杀菌是一种高剂量辐照杀菌法,剂量范围为 1~6 Mrad。它可杀灭肉类及其制品上的所有微生物,以达到"商业灭菌"的目的。只要包装不破损,能在室温下贮藏几年。

该法的缺点是所需剂量较大(通常为 2.5~5.0 Mrad,有时高达 7 Mrad),加工费用高。

4.3.2.3 抗氧化剂+真空包装

冷鲜肉制品包装过程中,氧气必须从包装中排除,薄膜内层必须与肉制品表面接触,薄膜内层的添加剂(抗氧化剂)与肉中的酶接触,并反应生成一氧化氮气体,一氧化氮与肉制品表面肌红蛋白反应,生成亚硝基肌红蛋白,颜色非常鲜红。

$$肌红蛋白+O_2 ===氧合肌红蛋白(鲜红色)$$

$$肌红蛋白+CO ===碳氧肌红蛋白(非常红)$$

$$肌红蛋白+NO ===亚硝基肌红蛋白(鲜红色)$$

4.3.2.4　栅栏技术

栅栏技术是指在肉及肉类制品贮藏和加工中,为抑制微生物的生长繁殖,采用了多种处理方法,每一种方法就是一道栅栏,采取几个措施就是几个栅栏。

我们通常采用的方法是加热、冷冻、降低 A_w(干燥)、降低 pH、真空包装(与氧隔绝)、加防腐剂等。

栅栏效应指所设置的屏障对微生物的抑制能力。如某一产品在加工中使用了加热、干燥、防腐、酸化等多项处理措施,假定它们对抑制微生物的效应强度相同,并共同发生作用,使微生物不能越过最后一道防线(栅栏)而繁殖,所以使这一产品安全可靠。

思考题

1. 主要栅栏因子及其相互作用对肉品防腐保鲜的作用机制。
2. 冷却肉、冷冻肉加工工艺。
3. 气调及辐射保鲜原理和方法。
4. 原料肉低温贮藏与辐射贮藏有何异同及优缺点。

参考文献

[1]曹程明. 肉及肉制品质量安全与卫生操作规范[M]. 北京:中国计量出版社,2008.

[2]蔡惠平,陈黎敏. 肉制品包装[M]. 北京:化学工业出版社,2004.

5　乳与乳制品的卫生及其管理

本章学习目的与要求

1. 了解乳与乳制品受污染的因素和途径。

2. 熟悉乳与乳制品可能存在的主要卫生问题及对人体健康的影响。

3. 掌握预防乳与乳制品原料及常用加工食品污染的技术措施和食品卫生的管理措施。

课程思政目标

维护食品安全是食品工业企业的社会责任,遵守法律、履行承诺是食品工业企业诚信的标志,建立食品工业企业诚信管理体系是保障食品质量安全、促进行业健康发展的治本之策。其中乳业是守护国民健康的重要基础产业,是关系亿万民众的民生产业。

乳是哺乳动物分娩后由乳腺分泌的一种白色或微黄色的不透明液体。主要包括水分、脂肪、蛋白质、乳糖、盐类、维生素、酶类、气体等,其中水是分散剂,其他各种成分分散在乳中,形成一种复杂的分散体系。牛乳主要化学成分及含量如表5-1所示。

表5-1　牛乳主要化学成分及含量

成分	水分	总乳固体	脂肪	蛋白质	乳糖	无机盐
变化范围/%	85.5~89.5	10.5~14.5	2.5~6.0	2.9~5.0	3.6~5.5	0.6~0.9
平均值/%	87.5	13.0	4.0	3.4	4.8	0.8

正常牛乳中各种成分的组成大体上是稳定的,但也受牛乳的品种、环境等因素影响而有差异,变化最大的是乳脂肪,其次是蛋白质,乳糖和灰分则比较稳定。

牛乳中的大部分成分是水,脂肪在其中呈乳浊液,蛋白质在其中呈胶体溶液,而乳糖、无机物等以真溶液的形式存在。乳的复合胶体体系如图5-1所示。牛乳的脂肪呈液态的微小球状分散在乳中,球的直径3 μm左右。分散在牛乳中的酪蛋白颗粒,其粒子大小大部分为5~15 nm,如白蛋白的粒子。乳球蛋白的粒子为2~3 nm,这些蛋白质都以乳胶体状态分散。直径在0.1 μm以下的脂肪球、一部分聚磷酸盐等也以胶体状态分散于乳中。乳糖、钾、钠、氯、柠檬酸盐和部分磷酸盐以分子或离子形式存在于乳中。

乳制品指的是使用牛乳或羊乳及其加工制品为主要原料,加入或不加入适量的维生素、矿物质和其他辅料,使用法律法规及标准规定所要求的条件,经加工制成的各种食品。乳制品的分类如表5-2所示。

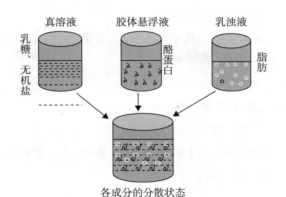

图 5-1 乳的复合胶体体系

表 5-2 乳制品的分类

液体乳类	按原料成分分	全脂乳、脱脂乳、复原乳、调制乳、发酵乳
	按杀菌强度分	杀菌乳(LTLT 乳、HTST 乳)、灭菌乳(UHT 乳、RS 乳)
乳粉类		全脂乳粉、脱脂乳粉、调制乳粉
乳脂类		稀奶油、奶油、无水奶油
炼乳类		淡炼乳、调制炼乳
干酪类		原干酪、再制干酪
冰激凌类		含乳冰激凌、乳冰
其他乳制品类		乳清、乳清粉、乳糖、干酪素、浓缩乳清蛋白
地方特色乳制品		牦牛乳、马乳、驴乳、骆驼乳、奶皮子(乳扇)、奶豆腐、乳饼

乳与乳制品的卫生问题来源主要源于以下四个方面:饲养阶段、检验阶段、加工阶段、包装及贮运阶段。

5.1 乳的化学成分和性质

5.1.1 乳脂肪

乳脂是由漂浮在乳中的大小不同的粒子构成的众多小球,这些小球是脂肪球。脂肪球是乳中最大的颗粒,其直径为 0.1~20 μm,平均直径为 3~4 μm,1 mL 全乳中有 20 亿~40 亿个脂肪球。脂肪球平均直径与乳中脂肪含量有关,脂肪含量越高,脂肪球直径越大。脂肪球是乳中最大的,同时也是最轻的颗粒。

在电子显微镜下观察到的乳脂肪球为圆球形或椭圆球形,表面被一层 5~10 nm 厚的膜所覆盖,称为脂肪球膜。膜由蛋白质和磷脂构成,可以保护脂肪球免受乳中酶的破坏。而且由于脂肪球含有磷脂与蛋白质形成的脂蛋白络合物,使脂肪球能稳定地存在于乳中。在机械搅拌或化学物质作用下,脂肪球膜遭到破坏后,乳脂肪球才会互相聚集在一起。利用这一原理生产奶油,并可测定乳的含脂率。

乳中脂肪成分复杂,甘油三酯是其主要成分,占乳脂肪的 97%～98%,它和极少量的甘油二酯、甘油单酯及游离脂肪酸共存于乳中。

乳中的脂肪酸分为三类:

①水溶性挥发性脂肪酸,如丁酸、乙酸等。

②非水溶性挥发性脂肪酸,如十二碳酸等。

③非水溶性不挥发性脂肪酸,如十四碳酸、二十碳酸、十八碳烯酸和十八碳二烯酸等。

乳中脂类物质的平均含量如表 5-3 所示。

表 5-3　乳中脂类物质的平均含量

脂类	质量分数/%
甘油三酯	97～98
甘油二酯	0.3～0.6
甘油单酯	0.02～0.04
游离脂肪酸	0.1～0.4
游离固醇	0.2～0.4
固醇酯	微量
磷酸酯	0.2～1.0
碳水化合物	微量

5.1.2　乳蛋白

乳蛋白是乳中主要的含氮物。牛乳的含氮化合物中 95% 为乳蛋白质,5% 为非蛋白态含氮化合物,蛋白质在牛乳中的含量为 3.0%～3.5%。乳蛋白构成如图 5-2 所示。

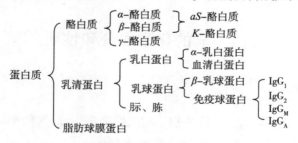

图 5-2　乳蛋白构成

5.1.2.1　酪蛋白

酪蛋白是指 20℃ 条件下,pH 4.6 沉淀的蛋白质,占乳蛋白的 83%,纯净的酪蛋白为不溶于水的白色物质,但可溶于酸碱液中(即两性)形成可溶性盐。与钙结合使微粒结构稳定,形成酪蛋白酸钙,再与胶体状的 $Ca_3(PO_4)_2$ 结合形成酪蛋白酸钙磷酸钙复合体形式,并在乳中存在。

(1)酪蛋白的酸凝固

牛乳中加酸后 pH 达到 5.2 时,磷酸钙先行分离,酪蛋白开始沉淀,继续加酸使 pH 达到 4.6 时,钙又从酪蛋白钙中分离,游离的酪蛋白完全沉淀。在酸凝固时,酸只和酪蛋白酸磷酸钙作用,对白蛋白、球蛋白均不起作用。故可以通过添加盐酸来生产干酪素(图 5-3)。

$$酪蛋白酸钙[Ca_3(PO_4)_2]+2HCl \longrightarrow 酪蛋白\downarrow +2CaHPO_4+CaCl_2$$

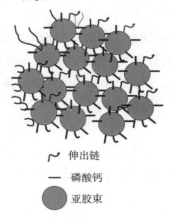

~ 伸出链

— 磷酸钙

⬤ 亚胶束

图 5-3　酪蛋白胶束模拟图

(2)酪蛋白的酶凝固

酪蛋白在皱胃酶等凝乳酶的作用下,会发生凝固,干酪就是利用这一原理生产的。酪蛋白在皱胃酶的作用下生成副酪蛋白(paracasein),后者在钙离子等二价阳离子的存在下生成不溶性的凝块,这种凝块叫作副酪蛋白钙。其凝固过程为:

$$酪蛋白酸钙[Ca_3(PO_4)_2]+皱胃酶 \longrightarrow 副酪蛋白钙\downarrow +糖巨肽+皱胃酶$$

(3)酪蛋白的钙凝固

盐类及离子对酪蛋白稳定性的影响:酪蛋白酸钙-磷酸钙复合体胶粒容易在氯化钠和硫酸铵等盐类饱和溶液或半饱和溶液中形成沉淀。这种沉淀是由于电荷抵消和胶粒脱水而产生的。

酪蛋白酸钙-磷酸钙复合体胶粒对其体系内二价阳离子含量的变化很敏感。钙或镁离子能与酪蛋白结合,使离子发生凝集作用。由于乳中钙和磷呈平衡状态存在,所以鲜乳中酪蛋白微粒具有一定的稳定性。当向乳中加入氯化钙时,平衡被打破,在加热时酪蛋白凝固。乳在 90℃时加入 0.12%～0.15%CaCl_2 即可凝固。采用钙凝固时,乳蛋白质的利用率最高,比酸凝固法高 5%,比皱胃酶凝固法高 10%。

5.1.2.2　乳清蛋白

乳清蛋白是指溶解于乳清中的蛋白质,占乳蛋白的 18%～20%。乳清是指酸分离酪蛋白后剩余的液体。乳清蛋白分热稳定和热不稳定两部分。

①热稳定的乳清蛋白:包括蛋白胨和蛋白胨,约占乳清蛋白的 19%。其还有脂肪球膜蛋白、脂蛋白和酶类。脂肪球膜蛋白被分解,奶油易氧化变味。

②热不稳定的乳清蛋白:指调节 pH 值为 4.6~4.7 时,煮沸 20 min 发生沉淀的一类蛋白质。约占乳清蛋白的 81%,包括乳白蛋白和乳球蛋白两类。

乳白蛋白是指乳清中能溶于饱和盐溶液中的蛋白质,占乳清蛋白的 68%,包括 α-乳白蛋白、β-乳球蛋白和血清白蛋白。其中最重要的是 α-乳白蛋白,在乳中以 1.5~5.0 nm 直径的微粒分散,对酪蛋白胶体起保护作用。另外此类蛋白不含磷,含丰富的硫。加热暴露巯基,生成二硫键,甚至产生 H_2S,出现异味,通常称为蒸煮味。加热变性还会引起乳蛋白凝固性下降。α-乳清蛋白含有丰富的色氨酸,促进松果体素的合成,是调节睡眠、食欲、情绪的重要因子。β-乳球蛋白是乳清中不溶于饱和盐溶液的蛋白质,约占乳清蛋白的 13%,有抗体作用,又称为免疫球蛋白。初乳中免疫球蛋白含量高,同样含丰富的硫,加热可引起蒸煮味。

5.1.2.3 非蛋白含氮物

非蛋白含氮物约占总氮的 5%。主要包括氨、游离氨基酸、尿素、尿酸、肌酸、嘌呤及维生素氮。这些是活体蛋白质代谢物,从乳腺细胞进入乳中。

5.1.3 乳糖

牛乳中乳糖含量为 4.6%~4.7%,占干物质的 37%~40%,是还原性二糖。乳中几乎无其他糖类。

乳糖有两种异构体,α-乳糖、β-乳糖。α-乳糖易与一分子水结合成 α-乳糖水合物,所以实际上乳糖可分为三种形式,即 α-乳糖、α-乳糖水合物、β-乳糖。最常见的是 α-乳糖水合物。α-乳糖、β-乳糖在水中的溶解度不同,并随温度变化。在水中两者可互相转化,并在一定的温度下呈一定的比例,但是 β-乳糖的溶解度>α-乳糖的溶解度。因此,乳糖的最初溶解度并不稳定,而是逐渐增加的,直至 α-乳糖和 β-乳糖达到平衡时为止。初溶解度为最初 α-乳糖溶于水中的溶解度。终溶解度为达到平衡时的溶解度。

乳糖具有还原性,在加工中易发生美拉德反应。乳糖在酸性条件下会被水解为葡萄糖和半乳糖,但比蔗糖、麦芽糖稳定。

5.1.4 乳中的矿物质和维生素

乳中矿物质含量为 0.35%~1.21%,平均为 0.7%。无机物受泌乳期和健康状态的影响。

无机盐对乳的稳定性起着重要作用。尤其是钙、镁阳离子和柠檬酸、磷酸之间的平衡,对乳的稳定性具有重要的意义。当乳发生不正常凝固时,是钙镁离子过剩、盐类平衡被打破的原因,可通过添加磷酸及柠檬酸的钠盐维持稳定性。在生产淡炼乳时常利用这一特性。牛乳中钙多,在婴儿胃中形成的凝乳较硬,不利于消化;牛乳中的铁比母乳中少。

乳中的维生素较全面,有的来自体内合成,有的来自饲料。来自饲料的维生素主要有维生素 E 和维生素 A,维生素 A 影响乳的颜色。一年中饲料不同,乳的颜色不同。

5.1.5 乳中的酶类

乳中的酶主要来自乳腺分泌、微生物和白细胞中。主要是两类酶,即水解酶类和氧化还原酶类。

5.1.5.1 水解酶类

脂酶:乳中本身含两种脂酶。一是附在脂肪球膜中的膜脂酶,在末乳和病乳中常见;二是乳浆脂酶,与酪蛋白相结合,存在于脱脂乳中。此外还有来自微生物的脂酶。脂酶的作用是水解油脂,产生游离的脂肪酸,使乳产生酸败味。均质会增加脂酶作用的机会。脂酶的钝化温度为80℃,奶油生产中采用80~85℃的高温处理。

磷酸酶:酸性磷脂酶存在于乳清中,碱性磷脂酶存在于脂肪球膜处。碱性磷脂酶的灭活条件正好吻合于巴氏杀菌条件,即63℃,30 min;71~75℃,15~30 s。可以此检测巴氏杀菌的程度。

蛋白酶:来自乳中的微生物或污染微生物。可将蛋白质分解为蛋白胨、多肽和氨基酸。乳酸菌蛋白酶在干酪加工中起重要作用。

5.1.5.2 氧化还原酶类

过氧化氢酶:乳中白细胞成分,初乳和病牛乳(如乳房炎)多,是判断异常乳的指标。

过氧化物酶:乳中白细胞成分,具有抗氧化和抗菌作用,被称为乳抑菌素(lactenin)。钝化温度为76℃,20 min;77~78℃,5 min;85℃,10 s。可用于判断牛乳是否经过热处理或热处理程度。

还原酶:由污染微生物代谢产生,能将甲基蓝还原为无色,由此可判断乳的污染程度。

5.1.6 其他物质

有机酸:主要是柠檬酸。含量为0.07%~0.40%,平均为0.18%,以盐的状态存在。对乳的稳定性起重要作用,是乳制品芳香成分丁二酮的前体。

气体:主要有O_2、CO_2、N_2,占鲜乳的5%~7%。其中CO_2最多,O_2最少,在贮藏加工中会再次平衡。乳中的气体对乳的比重和酸度有影响。

细胞成分:主要是白细胞、上皮细胞和红细胞等,能显示健康状况。一般正常乳中细胞数不超过50万/mL。乳中细胞含量的多少是衡量乳房健康状况及牛乳卫生质量的标志之一。

5.2 饲养过程中引起的污染

5.2.1 微生物污染来源

乳及乳制品是微生物的良好培养基,同样也是病原菌的温床,病原微生物在生长中产生外毒素和内毒素。

5.2.1.1　乳房内的污染

乳房中微生物多少取决于乳房的清洁程度,许多细菌通过乳头管栖生于乳池下部,这些细菌从乳头端部侵入乳房,由于细菌本身的繁殖和乳房的物理蠕动而进入乳房内部。因此,第一股乳流中微生物的数量最多。

正常情况下,随着挤乳的进行,乳中细菌含量逐渐减少。所以,在挤乳时最初挤出的乳应单独存放,另行处理。

5.2.1.2　牛体的污染

挤奶时鲜乳受乳房周围和牛体其他部分污染的机会很多。因为牛舍空气、垫草、尘土及其本身排泄物中的细菌大量附着在乳房的周围,在挤乳时则会侵入牛乳中。这些污染菌中,多数属于带芽孢的杆菌和大肠杆菌等。所以在挤乳时,应用温水严格清洗乳房和腹部,并用清洁的毛巾擦干。

5.2.1.3　挤乳用具的污染

挤乳时所用的桶、挤乳机、过滤布、洗乳房用布等,如果不事先进行清洗杀菌,则通过这些用具也会使鲜乳受到污染。所以挤乳用具的清洗杀菌,对防止微生物的污染有重要意义。

5.2.1.4　空气的污染

挤乳及收乳过程中,鲜乳经常暴露于空气中,因此受空气中微生物污染的机会很多。牛舍内的空气含有很多的细菌,尤其是在含灰尘较大的空气中,以带芽孢的杆菌和球菌属居多,霉菌的孢子也很多。现代化的挤乳站、机械化挤乳、管道封闭运输,可减少来自空气的污染。

5.2.1.5　其他污染来源

操作工人的手不清洁,或者混入苍蝇及其他昆虫等,都是污染的原因。还须注意勿使污水溅入桶内,防止微生物以直接或间接的方式侵入桶口。

5.2.2　乳中各种微生物的性状

5.2.2.1　细菌

牛乳中的细菌,在室温或室温以上的温度会大量增殖,根据其对牛乳所产生的变化可分为以下几种。

(1)产酸菌

主要为乳酸菌,指能分解乳糖产生乳酸的细菌。在乳和乳制品中主要有乳球菌科和乳杆菌科,包括链球菌属、明串珠菌属和乳杆菌属。

(2)产气菌

这类菌在牛乳中生长时能生成酸和气体,例如大肠杆菌和产气杆菌是常出现于牛乳中的产气菌。产气杆菌能在低温下增殖,是低温储藏时能使牛乳酸败的一种重要菌种。另外,可从牛乳和干酪中分离得到费氏丙酸杆菌和谢氏丙酸杆菌,生长温度范围为 15~40℃。用丙酸菌生产干酪时,可使产品具有气孔和特有风味。

（3）肠道杆菌

肠道杆菌是一群寄生在肠道的革兰氏阴性短杆菌。在乳品生产中是评定乳制品污染程度的指标之一。其中主要有大肠菌群和沙门氏菌。

（4）芽孢杆菌

该菌能形成耐热性芽孢,故在杀菌处理后,仍残存于乳中。可分为好气性杆菌属和兼性厌氧。

（5）球菌类

一般为好气性,能产生色素。牛乳中常出现的有微球菌属和葡萄球菌属。

（6）低温菌

7℃以下能生长繁殖的细菌称为低温菌,在 20℃以下能繁殖的细菌称为嗜冷菌。乳品中常见的低温菌属有假单胞菌属和醋酸杆菌属,这些菌在低温下生长良好,能使乳中蛋白质分解引起牛乳胨化,并可分解脂肪使牛乳产生哈喇味,引起乳制品腐败变质。

（7）高温菌和耐热性细菌

高温菌或嗜热性细菌是指在 40℃以上能正常生长的菌群。如乳酸菌中的嗜热链球菌、保加利亚乳杆菌、好气性芽孢菌(如嗜热脂肪芽孢杆菌)和放线菌等。特别是嗜热脂肪芽孢杆菌,最适生长温度为 60~70℃。

耐热性细菌在生产上指低温杀菌条件下还能生存的细菌(135℃,数秒),上述细菌及其芽孢都能被杀死。

（8）蛋白分解菌

蛋白分解菌是指能产生蛋白酶而将蛋白质分解的菌群。

①有益菌,生产发酵乳制品时的大部分乳酸菌,能使乳中蛋白质分解,形成肽、氨基酸。

②腐败性的蛋白分解菌,能使蛋白质分解出氨和胺类,可使牛乳产生黏性、碱性、胨化。其中也有对干酪生产有益的菌种。

（9）脂肪分解菌

脂肪分解菌指能使甘油酯分解生成甘油和脂肪酸的菌群。

脂肪分解菌中,除一部分在干酪生产方面有用外,一般都是使牛乳和乳制品变质的细菌,主要包括荧光极毛杆菌、蛇蛋果假单胞菌、无色解脂菌、解脂小球菌、干酪乳杆菌。

大多数解脂酶有耐热性,并且在 0℃以下也具有活力。因此,牛乳中如有脂肪分解菌存在,即使进行冷却或加热杀菌,也往往带有意想不到的脂肪分解味。

（10）分枝杆菌、放线菌、链霉菌

与乳品方面有关的有分枝杆菌属、放线菌属、链霉菌属。分枝杆菌属以嫌酸菌而闻名,是抗酸性的杆菌,无运动性,多数具有病原性。例如结核分枝杆菌形成的毒素,有耐热性,对人体有害。放线菌属中与乳品有关的主要有牛型放线菌,此菌生长在牛的口腔和乳房,随后转入牛乳中。链霉菌属中与乳品有关的主要是干酪链霉菌,属胨化菌,能使蛋白质分解导致腐败变质。

(11)细菌毒素

细菌在正常代谢过程中所产生的具有抗原性的有毒物质,主要分为细菌内毒素及细菌外毒素。

①细菌内毒素。

细菌内毒素主要来自革兰氏阴性杆菌,当细菌死亡或自溶后便会释放出内毒素,其化学成分主要是脂多糖,这是一种大分子物质,分子量约为 10^6,其粒径为 1~5 nm。细菌内毒素广泛存在于自然界中,如自来水中内毒素的量为 1~100 EU/mL。

细菌内毒素的化学特性如下。

A. 耐热性。

一般在 100℃ 加热 1 h 无影响,120℃ 加热 4 h 能破坏 98%,180~200℃ 干热 2 h 或 250℃ 干热半小时才能完全破坏,注射剂的一般灭菌条件是不能破坏细菌内毒素的。

B. 不耐酸碱性。

细菌内毒素可被强酸、强碱和氧化剂破坏,玻璃器皿用铬酸洗液浸泡可以有效去除。

C. 水溶性与不挥发性。

细菌内毒素能溶于水,本身不具挥发性,但能随水蒸气雾滴夹带进入蒸馏水中,造成污染。

D. 滤过性。

原体积很小,在 1~5 nm 之间,故能通过除菌滤器进入滤液中,但不能通过石棉滤板,也不能通过半透膜。

E. 吸附性。

能被活性炭吸附剂吸附。细菌内毒素在溶液中带有一定的电荷,因而可被某些离子交换介质吸附。

[案例]奶粉属于乳制品,乳制品中的微生物来源一般有两个途径:一是生产原料,包括原料乳、辅料和添加剂;二是生产加工环境,包括生产过程中的设备、管道、工器具、人员、包装物及生产环境,如空气等。奶粉中常见的细菌有大肠菌群、金黄色葡萄球菌、阪崎肠杆菌和沙门氏菌等菌种,其中大肠杆菌、阪崎肠杆菌、沙门氏菌都属于革兰氏阴性菌,不仅在奶粉中,我们人体内、生活环境中都含有革兰氏阴性菌,而这些革兰氏阴性菌及其毒素无法完全剔除,会残留在奶粉中,所以就会检测出细菌内毒素。

虽然国内外还没把细菌内毒素列为奶粉的检测标准,但从目前的研究情况来看,婴幼儿吃了细菌内毒素含量高的奶粉,可能会引起一系列的不适症状。

细菌内毒素不仅可以反映原料和整个奶粉生产过程的微生物污染程度,还可以监测全过程的卫生控制水平。多方检测机构的结果显示,细菌内毒素含量较低的奶粉,基本上都是相对大型的乳企生产的。

②细菌外毒素。

细菌外毒素是细菌在生长过程中由细胞内分泌到细胞外的毒性物质,大多数由革兰氏阳性菌产生。目前,乳制品中鲜有针对细菌外毒素的案例发生。

5.2.2.2　真菌

（1）酵母菌

乳与乳制品中常见的酵母有脆壁酵母、毕赤氏酵母、汉逊氏酵母、圆酵母属及假丝酵母菌等。

①脆壁醋母能使乳糖形成酒精和二氧化碳。该酵母是生产牛乳酒、酸马奶酒的珍贵菌种。乳清进行酒精发酵时常用此菌。

②毕赤氏酵母能使低浓度的酒精饮料表面形成干燥皮膜,故有产膜酵母之称。膜醭毕赤氏酵母主要存在于酸凝乳及发酵奶油中。

③汉逊氏酵母多存在于干酪及乳房炎乳中。

④圆酵母属是无孢子酵母的代表,能使乳糖发酵,污染有此酵母的乳和乳制品,产生酵母味,并能使干酪和炼乳罐头膨胀。

⑤假丝酵母菌的氧化分解能力很强,能使乳酸分解形成二氧化碳和水。由于酒精发酵力很高,因此,也用于开菲尔(kefir)和酒精发酵。

（2）霉菌

牛乳及乳制品中存在的霉菌主要有根霉、毛霉、曲霉、青霉、串珠霉等,大多数(如污染于奶油、干酪表面的霉菌)属于有害菌。与乳品有关的主要有白地霉、毛霉及根霉属等,如生产卡门培尔(camembert)干酪、罗奎福特(roguefert)干酪和青纹干酪时需要依靠霉菌。

（3）真菌毒素

黄曲霉毒素主要是由黄曲霉、寄生曲霉产生的次生代谢产物,主要是黄曲霉毒素 B_1、B_2、G_1、G_2 以及由 B_1 和 B_2 在体内经过羟化而衍生成的代谢产物 M_1、M_2 等。牛乳中的黄曲霉毒素主要污染来源是:牛食用霉变饲料;挤乳器、储存器具等设备清洁不到位;橡胶垫圈及器具中奶垢滋生的霉菌等。

[案例]2011 年 12 月,原中国国家质检总局对其抽查的 200 种液体乳产品质量情况进行公布,两种产品中黄曲霉毒素 M_1 项目不符合标准的规定。其中一批次产品被检出黄曲霉毒素 M_1 超标 140%。对此,该企业在其官网承认这一检测结果并向全国消费者郑重致歉。

2012 年 7 月,原广州市工商行政管理局公布的第二季度第二次乳制品及含乳食品的抽检结果,其中 5 批次婴幼儿奶粉被检出黄曲霉毒素 M_1 含量不合格。

2015 年 5 月,原国家食药监总局发布《2014 年婴幼儿配方乳粉监督抽检情况的通报》,通报显示,包括国内企业在内的 48 个批次抽样不合格。不合格奶粉中,有 3 批次样品检出黄曲霉毒素 M_1 超标。

5.2.3 牛乳中的抗生素来源及危害

抗生素是指某些细菌、放线菌、真菌等微生物的次级代谢产物,能杀灭或抑制病原微生物。抗生素是治疗动物疾病的常用药物,并作为饲料成分被广泛使用。但抗生素容易在动物体内及其产品中残留,经过食用后进入人体,给人类的健康造成危害。目前人们对牛奶的消费量越来越大,牛奶中残留的抗生素会对饮用者的身体健康造成危害,也会对牛奶发酵过程的发酵剂产生抑制作用,从而使牛奶变质造成经济损失。牛奶中抗生素残留的问题日益受到社会的重视。

5.2.3.1 牛乳中抗生素的来源

(1)治疗药物

治疗泌乳期病牛时使用的抗生素可能会从奶牛体内转移到乳腺中,从而进入到乳制品中。

(2)饲料添加剂

为了预防奶牛疾病并提高产量,在奶牛饲料中添加抗生素也可能会造成牛奶中抗生素的残留。

(3)其他渠道

牧场缺乏严格的卫生制度和配套设施,在挤奶、储奶的过程中,也可能会造成乳及乳制品中抗生素污染。

5.2.3.2 乳及乳制品中抗生素的残留检测

目前牛奶中抗生素残留的检测方法有很多,比较常用的是微生物法,如纸片法、TTC法等。此外还有其他理化方法,主要包括:高效液相色谱法、色谱/质谱联用法、免疫法等。

氯化三苯四氮唑(TTC)试验是用来测定乳中有无抗生素残留的一种比较简易的方法。

(1)TCC 检测原理

细菌生物氧化有三种方式,即加氧、脱氢和脱电子。当样品中加入嗜热链球菌后,如果样品中没有抗生素残留,嗜热链球菌就会生长繁殖,在新陈代谢过程中进行生物氧化,其中脱出的氢可以和加在样品中的氧化型 TTC 结合而成为还原型 TTC,氧化型 TTC 是无色的,还原型 TTC 是红色的,所以可以使样品变红。相反,如果样品中存在抗生素,嗜热链球菌就不能生长繁殖,没有氢释放,氧化型 TTC 也不被还原,其仍为无色,样品也不变色。

(2)检测程序

①菌液制备:将经培养分离后得到的嗜热链球菌移至 10% 的灭菌脱脂乳中,(36±1)℃、培养 15 h 后,以 10% 的灭菌脱脂乳 1∶1 稀释待用。

②取检样 9 mL,置 15 mm×150 mm 试管,80℃水浴加热 5 min,冷却至 37℃以下,加菌液 1 mL,(36±1)℃水浴培养 2 h,加 4% 的 TTC 0.3 mL,(36±1)℃水浴培养 30 min,观察结果。如为阳性,再水浴培养 30 min 做第二次观察。每份检样做两份,另外再做阴性、阳性对照各一份,阳性对照管在 10% 的灭菌脱脂乳(8 mL)中加抗生素(1 mL)、菌液和 TTC。阴

性对照管在 10%的灭菌脱脂乳(9 mL)中加菌液和 TTC。

③准确培养 30 min,观察结果,如为阳性,再继续培养 30 min 做第二次观察。在观察时要迅速,避免光照过久干扰实验结果,乳中若有抗生素存在,则在检样中加入菌液培养时细菌不增殖,此时由于加入的指示剂 TTC 不还原,所以不显色。与此相反,如果没有抗生素存在,加入菌液时即菌可进行增殖,TTC 被还原而显红色,也就是说检样呈乳的原色时为阳性,呈红色时为阴性。

5.2.4　牛乳掺伪

人为改变乳的化学成分或其比例,称为乳的掺假或掺伪。

(1)掺伪分类

常见的掺假物质按其理化性质和生物学性质,归为以下五类:

①电解质类:食盐、芒硝、石灰水、苏打、碳酸铵、洗衣粉等,目的是提高乳的密度或掩盖掺水、改变乳的酸度。

②非电解质晶体类:蔗糖、牛尿等,目的是增加乳的密度。

③胶体类:豆浆、米汤、动物胶等,目的是改变乳的黏度。

④防腐剂类:各种防腐剂、抗生素等,目的是抑制、杀灭微生物。

⑤杂质:如粪土、砂石、白土等。

(2)掺伪目的

①通过添加各种化学物质,掩盖乳的真正质量。如加入防腐剂甲醛等。

②为了经济利益。向乳中添加廉价或没有营养价值的物品,或从乳中抽去有营养价值的物质,或替换成一些质量低劣的物质或杂质。如为了使乳浓稠加入淀粉、豆浆等。

上述物质,对天然乳来说都是异物,把这些物质加入出售的乳中,在法律上是不允许的。因为这样不但破坏了乳的质量,而且损害了消费者的利益,危害了人们的健康。所以,食品检验人员,必须通晓乳中掺假检验的方法。

(3)掺伪检测

①牛奶中掺水的检验。

常用比重法进行检测。正常牛奶的比重(20℃/4℃)在 1.028~1.032,牛奶掺水后使比重降低,每加 10%的水可使牛奶比重降低 0.003。测比重时牛奶的标准温度为 20℃。在 10~25℃范围内,牛奶温度每比 20℃低 1℃,要从乳稠计读数中减去 0.0002;相反,每比 20℃高 1℃,要给乳稠计读数加上 0.0002。例如,在牛奶温度为 16℃时,测得牛奶的比重为 1.030,则校正为 20℃时的比重应为 1.030-4×0.0002=1.0292。

②牛奶中掺陈奶的检验。

用酒精试验即可检出,方法与上述牛奶新鲜度检验方法相同。如牛奶中加 68°酒精后有絮片,则表明掺入了陈奶或牛奶本身已变质。

③乳中掺淀粉和米汤的检验。

原理:淀粉由直链淀粉和支链淀粉组成,其中直链淀粉可与碘生成稳定的蓝色络合物,依此对乳中是否掺淀粉进行检测。

试剂:碘溶液(称取碘化钾 2 g 溶于少量水中,溶解后加入 1 g 结晶碘,待其完全溶解后,加水稀释至 100 mL,混匀)。

操作方法:取乳样 5 mL 于试管中,加碘溶液 2~3 滴,观察颜色反应,同时作空白试验。

判定:乳样中如掺有淀粉、米汤,则出现蓝色;如掺入糊精类,则为红紫色。

④乳中掺豆浆的检验。

原理:豆浆中含有皂素,可溶于热水或酒精中,并可与氢氧化钠(钾)反应生成黄色物质,据此进行检测。

操作方法:取 2 mL 被检奶样于试管中,加入 3 mL 乙醇、乙醚的 1:1 混合液,混匀后加 5 mL 25%氢氧化钠(钾)液,混匀,在 5~10 min 内观察颜色变化,同时用纯牛奶做空白对照试验。

判定:如果牛奶中掺入 10%以上豆浆,则试管中混合液呈微黄色,纯牛奶对照试管中呈乳白色。

⑤乳中掺蔗糖的检验。

原理:在酸性条件下,乳样中的蔗糖与间苯二酚作用呈红色。

操作方法:乳样 3 mL+0.6 mL 盐酸混匀──→+0.3 g 间苯二酚──→酒精灯上煮沸──→观察颜色反应。

判定:乳中若掺有蔗糖,则试管中溶液呈红色。

⑥乳中掺碱的检验。

鲜乳中加碱,可使溴麝香草酚蓝指示剂变色,根据颜色的不同判断加碱量的多少。

⑦乳中氯化物含量的测定。

正常乳中的氯化物含量很低,一般不超过 0.14%。各种天然水中都含有氯化物,故掺水乳中氯化物随掺水量而增高。如果向乳中掺入食盐水,则其中氯化物的含量更高。通过对乳中氯含量的测定,可以判断乳中是否掺假。

定量的硝酸银和检样中的氯化物反应,生成白色的氯化银沉淀。如果检样中的氯化物含量低,则有过剩的银与指示液铬酸钾反应生成砖红色的铬酸银沉淀,反应式如下:

$$AgNO_3 + Cl^- \longrightarrow AgCl\downarrow + NO_3^-$$
$$2AgNO_3 + K_2CrO_4^- \longrightarrow Ag_2CrO_4\downarrow (砖红色) + 2KNO_3$$

5.2.5 异常乳

异常乳指当乳牛受到饲养管理、疾病、气温及其他各种因素的影响时,成分和性质会发生变化的乳。异常乳分类图如图 5-4 所示。

5.2.5.1 生理异常乳

生理异常乳指动物在正常生理条件下分泌的成分和性质异常的乳,如初乳、末乳和营

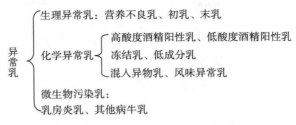

图 5-4 异常乳分类图

养不良乳等。

（1）初乳

产犊后一周内分泌的乳,呈黄色、有异味、味苦、黏度大。

（2）末乳

干奶前两周所产的乳。其营养成分除脂肪外均较常乳高。含脂酶多,有油脂氧化味,pH 值 7.0,细菌数高达 2.5×10^6 CFU/mL,氯离子含量为 0.16%。

（3）营养不良乳

对皱胃酶几乎不凝固,不能制造干酪。

初乳的营养特点:脂肪、蛋白质,特别是乳清蛋白含量高,而且矿物质含量也很高,具有多种功能成分。牛初乳总固形物含量为 14.4%,蛋白质 5.0%,脂肪 4.3%,灰分 0.9%,铁含量是正常乳的 3~5 倍,铜含量为正常乳的 6 倍。

①初乳的加工特性:pH 值较低,乳清蛋白含量高,极易热变性,不适宜采用传统的方法加工。

②免疫球蛋白:人乳中以 IgA 为主,牛乳中以 IgG 为主。免疫球蛋白的生物学功能是活化补体、溶解细胞、中和细菌毒素及通过凝集反应防止微生物对细胞侵蚀。

③乳铁蛋白:可结合 Fe^{3+} 和 Cu^{2+},促进铁的吸收。此外,乳铁蛋白还有抑菌和免疫激活的作用,其也是双歧杆菌和肠道上皮细胞的增殖因子。

④乳中的过氧化物酶:具有协同抑菌作用。

⑤乳中刺激生长的因子:如血小板衍生生长因子、胰岛素样生长因子、转移生长因子等,与生长代谢和营养吸收密切相关。

5.2.5.2 化学异常乳

化学异常乳指化学成分或性质发生改变的乳。

用 68% 或 70% 的酒精与乳等量混合,若产生絮状凝块,该乳称为酒精阳性乳,其特点是加工时耐热性差。

①高酸度酒精阳性乳:酸度在 20°T 以上时的乳,酒精试验为阳性。由微生物繁殖引起。

②低酸度酒精阳性乳:酸度在 16°T 以下,酒精试验阳性。

此外,常见的化学异常乳还有以下几种。

冻结乳:贮运时因温度的影响而发生冻结,酪蛋白变性,酸度升高,酒精试验阳性。

低成分乳:乳的成分明显低于常乳,由遗传和饲养管理引起。

混入异物乳:如防腐剂、抗生素、掺假等。

风味异常乳:饲料味、脂肪分解味、吸收异味。

5.2.5.3 微生物污染乳

微生物污染乳是指微生物引起凝固、碱化、胨化、腐败等现象的异常乳。

病理异常乳包括乳房炎乳及其他病牛乳。

乳房炎乳:其特点是无脂干物质含量减少,乳糖含量降低,氯含量升高,球蛋白含量升高,细胞数多,酪蛋白含量下降。原因主要是乳牛体表和牛舍环境卫生不合乎卫生要求,挤乳方法不合理。

其他病牛乳主要由患口蹄疫、布氏杆菌病等乳牛所产的乳。

5.3 原料乳卫生质量及控制

我国的生鲜牛乳质量标准(生鲜牛乳质量管理规范 NY/T 1172—2006)主要包括理化指标、感官指标及细菌指标。

5.3.1 原料乳的验收

5.3.1.1 理化指标

理化指标只有合格指标,不再分级,如表 5-4 所示。

表 5-4 理化指标

项目	指标
密度(20℃/4℃)	≥1.028(1.028~1.032)
脂肪(%)	≥3.10(2.8~5.0)
蛋白质(%)	≥2.95
酸度(以乳酸表示,%)	≤0.162
杂质度(mg/kg)	≤4
汞(mg/kg)	≤0.01
滴滴涕(mg/kg)	≤0.1
抗生素(IU/L)	<0.03

5.3.1.2 感官指标

正常牛乳为乳白色或微带黄色,不得含有肉眼可见的异物,不得有红色、绿色或其他异色。不能有苦、咸、涩的滋味和饲料、青贮、霉等其他异常气味。

5.3.1.3 细菌指标

细菌指标有平皿细菌总数计算法、美蓝还原褪色法,每个均可采用,分别按各自指标进行评级。两者只允许用一个,不能重复。原料乳的细菌指标如表 5-5 所示。

表 5-5 原料乳的细菌指标

分级	平皿法分级(万/mL)	美蓝褪色法分级
1	≤50	≥4 h
2	≤100	≥2.5 h
3	≤200	≥1.5 h
4	≤400	≥40 min

5.3.1.4 其他指标

此外,许多乳品收购单位还规定有下述情况之一不得收购:

①在用抗菌素或其他对牛乳有影响的药物治疗期间,母牛所产的乳和停药后 3 d 内的乳。

②添加有防腐剂、抗菌素和其他有碍食品卫生的乳。

③酸度超过 20°T,个别特殊者,可使用不高于 22°T 的鲜乳。

5.3.1.5 检测方法

(1)酒精检测

以 68%、70% 或 72% 容量浓度的中性酒精与原料乳等量混合,摇匀,无凝块出现为标准(-),出现凝块为不合格乳(+)。

通过酒精的脱水作用,确定酪蛋白的稳定性。新鲜牛乳对酒精的作用相对稳定;而不新鲜的牛乳,其中蛋白质胶粒已呈不稳定状态,当受到酒精的脱水作用时,则加速其聚沉。新鲜牛乳的滴定酸度为 16~18°T。此法可验出鲜乳的酸度,以及盐类平衡不良乳、初乳、末乳及细菌作用产生凝乳酶的乳和乳房炎乳等。

酒精试验与酒精浓度有关,一般以一定容量浓度的中性酒精与原料乳等量混合摇匀,无凝块出现为标准,正常牛乳的滴定酸度不高于 18°T,不会出现凝块。

影响乳中蛋白质稳定性的因素较多,如乳中钙盐增高时,在酒精试验中会由于酪蛋白胶粒脱水失去溶剂化层,使钙盐容易和酪蛋白结合,形成酪蛋白酸钙沉淀。

用于制造淡炼乳和超高温灭菌奶的原料乳,用 75% 酒精试验;用于制造乳粉的原料乳,用 68% 酒精试验(酸度不得超过 20°T)。酸度不超过 22°T 的原料乳尚可用于制造奶油,但其风味较差;酸度超过 22°T 的原料乳只能供制造工业用的干酪素、乳糖等。

(2)美蓝试验与刃天青检验

美蓝试验是用来判断原料乳的新鲜程度的一种色素还原试验。新鲜乳加入亚甲基蓝后染为蓝色,若污染大量微生物其产生还原酶使颜色逐渐变淡,直至无色,通过测定颜色变化速度,间接地推断出鲜奶中的细菌数。

该法除可间接迅速地查明细菌数外,对白细胞及其他细胞的还原作用也很敏感,还可检验异常乳(乳房炎乳、初乳或末乳)。

乳中的还原酶越多使美蓝褪色越快,则细菌污染越严重,产生还原酶的数量越多。因此,以美蓝褪色速度可间接推断出鲜奶中的细菌数。

(3)微波干燥法测定总干物质(TMS 检验)

通过 2450 MHz 的微波干燥牛奶,并自动称量、记录乳总干物质的质量。此方法速度快,测定准确,便于指导生产。

(4)滴定酸度

滴定酸度就是用相应的碱中和鲜乳中的酸性物质,根据碱的用量确定鲜乳的酸度和热稳定性。一般用 0.1 mol/L 的 NaOH 滴定,计算乳的酸度。该法测定酸度虽然准确,但在现场收购时易受实验室条件限制。

(5)红外线牛奶全成分测定

通过红外线分光光度计,自动测出牛乳中的脂肪、蛋白质、乳糖的含量。

(6)比重

比重常作为评定鲜乳成分是否正常的一个指标;但不能只凭这一项来判断,还必须通过脂肪、风味的检验,来判断鲜乳是否经过脱脂或是加水。

(7)体细胞数

正常乳中的体细胞,多数来源于上皮组织的单核细胞,如有明显的多核细胞(白细胞)出现,可判断为异常乳。

常用的方法有直接镜检法(同细菌检验)或加利福尼亚细胞数测定法(GMT 法)。GMT 法是根据细胞表面活性剂的表面张力,细胞在遇到表面活性剂时会收缩凝固。细胞越多,凝集状态越强,出现的凝集片越多。

5.3.2 原料乳的过滤与净化

5.3.2.1 过滤

除去乳中较大污染杂物的过程,一般采用纱布或过滤器进行过滤。

(1)纱布过滤法

①消毒后的纱布 3~4 层。

②一个过滤面不超过 50 kg 乳。

③纱布使用后处理过程:温水清洗——→碱洗(0.5%的碱水)——→漂洗——→煮沸 10~20 min 杀菌。

(2)管道过滤器

备有冷却器,过滤后马上进行冷却。使用时,控制进出口压差为 0.7 kg/cm²,否则会产生跑滤现象。此外,还有专门的离心净乳机,能达最高的纯净度。

5.3.2.2 净化

乳在分离钵(净乳机)内受到强大离心力的作用,将大量的机械杂质留在分离钵内壁上,而乳被净化。净化后的乳最好直接加工,如要短期贮藏,必须及时进行冷却,以保持乳的新鲜度。碟式净乳机如图 5-5 所示。

图 5-5 碟式净乳机

（1）原料乳温度控制

乳温在脂肪溶点左右为好,即 30~32℃。如果在低温情况下（4~10℃）净化,则会因乳脂肪黏度增大而影响流动性和尘埃分离。

（2）原料乳进料量

根据离心净乳机的工作原理,乳进入机内的量越少,在分离钵内的乳层越薄,净化效果越好。一般进料量比额定数减少 10%~15%。

（3）原料乳提前过滤

原料乳在进入分离机之前要先进行较好的过滤,去除大的杂质。

5.3.3 原料乳的冷却与贮藏

5.3.3.1 原料乳的冷却

刚挤下的乳,温度约在 36℃,是微生物生长最适宜的温度,及时冷却可抑制乳中微生物的繁殖,保持乳的新鲜度。乳温与抗菌特性作用时间关系如表 5-6 所示。

表 5-6 乳温与抗菌特性作用时间关系

乳温/℃	抗菌特性作用时间/h	乳温/℃	抗菌特性作用时间/h
37	≤2	5	≤36
30	≤3	10	≤48
25	≤6	−10	≤240
10	≤24	−25	≤720

乳中含有能抑制微生物繁殖的抗菌物质——乳抑菌素,使乳本身具有抗菌特性,但乳温越低、污染程度越小,这种抗菌特性延续的时间越长。

（1）冷却要求

刚挤出的乳马上降至10℃以下，就可以抑制微生物的繁殖；若降至2~3℃时，几乎不繁殖；不马上加工的原料乳应降至5℃以下贮藏。

（2）冷却方法

①水池冷却法。

将装乳的奶桶放在水池中用冰水或冷水进行冷却。加速冷却时，需经常进行搅拌，并按照水温进行排水和换水。水池冷却的缺点是冷却缓慢和消耗水量较多。

②冷排冷却法。

冷排冷却法构造简单、价格低廉，冷却效率也比较高，适于小规模加工厂及乳牛场使用。冷排冷却法示意图如图5-6所示。

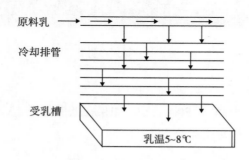

图5-6　冷排冷却法示意图

③浸没式冷却法。

浸没式冷却器中带有离心式搅拌器，可以调节搅拌速度，并带有自动控制开关，可以定时进行自动搅拌，故可使牛乳均匀冷却，并防止稀奶油上浮。在使用浸没式冷却器以前，最好能先用片式预冷器使牛乳温度降低，然后用浸没式冷却器来进一步冷却。

④片式预冷法。

片式预冷器占地面积小，降温效果有时不理想。如果直接采用地下水做冷源（4~8℃的水），则可使鲜乳降至6~10℃，效果极为理想。以15℃自来水做冷源时，则要配合使用浸没式冷却器进一步降温。

5.3.3.2　原料乳的贮藏

（1）乳的贮存性与冷却温度的关系

温度越低，贮存时间越长。将乳冷却到18℃时，已有相当的作用；冷却到13℃时，可保存12 h以上。最佳贮藏温度为4.4℃。

（2）贮乳罐的要求及使用

鲜乳储量为日处理量或为日处理量的2/3。

罐体设计要求：不锈钢材质，隔热尤为重要。有绝缘层（保温层）或冷却夹层，恒温性能良好，一般乳经过24 h贮存后，乳温上升不得超过2~3℃。

罐中配有搅拌器、液位指示计、湿度指示器、各种开口、不锈钢爬梯、视镜、灯孔、手孔或入孔。室外储奶仓如图5-7所示。

图5-7 室外储奶仓

5.3.4 原料乳的运输

在乳源分散的地方,多采用乳桶运输;乳源集中的地方,采用乳槽车运输。

无论采用哪种运输方式,都应注意以下几点:

①防止乳在途中升温,特别是在夏季,运输最好在夜间或早晨,或用隔热材料盖好桶。

②所采用的容器须保持清洁卫生,严格杀菌。

③夏季必须装满盖严,以防震荡;冬季不得装得太满,避免因冻结而使容器破裂。

④长距离运送乳时,最好采用乳槽车。

5.4 乳制品的卫生评价

5.4.1 酸乳的加工卫生

酸乳是以牛乳或复原乳为原料,添加或不添加辅料,使用含有保加利亚乳杆菌、嗜热链球菌的菌种发酵制成的产品。酸乳卫生评价标准如表5-7所示。

表5-7 酸乳卫生评价标准

项目	纯酸牛乳			调味酸牛乳、果料酸牛乳		
	全脂	部分脱脂	脱脂	全脂	部分脱脂	脱脂
脂肪(%)	≥3.1	1.0~2.0	≤0.5	≥2.5	0.8~1.6	≤0.4
蛋白质(%)	≥2.9			≥2.3		
非脂固体(%)	≥8.1			≥6.5		
酸度(°T)	≥70.0					

5.4.2 乳粉的加工卫生

乳粉是以牛乳或羊乳为原料,经杀菌、浓缩、喷雾干燥而制成的粉末状产品。乳粉卫生评价标准如表 5-8 所示。

表5-8 乳粉卫生评价标准

项目	纯酸牛乳	调味酸牛乳	果料酸牛乳
苯甲酸(g/kg)≤	0.03		0.23
山梨酸(g/kg)	不得检出		≤0.23
硝酸盐(以 $NaNO_3$ 计,mg/kg)≤	11.0		
亚硝酸盐(以 $NaNO_2$ 计,mg/kg)≤	0.2		
黄曲霉毒素 M_1(μg/kg)≤	0.5		
大肠菌群(MPN/100 mL)≤	90		
致病菌(指肠道致病菌和致病性球菌)	不得检出		

5.4.3 奶油的加工卫生

奶油是以牛乳稀奶油为原料,经过发酵或不发酵,加工制成的固态乳制品,又称为黄油。产品可分为奶油和无水奶油。奶油卫生评价标准如表 5-9 所示。

表5-9 奶油卫生评价标准

项目		指标	
		奶油	无水奶油
感官指标	色泽	呈均匀一致的乳白色和乳黄色	
	滋味和气味	具有奶油的纯香味	
	组织状态	柔软、细嫩,无孔隙,无析水现象	
理化指标	水分(%)≤	16.0	1.0
	脂肪(%)≥	80.0	98.0
	酸度(°T)≤	20.0	—
卫生指标	菌落总数(CFU/g)≤	50000	
	大肠菌群(MPN/100g)≤	90	
	致病菌(指肠道致病菌和致病性球菌)	不得检出	

5.4.4 炼乳的加工卫生

炼乳是以牛乳为主料,添加或不添加白砂糖,经浓缩制成的黏稠状液体产品。一般分为全脂无糖炼乳和全脂加糖炼乳两种。炼乳卫生评价标准如表 5-10 所示。

表 5-10　炼乳卫生评价标准

项目		指标	
		全脂无糖炼乳	全脂加糖炼乳
感官指标	色泽	呈均匀一致的乳白色或乳黄色,有光泽	
	滋味和气味	具有牛乳的滋味和气味	具有牛乳的香味,甜味纯正
	组织状态	组织细腻、质地均匀、黏度适中	
理化指标	蛋白质(%)	≥6.0	≥6.8
	脂肪(%)	≥7.5	≥8.0
	全乳固体(%)	≥25.0	≥28.0
	蔗糖(%)	—	≤45.0
	水分(%)	—	≤27.0
	酸度(°T)	≤48.0	
	杂质度(mg/kg)	≤4	≤8
	乳糖结晶颗粒(μm)	—	≤25
卫生指标	铅(mg/kg)≤	0.5	
	铜(mg/kg)≤	10.0	
	锡(mg/kg)≤	10.0	
	硝酸盐(mg/kg)≤	28.0	
	亚硝酸盐(mg/kg)≤	0.5	
	黄曲霉毒素 M_1(μg/kg)≤	1.3	
	菌落总数(CFU/g)≤	—	50000
	大肠菌群(MPN/100 g)≤	—	90
	致病菌(指肠道致病菌和致病性球菌)	—	不得检出
	微生物	商业无菌	—

思考题

1. 异常乳的主要分类。

2. 造成乳制品污染的主要途径。

3. 乳制品的贮存卫生控制注意事项。

参考文献

[1] 朱俊平. 乳及乳制品质量安全与卫生操作规范 [M]. 北京: 中国计量出版社, 2008.

[2] 夏延斌, 钱和. 食品加工中的安全控制 [M]. 2 版. 北京: 中国轻工业出版社, 2008.

6 蛋与蛋制品的卫生及其管理

本章学习目的与要求

1. 了解蛋与蛋制品受污染的因素和途径。

2. 熟悉蛋与蛋制品可能存在的主要卫生问题及对人体健康的影响。

3. 掌握预防蛋与蛋制品原料及常用加工食品污染的技术措施和食品卫生的管理措施。

课程思政目标

1. 蛋与蛋制品在生活中有着非常重要的地位,其卫生与管理应该严格按照相关法律法规执行。从事蛋制品加工的工作人员更要遵守职业道德,在岗位中履职尽责,能够明辨是非,增强规则意识和法治意识,更好地服务群众、奉献社会。

2. 遵守职业道德、履职尽责,认识到农药的违规使用会对人体造成健康影响。

蛋(禽蛋)是由母禽生殖道产出的一个完整的、具有生命的活卵细胞,禽蛋中包含着自胚发育、生长成幼雏的全部营学成分,同时还具有保护这些营养成分的物质。禽蛋主要包括鸡蛋、鸭蛋、鹅蛋、鸽蛋及鹌鹑蛋。禽蛋含有丰富的营养物质,是仅次于肉、乳的主要动物性食物。

蛋制品则以各种鲜禽蛋为原料,通过加工方式生产的制品,包括再制蛋品、冰蛋制品和脱水蛋制品等。其中,人们日常生活消费和食品工业生产中用量最大的是鸡蛋及其制品,其次是鸭蛋。

6.1 蛋的构成

禽蛋主要由蛋壳、蛋白和蛋黄三大部分组成,各部分有其不同的形态结构和生理功能,蛋的结构和构造图如图6-1所示。

6.1.1 蛋壳

蛋壳包括壳外膜和硬壳两个部分,其表面也有气孔分布。

(1)壳外膜

壳外膜是覆盖在蛋壳表面的一层可溶性的黏性胶体,其成分主要为黏蛋白,其作用是防止水分过度蒸发和微生物浸入。在受潮、水洗及雨淋等外界侵害后,容易脱落,而失去保护作用。

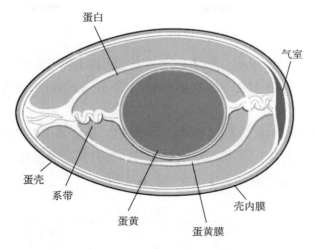

图 6-1 蛋的结构和构造图

（2）硬壳

主要成分是 $CaCO_3$（约 93%），另外还有少量的 $MgCO_3$、磷酸镁和磷酸钙，还有 3% ~ 6% 的有机物。

（3）气孔

蛋壳表面分布的大量微细小孔，是蛋与外界进行物质交换的通道。在皮蛋及咸蛋的加工过程中，辅料即是通过气孔进入蛋内而起作用的。

6.1.2 蛋白

（1）壳下膜

壳下膜是壳内膜与蛋白膜的总称，两者均由角质蛋白质纤维交织形成网状结构。

壳内膜：由较粗的纤维随机交织而成六层膜，较厚，构成纤维粗，网状间隙大，微生物可直接通过。

蛋白膜：由较细的纤维垂直交织形成的三层致密薄膜，构成纤维组织致密，网状间隙小，微生物不能通过。

气室：是壳内膜与蛋白膜在蛋的钝端形成的一个空间，可反映禽蛋的新鲜度。

（2）蛋白

蛋白又称为蛋清或卵清，是典型的胶体物质，约占蛋重的 60%，为略带微黄色的半透明流体。可分为外稀蛋白层、中层浓厚蛋白层、内稀蛋白层和系带。不同蛋白层的组成成分及含量也有较大差异。

（3）系带

系带是将蛋黄固定于禽蛋中央的螺旋状蛋白，其大小、长短与禽蛋的新鲜度有直接关系。

6.1.3 蛋黄

蛋黄由蛋黄膜、蛋黄液、胚胎三部分构成,由系带固定于禽蛋的中央。

蛋黄膜是蛋白与蛋液之间的一层透明薄膜,具有较大的弹性,禽蛋越新鲜,其弹性也越大。

蛋黄液是一种浓厚、黄色、不透明的半流体糊状物,是禽蛋中营养成分最丰富的部分。蛋黄由内向外可分为很多层,不同层次之间的色泽有差异,这与蛋黄在形成过程中饲料中的色素和光照有较大关系。蛋的化学组成如表6-1所示。

表6-1 蛋的化学组成

种类	水分/g	蛋白质/g	脂肪/g	碳水化合物/g	灰分/g
鸡蛋	70.8	11.8	15.0	1.3	1.1
鸭蛋	67.3	14.2	16.0	0.3	2.0
火鸡蛋	73.3	13.4~14.2	11.2	—	0.9
鸡蛋白	86.6	11.6	0.1	0.8	0.8
鸡蛋黄	49.0	16.7	31.6	1.2	1.5
鸭蛋白	87.8	10.9	—	0.5	0.8
鸭蛋黄	46.3	16.9	35.1	1.2	1.2
火鸡蛋白	87.6	11.5~12.5	微量	—	0.8
火鸡蛋黄	48.3	17.4~17.6	32.9	—	1.2
鹌鹑蛋	72.9	12.3	12.3	1.5	1.0
鹅蛋	69.3	12.3	14.0	3.7	1.0

6.2 蛋污染

蛋的污染主要包括产前污染及产后污染两个阶段。

6.2.1 产前污染

蛋的产前污染主要是指内源性污染,由于本身带有的微生物而造成的蛋制品污染。具体是指农业生产和农村生产生活自身造成的污染,主要包括农药残留、兽药残留、微生物等对蛋造成的污染。

[案例一]事件源于德国农业部在2017年8月3日公布的信息。德国当局从荷兰和比利时进口的鸡蛋中检测出了芬普尼,而当时德国至少从荷兰进口了300万枚这种受到了污染的鸡蛋。截至3日,从荷兰进口的"毒鸡蛋"已影响到德国的12个联邦州。在这一事件被曝出之后,消费者权益保护组织开始担忧禽肉是否也存在被污染的情况。不莱梅消费者

保护中心主席 Annabel Oelmann 表示：现在必须尽快查明责任方，并调查清楚禽类肉制品在多大程度上面临着杀虫剂的风险。

另外，荷兰食品安全部门于 3 日公布了对 180 家被怀疑有"毒鸡蛋"问题农场的检查结果，其中 147 家农场的鸡蛋均含有杀虫剂氟虫腈成分。荷兰当局宣布将问题鸡蛋全部召回，有关问题农场关停，直至卫生检查达标。2017 年，原农业部举行发布会，目前没有任何一个国家的鸡蛋产品获得我国政府的进口准入，欧洲受氟虫腈污染的鸡蛋没有进入中国内地市场。欧洲发生的鸡蛋受氟虫腈污染事件，也引起了原农业部的高度重视。原农业部农产品质量安全监管局副局长透露，"氟虫腈"是一种农药，不是兽药。世界卫生组织和粮农组织联合专家委员会对该农药的毒性进行了评估，属于中等毒性，主要用于地下害虫防治和卫生杀虫灭蚊。我国对农药的管理标准较为严格，依照农药管理条例、农产品质量安全法、食品安全法等相关规定，未经登记的产品不得投放使用。从事农药生产和经营也有严格的许可制度，严禁"氟虫腈"用于家禽养殖业。

芬普尼是一种用于死跳蚤、壁虱等昆虫的杀虫剂，德国已禁止在动物制品加工和食品运输过程中使用这一物质。

氟虫腈是一种对付螨虫的杀虫剂，并且能有效杀死跳蚤、虱子等生物，大剂量食用会导致肝功能、甲状腺和肾脏受到损伤，被世界卫生组织认为是对人有轻度毒性的物质，大量吸收会让人的肾脏、肝脏和胰腺受损。因此，氟虫腈不可以用在人类消费的食品中，例如鸡等肉禽类。德国也已禁止在养殖用于食品加工的动物过程中使用氟虫腈。

[案例二]煮了一枚鸡蛋当早餐，剥开鸡蛋壳，煮熟的蛋清竟然呈现紫色。日前，市民曾先生打进本报热线 968820，反映买到一个"怪蛋"。

曾先生说，前不久他妻子从大学路菜市场附近的一名摊贩手里买了十个土鸡蛋，放在冰箱里保鲜。前几天，他拿出一枚鸡蛋，放在清水里煮了 6 分钟，正当他敲开鸡蛋壳，准备趁热吃下去时，却突然愣住了——煮熟的蛋清竟然是紫色的。

随后，记者在曾先生家中见到了这枚"怪蛋"，它的外壳有点发青，蛋清整体呈现淡紫色，蛋壳与蛋清之间有膜。曾先生当着记者的面切开了这枚"怪蛋"，蛋黄的颜色是正常的黄色，不过，蛋清和蛋黄之间的界限不像普通鸡蛋一样分明。记者拿起这枚"怪蛋"闻了闻，有一股轻微的臭味。针对这枚"怪蛋"，记者咨询了厦门大学生命科学学院袁教授。袁教授说，这枚"怪蛋"的蛋清紫色分布比较均匀，可能是母鸡在生蛋过程中，受到了微生物污染，导致鸡蛋变色；其次，母鸡健康受到环境因素的影响，产生代谢、生殖健康问题，也可能造成鸡蛋变色；另外，如果在煮鸡蛋的过程中磕破了蛋壳，蛋清也可能与水中的一些物质反应，产生变色的情况。

日常生活中，许多家庭都有存放食物的习惯，特别是一些老人，遇到超市鸡蛋大打折，会囤很多鸡蛋。但大部分的人都不知道鸡蛋的最佳食用期限是多久，经常食用不新鲜的鸡蛋导致肠胃不适。据新华社消息：欧洲食品安全局的专家日前指出，新研究表明，鸡蛋常温下存放时间过长，感染沙门氏菌的风险将增加 50%，如果鸡蛋放置超 21 天，细菌就会超标。

美国每年约有 370 万人感染沙门氏菌。我国沙门氏菌的感染也比较严重,据调查分析,在 1983～2002 年的 20 年间,山东省共发生沙门氏菌食物中毒 286 起,11228 人中毒,15 人死亡,病死率达 0.13%。由鸡蛋引起的沙门氏菌感染被认为是人类感染沙门氏菌的主要原因之一。

6.2.1.1 微生物污染

母禽生殖器官虽然与泄殖腔直接相邻,在正常的情况下是没有微生物的,但有些母鸡不健康,生殖器官的杀菌作用减弱,来自肠道或肛门中的微生物侵入输卵管,污染鸡蛋。

在养殖场或者自己家养的鸡,条件都不错,一般不会轻易生病,因此,大部分鸡蛋受污染还是因为微生物从外界侵入鸡蛋。有几种细菌特别喜欢侵害鸡蛋,那就是大肠杆菌、沙门氏菌和金黄色葡萄球菌。对北京市场零售鸡蛋中常见致病微生物的污染情况调查结果表明:蛋壳上的主要致病微生物是大肠杆菌、沙门氏菌和金黄色葡萄球菌,平均带菌率分别为 80%、15% 和 5%。

(1)沙门氏菌

因为生病的鸡体质弱、抵抗力差,若饲料中污染有沙门氏菌,其中的沙门氏菌可通过鸡的消化道进入血液,最后转到卵巢侵入蛋内,这使得蛋内容物污染沙门氏菌。此外,病鸡的卵巢和输卵管中往往有病原菌侵入,而使鸡蛋有可能污染各种病原菌。例如:母鸡患白痢时,白痢沙门氏菌能在卵巢内存在,该鸡所产的蛋则有可能染上白痢沙门氏菌。

沙门氏菌属于肠杆菌科,沙门氏菌属。为革兰氏阴性杆菌,呈直杆状、无芽孢,需氧或兼性厌氧,最适生长温度为 35～37℃,最适 pH 为 6.8～7.8。目前有 4000 多个血清型,一般有鞭毛(禽类除外)。按其对宿主的适应性,可分为以下三类。

①仅对人类有致病性。包括伤寒沙门氏菌和甲、乙、丙型副伤寒沙门氏菌,可引起人的肠热症,常发生全身感染。

②对哺乳动物和鸟类有致病性,并能引起人的食物中毒,其中以鼠伤寒沙门氏菌、猪霍乱沙门氏菌和肠炎沙门氏菌对人的致病作用最强。

③仅对动物有致病性,如雏白痢沙门氏菌、马流产沙门氏菌等,近年来也有引起人胃肠炎的报道。

白痢沙门氏菌,染色镜检为中等大小、两端钝圆、多数单个存在的革兰氏阴性杆菌(G⁻),无鞭毛,不能运动,不形成荚膜和芽孢,所以抵抗力较弱。其具有高度适应、专一宿主的特点,可以引起成年鸡质量下降,产蛋率和孵化率降低。

普通沙门氏菌与白痢沙门氏菌的染色和电镜图如图 6-2 所示。

(2)大肠杆菌

大肠杆菌属也称埃希氏菌属,1885 年 Buchner 首先描述了大肠杆菌;1886 年 Escherich 从粪便中发现类似菌后,称为大肠杆菌;1945 年英国 Bray 在幼儿腹泻型集体中毒事件中发现是其由大肠杆菌引起,因此该菌又叫病原性大肠杆菌。

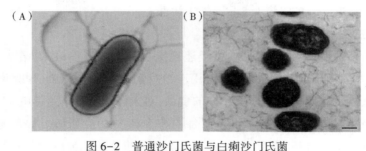

图 6-2 普通沙门氏菌与白痢沙门氏菌

(A)普通沙门氏菌 HE 染色;(B)白痢沙门氏菌电镜

大肠杆菌,两端呈钝圆形,革兰氏阴性菌。有时因环境不同,个别菌体出现近似球杆状或长丝状;大肠杆菌多是单一或两个存在,但不会排列呈长链状;大多数的大肠杆菌菌株具有荚膜或微荚膜结构,但是不能形成芽孢;多数大肠杆菌菌株生长有菌毛,其中一些菌毛是针对宿主及其他一些组织或细胞具有黏附作用的宿主特异性菌毛。

其种类主要包括以下四类。

①产肠毒素大肠埃希氏菌(ETEC):与霍乱弧菌相似,都能产生引起强烈腹泻的肠毒素,出现霍乱样的急性胃肠炎症状(米汤样便),但不侵入肠黏膜上皮细胞,是婴幼儿和旅游者腹泻的主要病原菌。

②肠道侵袭性大肠埃希氏菌(EIEC):本菌具有侵入肠黏膜上皮细胞的能力,并且能够在细胞内繁殖,引起局部炎症和形成溃疡,从而出现菌痢样症状。但细菌本身无产生肠毒素的能力,主要侵犯较大儿童和成人。

③肠道致病性大肠埃希氏菌(EPEC):不产生肠毒素,侵袭点是十二指肠、空肠和回肠上段,是婴幼儿腹泻的主要病原菌。

④肠道出血性大肠埃希氏菌(EHEC):近期报道的主要血清型为大肠杆菌 O157：H7,可产生某种细胞毒素(Vero 毒素),有极强的致病性,主要感染 5 岁以下儿童,临床特征是出血性结肠炎。致病性大肠埃希氏菌对热的抵抗力较弱,60℃、15 ~ 20 min 能将其杀死。

(3)葡萄球菌

葡萄球菌为革兰氏染色阳性兼性厌氧菌,无芽孢。本菌属现有 19 个菌种,从人体上检出的有 12 个菌种,如金黄色葡萄球菌、表皮葡萄球菌、腐生葡萄球菌等。葡萄球菌的抵抗力较强,在干燥条件下可生存数月,对热的抵抗力较般无芽孢的细菌强,加热至80℃经 30 min 可杀死,最适生长温度为 30~37℃,在 pH 为 4.5~9.8 之间都能生长,最适 pH 为 7.4。由于可以耐受低的水分活性(0.86),所以能在高盐(10% ~ 15%)或高糖浓度的食品中繁殖。

引起蛋制品中毒的葡萄球菌以金黄色葡萄球菌最为多见。据估计,美国每年有 100 万以上的蛋制品中毒病例是由该种细菌造成的。近年的研究报告表明,50%以上的金黄色葡萄球菌菌株在实验室条件下能够产生肠毒素。此种肠毒素是单纯的蛋白质,但不受胰蛋白酶影响,耐热性强,在100℃加热1.5 h不失去活性。

6.2.1.2 抗生素

禽类饲养阶段,我国蛋制品常见的蛋类违规抗生素为恩诺沙星,恩诺沙星属于氟喹诺酮类药物,是一类人工合成的广谱抗菌药,用于治疗动物的皮肤感染、呼吸道感染等,是动物专属用药。长期食用恩诺沙星残留超标的食品,对人体健康有一定影响。

[案例]济南市市场监督管理局发布了济南市食品安全监督抽检信息通告,根据对济南食品流通环节的批发市场、农贸市场、社区肉类蔬菜店等区域抽检炒货食品及坚果制品、蛋制品、淀粉及淀粉制品、豆制品、方便食品、蜂产品、糕点、罐头、酒类、冷冻饮品、粮食加工品、肉制品、乳制品、食用农产品、食用盐、食用油、油脂及其制品、蔬菜制品、薯类和膨化食品、水产制品、水果制品、速冻食品、调味品、饮料等食用农产品及加工食品,共抽检6021批次,不合格126批次。

其中滨州一食用农产品上黑榜,惠民县金冠养鸡专业合作社流通至济南槐荫客友食品商行的红皮鸡蛋被检测出恩诺沙星,恩诺沙星(以恩诺沙星与环丙沙星之和计)检出值为15.1μg/kg,《动物性食品中兽药最高残留限量》中规定,恩诺沙星(最大残留限量以恩诺沙星和环丙沙星之和计)可用于牛、羊、猪、兔、禽等食用畜禽及其他动物,但在产蛋鸡中禁用(鸡蛋中不得检出)。

6.2.2 产后污染

产后污染又被称为外源性污染,主要是指鲜蛋在加工和贮运过程中造成的污染,主要污染原因是检验、加工和贮运的不规范。

6.2.2.1 鲜蛋检验规范

(1)鲜蛋检验

根据《食品安全国家标准 蛋与蛋制品》GB 2749—2015的定义,鲜蛋制品是指各种家禽生产的、未经加工或冷藏法、液浸法、涂膜法、消毒法、气调法、干藏法等贮藏方法处理的带壳蛋。

鲜蛋的检验方法一般有感官检查、灯光透视检查、密度测定、气室高度检查、蛋黄指数测定等,其中前两种方法应用最广泛。

感官检查先观察蛋的形状、大小、色泽、清洁度、有无霉菌污染等方面,然后仔细检查蛋壳表面有无裂纹和破损。必要时将蛋放在手中,靠近耳边轻轻摇晃,或使其相互碰击,细听其声。还可用鼻嗅闻蛋的气味是否正常,有无异常气味。最后将蛋打破轻轻倒入平皿内,观察蛋白、蛋黄的状态。不同鸡蛋的状态如下所述。

①新鲜蛋。蛋壳表面有一层霜状粉末,蛋壳完整而清洁,色泽鲜明,呈粉红色或洁白色,无裂纹,无凸凹不平现象;手感发沉,轻碰时发声清脆而不发哑。

②陈蛋。蛋表皮的粉霜脱落,皮色油亮或乌灰,轻碰时声音空洞,在手中掂动有轻飘感。研究显示,食用超过21天的鸡蛋,对孩子的身体可能有严重的影响。美国鸡蛋销售

期为 7 天,日本是 6 天,食用期限为 3 周。而中国大部分鸡蛋都无明确的生产日期,更不清楚其食用期限。陈蛋比鲜蛋滋生"沙门氏菌"的风险增加 60%,并可通过气孔进入蛋白。

③劣质蛋。其形状、色泽、清洁度、完整性等方面有一定的缺陷,如腐败蛋外壳常呈灰白色;受潮霉蛋外壳多污秽不洁,常有大理石样斑纹;曾孵化或漂洗的蛋外壳异常光滑,气孔显露。

A.泻黄蛋(细菌散黄),由于贮存条件不良,细菌侵入蛋内所致。透视时蛋内透光度差,黄白相混,呈均匀的灰黄色或暗红色。打开见蛋液呈灰黄色,蛋黄、蛋白全部变稀且相混,并有一种不快的气味。

B.黑腐蛋(臭蛋、坏蛋),这种蛋严重变质,蛋壳呈乌灰色。透视时蛋大部分或全部不透光,呈灰黑色。打开蛋后,蛋液呈灰绿色或暗黄色,并有硫化氢样恶臭味。

C.重度霉蛋,透视时见蛋壳及内部均有黑色或粉红色斑点,打开可见壳下膜和蛋液内部都有霉斑,或蛋白呈胶胨样霉变,并有严重的霉气味。

D.重度黑粘壳蛋,由轻度粘壳蛋发展而成,其粘壳部分超过整个蛋黄面积 1/2,蛋液变质发臭。

(2)理化指标检验

①光线透视检查。

用光照透视来检查蛋内容物的状况,是禽蛋收购和加工上普遍采用的一种方法。检验是在暗室或弱光的环境中,将蛋的大头向上紧贴照蛋器的照蛋孔上,使蛋的纵轴与照蛋器约成 30°倾斜。先观察气室的大小和内容物透光程度,然后将蛋迅速旋转 1 周,根据蛋内容物移动情况来判断气室的状况、蛋白的黏稠度、系带的松弛度、蛋黄和胚胎的稳定程度,以气室测量尺判断蛋内有无污斑、黑点和其他异物。在灯光下,新鲜正常的蛋,气室小而固定(高度不超过 7 mm),蛋内完全透光,呈淡橘红色;蛋白浓厚、清亮,包裹于蛋黄周围;蛋黄位于中央偏钝端,呈朦胧暗影,中心色浓,边缘色淡;蛋内无斑点和斑块。

②哈夫单位测定。

该法是以蛋的重量和蛋白的高度,按回归关系计算出的蛋白高度数据,以衡量蛋白质的优劣。蛋越新鲜,数值越高,其指标范围为 30~100。

③卵黄指数测定。

卵黄指数又称卵黄系数,是蛋黄高度除以蛋黄横径所得的商。蛋贮存时间越长,指数就越小。新鲜蛋的卵黄指数为 0.36~0.44。

④密度鉴定法。

蛋的比重是间接测定蛋壳厚度的方法之一。蛋的比重是用食盐溶液对蛋的浮力来表示。用盐水漂浮法来测定蛋的比重时共分九级。

在 1000 mL 水中加入氯化钠 68 g 为零级,每增加 4 g,级别增加一级。各级盐水经比重计检测和校正,然后将蛋放入不同比重的溶液内直至悬浮为止,这将代表该级别的比重。测定最适温度为 34.5℃。蛋的比重与蛋的新鲜度有密切关系。在商业上,常配成 1.080、1.070、1.060、1.050 四种比重等级测定蛋的比重。根据蛋的比重判断蛋的新鲜度。

A. 比重在 1.080(11%)以上的蛋为最新鲜蛋。

B. 比重在 1.073(10%)以上的蛋为新鲜蛋。

C. 比重在 1.060(8%)以上为次鲜蛋。

D. 比重在 1.050(7%)以上的蛋为陈次蛋。

E. 比重在 1.050 以下的蛋为变质腐败蛋。

6.2.2.2 加工规范

(1)禽蛋的清洗

由于禽蛋清洗后容易变质,所以必须控制禽蛋的清洗量,中餐用蛋上午洗,晚餐用蛋下午洗。次日早餐用蛋可在晚餐后清洗,离烧制时间不超过 12 h。

禽蛋外壳附有较多的沙门氏菌,使用前必须将禽蛋清洗干净。禽蛋应放进粗加工间专门的禽蛋池清水中浸泡 10~20 min,除去表面污物,流水冲洗干净(在没有专门禽蛋池的情况下,清洗禽蛋后必须使用消毒液将水池进行消毒)。

(2)禽蛋的加工

禽蛋清洗后必须放在粗加工间物架上进行沥干,禽蛋沥干后方可进入烹饪间或其他操作区域(在粗加工间无法存放的情况下可放置在其他操作区域,但必须沥干),在禽蛋沥干后采取逐个过桥方式进行禽蛋的加工,白煮蛋、茶叶蛋、煎蛋不得使用破蛋,烧汤则建议最好不要使用破蛋。

(3)破蛋使用规范

①框装禽蛋进货后应尽快安排"倒框",挑出破蛋。

②对于箱装禽蛋开箱时发现的破蛋,冬季允许在进货日的次日使用,其他季节只能在进货的当天使用。

③破蛋不得采取浸泡的清洗方式。在清洗中,清洗后发现已流出蛋汁的破蛋不得使用。

④发现的破蛋应在 2 h 内烧制。在使用破蛋前应由专人经过感官判断、过桥等程序进行检验,只有无异样、未变质的破蛋才能使用。

6.2.2.3 储运规范

在 2~5℃的情况下,禽蛋的保质期是 40 天,而冬季室内常温下保质期为 15 天,夏季室内常温下为 10 天,禽蛋超过保质期后,其新鲜程度和营养成分都会受到一定的影响。如果存放时间过久,禽蛋会因细菌侵入而变质,出现粘壳、散黄等现象。存储禽蛋应参照以下几点:

①产品入库前破壳蛋应及时清除。

②禽蛋不应冷冻,可冷藏,应存放在阴凉、通风、干燥之处,不得在有毒、有害、有异味、

易挥发、易腐蚀的物品贮存。

③设专门的禽蛋存放区,有标志标牌提醒,专人负责保管、领用。

④大头向上,直立堆码,不要横放。

⑤清洗过的禽蛋容易变质,不宜存放。

⑥不得将冰箱(冷库、冷藏室)中的禽蛋拿出来又放进去,这样容易导致禽蛋变质。

6.3　蛋制品的卫生及管理

6.3.1　再制蛋

再制蛋是指以鲜蛋为原料,添加或不添加辅料,经盐、碱、糟、卤等不同工艺加工而成的蛋制品,如皮蛋、咸蛋、咸蛋黄、糟蛋、卤蛋等。

6.3.1.1　皮蛋

皮蛋又称松花蛋、变蛋等,我国传统的皮蛋加工配方中都添加了混合纯碱、石灰、盐和氧化铅,将鸭蛋包裹而腌制。黄丹粉就是氧化铅,具有使蛋产生美丽花纹的作用,但用了黄丹粉,松花蛋就会受到铅的污染。

[案例]通过对呼和浩特市场上17个种类中51个蛋及蛋制品中重金属 Pb、Cd 的含量状况的测定,探明了这两种重金属元素在蛋及蛋制品中的含量状况。采用石墨炉原子吸收方法测定17个种类51个样品的蛋及蛋制品的铅、镉含量。本法简单、快速、灵敏,适用于蛋及蛋制品中重金属的分析,结果发现,不同的蛋及蛋制品有不同的超标现象,不同品牌、不同产地的蛋及蛋制品重金属的含量各不相同。

1.铅

铅是一种用途广泛的有毒重金属,如用于制造蓄电池,生产铅颜料,用作搪瓷、陶瓷制品的釉料,铅矿的开采及冶炼等,这些应用都可能造成环境污染,然后经过环境中的生物链传递至蛋及蛋制品。

铅中毒可引起造血、肾脏及神经系统损伤。其作用机理为:

①抑制血红蛋白的合成。铅通过抑制血红蛋白合成过程中的酶活性而抑制血红蛋白的合成,并造成中间有毒产物 δ-ALA 的堆积。

δ-氨基乙酰丙酸又称为 δ-氨基酮戊酸,英文简写为 δ-ALA,是血红素合成过程中的中间产物。由甘氨酸和琥珀酸辅酶 A 在 γ-酮基-δ-氨基戊酸合成酶(ALA 合成酶)的催化下,脱羧生成 ALA,是正常代谢中间产物。人体在铅中毒时,体内铅可抑制 δ-氨基酮戊酸脱水酶(δ-ALAD),使 δ-氨基酮戊酸形成卟胆原(PBG)时受到抑制,血中 ALA 增加,δ-ALA 随尿排出,造成尿中 δ-ALA 含量也增高。

②神经损伤。抑制有关神经递质的合成、释放等酶的活性,从而干扰神经的传导。

③肾脏损伤。肾脏损伤可能和血液中 δ-ALA 的堆积有关。

④红细胞毒性。铅可直接损伤红细胞膜,造成红细胞溶血。

2. 镉

镉是一种有色重金属元素,于 1817 年被 Stromeyer 发现。许多研究报道表明,家禽进食少量的镉可能引发严重的中毒症状,联合国环境规划署提出 12 种具有全球性意义的危险化学物质,镉被列为首位。我国出台的饲料卫生标准(GB 13078—2017)中也规定了镉的限量标准,在米糠、鱼粉、石粉、一水硫酸锌和鸡鸭配合饲料中镉的含量分别不得超过 1.0、2.0、0.75、30 和 0.5 mg·kg^{-1},饲料原料中镉主要来源是硫酸镉和氧化镉等微量矿源。尽管有这些详细具体规定,但各地因原料采购人把关不严及检测手段跟不上,饲料产品中镉超标乃至蛋禽发生中毒的事件仍时有发生,为此,有必要加深对镉危害的认识,采用有效对策,选用优质微量元素矿源,严把原料质量关,确保饲料安全。

镉并不是人体必需的微量元素,它有较强的毒性,在机体内的半减期达 10~35 年。镉通过消化道吸收的仅为 1%~6%,主要蓄积于肾和肝。镉进入血液后,部分与血红蛋白结合,部分与低分子硫蛋白结合,形成的镉-金属硫蛋白经血液输送至肾,损伤肾近曲小管,使肾近曲小管的重吸收功能下降,造成钙、蛋白质等营养素的流失。

镉急性中毒可引起呕吐、腹泻、头晕、多涎、意识丧失甚至肺肿、肺气肿等症状;镉慢性中毒主要表现在:对肾脏、对呼吸器的损伤;由于钙的流失造成骨质脱钙,可引起骨骼畸形、骨折等,导致病人骨痛难忍,并在疼痛中死亡;镉具有致突变和致癌作用;镉可能与高血压和动脉粥样硬化的发病有关,因为高血压患者的肾镉含量和镉/锌均比其他疾病患者高得多。最近的研究证明镉还具有免疫毒性。

6.3.1.2 咸蛋

[案例]2006 年,原大连市工商局公布了从 11 月 13 日开始对大连市市场红心鸭蛋的检查情况,到目前为止,还没发现有销售河北产的问题红心鸭蛋,却发现江苏泰州市第二食品加工厂生产的梅香牌咸鸭蛋含有苏丹红Ⅳ号。

据原大连市工商局消保处负责人介绍,大连市场上销售的红心鸭蛋主要产自湖北、湖南、江苏等地,经大连质量检测部门检验,发现江苏泰州市第二食品加工厂生产的梅香牌"梅香咸蛋"含有苏丹红Ⅳ号。接到检验结果,大连市工商局立即启动了应急预案,对检测不合格的红心鸭蛋采取紧急下架控制措施,现已初步将清查出的梅香咸蛋全部下架封存。

(1)苏丹红的化学性质

苏丹红是一种人工合成的偶氮类、油溶性的红色化工染料,常作为一种工业染料,被广泛用于如溶剂、油、蜡、汽油的增色和鞋、地板等增光方面。

由于苏丹红化学合成色素性质稳定,不容易受光照而褪色,保持鲜红色,而且价格比胭脂红、苋菜红价格要低得多,苏丹红每千克成本不过 100 元,而合法着色剂的价格每千克最低 600 元,像含胡萝卜素的着色剂每千克高达 2000 元,所以不少不法分子将其添加在食品或其他制品中用于增色。

化工合成物苏丹红、类胡萝卜素和加丽素红等,这些脂溶性色素被消化管壁黏膜直接吸收后,往往溶解、分布在脂肪含量较高的蛋黄里,而不能进入不含脂肪的蛋白里,造成了"红心鸭蛋"鲜艳异常的蛋黄颜色。苏丹红鸭蛋图如图6-3所示。

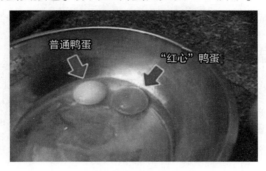

图6-3　苏丹红鸭蛋图

1896年科学家达迪将其命名为苏丹红并沿用至今,苏丹红被大量用于生物化学领域,用于机油、汽车、蜡、鞋油等工业产品。随着人们对苏丹红结构及致毒性的逐步了解,国际癌症研究机构(IARC)将苏丹红列为第三类可致癌物质,这类物质缺乏足够的直接使人类致癌的证据,但是具有潜在的致癌危险。苏丹红化学结构式如图6-4所示。

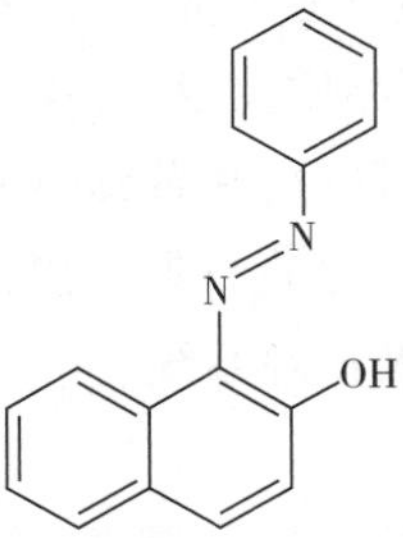

图6-4　苏丹红化学结构式

(2)苏丹红的危害

①致癌性——诱发动物肿瘤。

用苏丹红Ⅰ喂饲F-344大鼠(剂量为15、30 mg/kg)和B6C3F1小鼠(剂量为60、120 mg/kg)103周后,雌雄高剂量组大鼠肝癌的发生率较对照组显著升高,这提示苏丹红Ⅰ可能诱导大鼠肝癌的发生。

②遗传毒性——胃和结肠细胞的DNA断裂。

研究显示,苏丹红Ⅰ在S-9存在的条件下,对沙门氏伤寒杆菌具有致突变作用;对小鼠淋巴瘤L5178YTK+/-细胞具有致突变作用;大鼠骨髓微核试验呈阳性;可增加CHO细胞姐妹染色单体交换。彗星试验表明苏丹红Ⅰ可引起小鼠胃和结肠细胞的DNA断裂。

③致敏性——引起人体皮炎。

苏丹红Ⅰ具有致敏性,可引起人体皮炎。印度妇女习惯使用一种点在前额的 Kumkums 牌化妆品。但目前有报道称,有人因涂抹 Kumkum 而引发过敏性接触性皮炎。通过气相色谱分析,7 个 Kumkums 品牌中有 3 个可检测到不同浓度的苏丹红Ⅰ。

6.3.2　干蛋制品

干蛋制品是指以鲜蛋为原料,经去壳、加工处理、脱糖、干燥等工艺制成的蛋制品,如全蛋粉、蛋黄粉、蛋白粉等。蛋液可经喷雾干燥而成为粉状或易松散的块状。

干蛋制品的污染来源主要包括:禽蛋产前污染、加工用水污染、空气污染、加工人员污染、动物污染、设备用具污染。

6.3.3　液蛋制品

液蛋制品是以鲜蛋为原料,经去壳、加工处理后制成的蛋制品,包括全蛋液、蛋黄液、蛋白液等。

液蛋制品的污染环节主要包括:

(1)禽蛋产前阶段

①禽蛋饲养业者应确认所使用的生鲜蛋品符合依食安法所订定的相关标准,如重金属、动物用药残留等;应订定原料蛋的品质及卫生验收规格,并依规格检视原料,不符合者,应不予验收;验收合格者,应明确标示区分,并做成记录。

②保留进货记录,包括蛋农、蛋商、进货日期、进货数量、畜养场等资讯,将此资料连同终产品加工操作记录,建立食品追溯及追踪系统。

(2)检验阶段

①蛋壳完整、无破裂致蛋液流出的情形;"蛋壳破裂且蛋液流出者"本质上属于变质物品,不得作为食品原料使用。

②表面无异物、无显著污斑、污点或变色。

③蛋体外形呈固有蛋形,壳面平整紧密,而无薄弱与畸形等现象。

(3)清洗阶段

清洗过程包括喷水、刷洗及冲洗步骤,水温宜维持在30℃以上,并至少应高于蛋品温度5℃,以防止洗洁剂或微生物在清洗时自蛋壳孔隙渗入,间接污染蛋品。

喷水及刷洗过程如需加入洗洁剂,该洗洁剂需可溶于清洗用水中,并应有充分资料显示符合下列条件方可使用:

①可有效地移除蛋壳表面微生物。

②不会损伤蛋壳或壳膜。

③不影响蛋品口味、质地、外观等性质。

④容易被冲洗掉,不会残留。

冲洗步骤中用水不得添加洗洁剂;冲洗为去除蛋壳表面残留洗洁剂的处理方法,从业者如以风干或其他方式处理,仍应确认最终产品有无残留洗洁剂。冲洗过程应遵从以下原则。

①洗净流水或连续式喷洗,避免蛋品浸泡于清洗槽内。

②洗蛋后的废水应直接由水管排出,避免作业场所潮湿,且不可回收使用。

③洗净设备于洗蛋期间应保持清洁,并于结束后清洗干净。

④洗净场所与打蛋或其他加工场所,应分别设置或予以适当区隔。

(4)风干

打蛋去壳前,蛋壳表面应以送风的方式充分干燥。

(5)打蛋去壳、分离及过滤

①打蛋作业区与原料蛋洗选作业区,应分别设置或予以适当区隔。

②打蛋作业区应保持干净,地面保持干燥,并应设置防止病媒侵入的设施。

③打蛋作业区不得有发霉现象,其照明光线应保持200米以上,维持良好的空气品质,室温在25℃以下。

④打蛋去壳、分离及过滤时,应使用容易清洁洗净及杀菌的器具,并注意作业人员手部清洁消毒,避免交叉污染,以机械进行打蛋时,不可以离心分离式和压榨方式进行。

⑤打蛋设备、输送管路、器具于操作前、操作后及操作期间,每间隔4 h均需清洗消毒。

⑥打蛋去壳、分离及过滤后的废弃蛋壳、蛋液应以最快速度自打蛋作业区清除,并存放至废弃物专用贮存区,且应明确标示区分,并记录。

(6)低温暂存、加糖或加盐

①液蛋产品在打破分离后,应尽快移至有冷却装置的暂存槽,冷却至7℃以下,或立即杀菌。

②液蛋暂存所用的冷藏槽应经清洁消毒,没有异味,且须加盖。

③冷藏槽应有温度指示器及搅动设备。

④依不同产品需求添加食盐或蔗糖。

6.3.4 冰蛋制品

冰蛋制品是指以鲜蛋为原料,经去壳、加工处理、冷冻等工艺制成的蛋制品,如冰鸡全蛋、冰鸡蛋黄、冰鸡蛋白。

6.3.4.1 冰鸡全蛋

鲜鸡蛋经蛋壳消毒,打蛋去壳,过滤冷冻制成的蛋制品。执行 SN/T 0422—2010。

感官指标:具有产品正常的形状、形态,无酸败、霉变、生虫及其他危害食品安全的异物;色泽正常;滋味、气味正常,无异味。

理化指标:水分不超过76%;脂肪不低于10%;游离脂肪酸不超过4%。

细菌指标:细菌总数不超过5000个/g,大肠菌群不超过1000个/100 g,致病菌不得检出。

6.3.4.2 冰鸡蛋黄

鲜鸡蛋的蛋黄,经加工处理,冷冻制成的蛋制品。执行 SN/T 0422—2010。

感官指标:同冰鸡全蛋。

理化指标:水分不超过55%;脂肪不低于26%;游离脂肪酸不超过4%。

细菌指标:细菌总数不超过 1×10^5 个/g,超过 1.1×10^5 个/100 g,致病菌不得检出。

6.3.4.3 冰鸡蛋白

鲜鸡蛋的蛋白,经加工处理,冷冻制成的蛋制品。执行 SN/T 0422—2010。

感官指标:同冰鸡全蛋。

理化指标:水分不超过88.5%。

细菌指标:细菌总数不超过 1×10^5 个/g,超过 1.1×10^5 个/100 g,致病菌不得检出。

(1)出口冰蛋品

理化项目按 SN/T 0422—2010《进出口鲜蛋及蛋制品检验检疫规程》检验。

(2)包装规范

检查内外包装是否清洁卫生、牢固完整,是否适合长途运输。最小单元包装是否密封良好。如为铁听装,应用全新、无锈的马口铁听。如为塑料袋装应用无毒、无破损、结实的食品用塑料袋。检查运输包装和货架销售包装上标注的信息是否符合规定要求。

(3)储存运输规范

根据产品的不同特性选择通风良好的仓库或符合要求的冷库储存。储存仓库不得同时存放有毒有害物品及有异味的产品,储存前仓库要进行清洁消毒。

运输工具应清洁卫生,无异味,在运输过程中应轻拿轻放,严防受潮,雨淋,曝晒,防止污染。根据气温条件和产品特性,选择适当运输车(船)型。冰蛋的装车温度应保持在 -8℃ 以下。详见 SN/T 0422—2010 的有关规定。

思考题

1. 蛋的主要污染来源。

2. 造成再制蛋污染的主要类型及危害。

3. 蛋的产后污染规范内容及关键控制参数。

参考文献

[1]马美湖.蛋与蛋制品加工学[M].北京:中国农业出版社,2007.

[2]赵丽秀.罐头制品质量安全与卫生操作规范[M].北京:中国计量出版社,2010.

7 包装材料及容器污染

本章学习目的与要求

1. 了解食品包装材料及容器污染食品的主要类型。
2. 掌握不同包装材料及容器污染食品的途径。
3. 了解不同食品包装材料及容器的污染物危害。
4. 了解食品包装材料及容器中的污染物控制限量。

原始社会人们用烧制的陶器盛放食物或物品，便有了最初的包装形式。随着社会、经济的发展，食品包装逐渐发展为商品化食品不可或缺的一部分。通过食品包装最初是为了方便贮运、保护食品、保证食品的价值及原有物理或化学状态。近年来，随着人们对食品安全的关注及食品包装相关法律法规的制定和完善。环保包装、智能化包装的研发都极大地促进了我国食品包装的发展。本章主要对纸制品、塑料、玻璃、金属、陶瓷等食品包装材料对食品安全性影响进行阐述。

7.1 概述

食品包装的目的是保护食品，确保食品在整个流通、加工贮藏及销售环节保持其本身的特性，同时提升商品的价值，提高商品的竞争力。但也带来了过度包装，甚至出现了不合格包装材料的问题，导致包装材料中的有害物质迁移到食品中，直接影响食品的卫生与安全。

7.1.1 食品包装的定义

日本将包装定义为"在商品的运输与保管过程中，为了保持其价值和状态，用适当的材料和容器对商品施加的处理和处理后所保持的状态"，而美国对包装的定义为"使用适当的容器和材料，采用一定的技术将产品安全送到目的地"。中华人民共和国国家标准对包装的定义为"在流通过程中能够保护产品、方便贮运、促进销售，按一定的技术方法而采用的容器、材料及辅助材料的总称；或者为达到上述目的而采用的容器、材料和辅助物的过程中施加一定技术方法的操作"。

7.1.2 食品包装的作用

现代商品社会中，包装对商品流通起着非常重要的作用，科学合理的包装对商品的品质、商品本身的市场竞争力乃至品牌、企业形象都有很大的提升,现代包装的功能有四个方面。

保护商品:食品包装最重要的作用是保护商品。食品在贮运、销售、流通过程中会受到环境及各种不利因素的影响。主要不利因素包括以下两类:一类是自然因素,如光、氧、温湿度、水分、昆虫、微生物等,可引起食品的氧化、变色甚至是污染和腐败变质;另一类是人为因素,如振动、冲击、承压载荷、跌落等,可引起内装物破损、变形和变质。

方便贮运和延长保藏期:包装能为生产、流通、消费等环节提供诸多方便,同时可以有效降低各种不利因素对食品的影响,延长食品品质,尽可能长时间保持食品原有的品质。现代包装还注重包装的形态展示方便、定量取用、自动售取等。

促进销售:包装是提高商品竞争能力、促进销售的重要手段。对于相同品质的食品,精美的包装更能征服消费者的心、增加消费者的购买欲,因此,现代包装设计已成为营销战略的重要组成部分。企业竞争的最终目标是促使产品为广大消费者所接受,而产品包装包含了企业名称、企业标志、品牌特色及产品的成分、容量等信息,产品包装直接反映品牌和企业的形象。

提高商品附加值功能:包装是商品生产的继续,当和食品在一起时,包装的价值就和商品紧密地融合。商品在经过合理科学的包装后,在保持原有价值的同时,精美的包装是其购买的推动力。同时,包装的另一个价值就是对品牌的塑造,商品的附加价值很大程度上取决于商品包装的识别价值、时间价值、精神享受价值等。包装增值策略运用合理,将起到锦上添花的作用。

7.1.3 食品包装的分类

包装的分类方法很多。通常人们把包装分为两大类:即运输包装和销售包装。一般有以下几种分类方法。

7.1.3.1 按在流通过程中的作用分类

(1)运输包装

运输包装是指用于安全运输、保护商品的较大单元的包装形式,又称为外包装或大包装。例如,纸箱、木箱、桶、集合包装、托盘包装等。运输包装一般体积较大,外形尺寸标准化程度高,坚固耐用,广泛采用集合包装,表面印有明显的识别标志(如此面朝上、易碎、易燃等)。

(2)销售包装

销售包装是以销售为主要目的,将一个或若干个单体商品组成一个小的整体的包装,也称为小包装。销售包装的特点一般是包装件小,一般上货架的盒、袋、罐等包装均属于销售包装。销售包装通常随商品销售给顾客,除了起到直接保护商品的作用外,其对商品的促销和增值功能也很重要。此外,还起着保护优质名牌商品防止假冒的作用。

7.1.3.2 按包装材料分类

可分为纸包装、木制包装、金属包装、塑料包装、玻璃和陶瓷包装、纤维制品包装、复合材料包装等。

（1）纸包装

以纸或纸板为原料制成的包装，如纸箱、纸盒、纸袋、纸管、纸桶等。在现代商品包装中，纸制包装占据较高的地位。从保护环境和资源再利用的角度出发，纸制包装也具有广阔的发展前景。

（2）木制包装

以木材、木材制品和人造板材（如胶合板、纤维板等）为原料制成的包装。主要有纤维板箱、纤维桶制品、木制托盘等。

（3）金属包装

以低碳薄钢板、镀锡薄钢板、铝箔、铝合金薄板等制成的各种包装制品。主要有金属桶、马口铁及铝制罐头盒、油罐、钢瓶等。

（4）塑料包装

塑料包装是指以人工合成树脂为原料合成的高分子材料制成的包装。主要的塑料包装材料有聚乙烯（PE）、聚丙烯（PP）、聚氯乙烯（PVC）、聚苯乙烯（PS）、聚酯材料（PET）等。塑料包装的主要形式有塑料桶、塑料盒、塑料瓶、塑料袋、全塑箱、钙塑箱、塑料编织袋等。从环境保护角度应充分考虑塑料薄膜袋、泡沫塑料盒造成的环境污染问题。

（5）玻璃与陶瓷包装

硅酸盐玻璃与陶瓷制成的包装。这类包装主要有玻璃罐、玻璃瓶、陶瓷罐、陶瓷瓶、陶瓷坛、陶瓷缸等。

（6）纤维制品包装

以棉、麻、丝、毛等天然纤维或以人造纤维、合成纤维的织品制成的包装。主要有麻袋、布袋、编织袋等。

（7）复合材料包装

以两种或两种以上材料黏合制成的包装，也称为复合包装。常用的有纸与塑料、塑料、纸与铝箔、塑料与铝箔、塑料与木材等材料制成的包装。

7.1.3.3 按销售市场分类

商品包装可按销售市场不同而区分为内销商品包装和出口商品包装。内销商品包装和出口商品包装所起的基本作用是相同的，但因国内外物流环境和销售市场不相同，包装的形式和要求也会存在差别。内销商品包装必须与国内物流环境和销售市场相适应，且要符合我国的国情。出口商品包装则需与国外物流环境和国外销售市场相适应，满足出口所在国的需求。

7.1.3.4 按商品种类分类

商品包装可按商品种类不同而区分成建材商品包装、农牧水产品商品包装、食品和饮料商品包装、轻工日用品商品包装、纺织品和服装商品包装、化工商品包装，医药商品包装、机电商品包装、电子商品包装、兵器包装等。

7.1.3.5　按包装技术分类

商品包装可按应用的技术种类不同而区分为充气包装、真空包装、收缩包装、拉伸包装、去氧包装、防震包装、缓冲包装、防霉腐包装、防虫包装、智能包装等。

7.1.4　食品包装的安全与卫生

食品安全不仅涉及食品本身的安全,食品包装后的安全也是非常重要的,能够提供安全卫生的包装食品是人们对食品厂商的基本要求。食品包装各个环节的卫生与安全问题可分为三个方面:商品包装材料的卫生与安全、包装后食品的安全与卫生、食品包装废弃物对环境的安全性。2005 年,甘肃的一个食品企业生产的薯片有奇怪的味道,通过检测,这种奇怪的味道是来自食品包装袋印刷中油墨苯的迁移,导致薯片中苯的含量超标。2005 年在超市中检查发现 PVC 保鲜膜用 DEHA 作为增塑剂,DEHA 在高温加热下能够迁移到食品中,对人体有致癌作用;随后方便面碗、奶茶杯及一次性纸杯曝光的荧光物质超标,白酒塑化剂超标事件等,暴露出我国现阶段食品包装存在的一些安全卫生问题。

包装材料的安全与卫生问题主要来自包装材料内部的有毒、有害成分对包装食品的迁移和融入。包装材料的安全与卫生直接影响包装食品的安全与卫生。为此,世界各国对食品包装的安全与卫生制定了系统的标准和法规,用于解决和控制食品包装的安全卫生及环保问题。2009 年 6 月 1 日我国的食品安全法对食品包装提出来明确的要求:用于贮存、运输和装卸食品的容器、工具及设备应当安全、无害;对于直接入口的食品应当用小包装或者使用无毒、清洁的包装材料、餐具;禁止生产、经营被包装材料、容器、运输工具污染的食品等。

7.2　纸和纸质包装材料的安全性

公元 105 年,东汉蔡伦在原有的基础上改造了造纸技术,使得造纸的成功率更高,成本更低。纸是以纤维为原料制成材料的通称,造纸用纤维原料常以植物纤维为主,包括木材类纤维原料、草类纤维原料、韧皮和种毛纤维原料。

纸和纸包装容器在现代包装工业体系中起着主导作用,纸包装材料占包装材料总量的40%～50%。作为包装材料,纸和纸板具有很多优点:原料来源广泛、品种多样、价格低廉;纸和纸板加工性能好、便于复合加工,且印刷性能优良;纸容器具有一定的机械性能、重量较轻、缓冲性好;纸和纸制品无毒、无味、卫生安全性好;废弃物可回收利用。

纸类包装材料主要用来制造纸箱、纸盒、纸袋、纸质容器等,瓦楞纸板及其纸箱占据纸类材料的主导地位;由多种材料复合而成的复合纸和纸板、特种加工纸已被广泛应用,并将部分取代塑料包装材料在食品包装上的应用。

7.2.1 包装用纸和纸板

纸类产品分纸与纸板两大类,凡是定量小于 225 g/m² 或厚度小于 0.1 mm 的称为纸;定量大于 225 g/m² 或厚度大于 0.1 mm 的称为纸板。但这一划分标准不是很严格的,如有些定量规格大于 225 g/m² 的纸,如白卡纸、绘图纸等通常也称为纸;有些折叠盒纸板、瓦楞原纸的定量规格虽小于 225 g/m²,通常也称为纸板。在包装方面,纸主要用作包装商品、制作纸袋、印刷装饰商标等;纸板则主要用于生产纸箱、纸盒、纸桶等包装容器。

7.2.1.1 包装用纸的分类

（1）牛皮纸

牛皮纸是一种通用的高级包装用纸,因其纸面色泽为黄褐色,坚韧结实似牛皮而得名。牛皮纸机械强度高,有良好的耐破度和纵向撕裂度,并富有弹性,抗水性、防潮性和印刷性良好。大量用于食品的销售包装和运输包装,如包装点心等食品。

（2）羊皮纸

羊皮纸又称工业羊皮纸、植物羊皮纸或硫酸纸,是一种半透明的包装纸。采用 100%未漂亚硫酸盐木浆为原料,黏状长纤维打浆抄成原纸,放在硫酸中处理,待表面纤维胶化,即羊皮化后,经洗涤并用碳酸钠碱液中和残酸,再用甘油浸渍塑化,形成质地紧密、坚韧的半透明乳白色双面平滑纸张。

食品羊皮纸与工业羊皮纸生产过程基本相同,但要求严格控制纸内的有害物质,如铅、砷等。羊皮纸纸质结构紧密,无孔眼,具有良好的防潮性、气密性、抗油脂渗透性能。适用于奶油、黄油、腊肉、熟肉等食品的包装。同时还与铝箔、塑料等制作复合包装材料,广泛用于食品包装。食品包装用羊皮纸定量规格为 45、60 g/m²,但应注意羊皮纸对金属制品的腐蚀作用。

（3）仿羊皮纸

不用硫酸或其他化学药品来进行羊皮化,而用黏状打浆、超压方法生产的羊皮纸的仿制品,很像羊皮纸,称为仿羊皮纸。它适用于包装油脂产品、农业种子包装、蔬菜鲜花包装。上蜡后还可以应用于食品包装,能防油、防渗。

（4）鸡皮纸

鸡皮纸是一种单面光的平板薄型包装纸,原料一般用未漂白亚硫酸盐木浆,也可用草浆与木浆、草浆与破布浆的混合浆制造,定量为 40 g/m²,不如牛皮纸强韧,故称"鸡皮纸"。供印刷商标、包装用百货和食品等用。

鸡皮纸生产过程和单面光牛皮纸生产过程相似,要施胶、加填和染色。用于食品包装的鸡皮纸不得使用对人体有害的化学助剂,要求纸质均匀、纸面平整、正面光泽良好及无明显外观缺陷,其卫生要求应符合 GB 4806.8—2016《食品安全国家标准 食品接触用纸和纸板材料及制品》的规定,根据要求可生产各种颜色的鸡皮纸。

（5）食品包装纸

食品包装纸分为两类：Ⅰ型和Ⅱ型。Ⅰ型为糖果包装原纸，为卷筒纸，经印刷上蜡加工后供糖果包装和商标用。Ⅱ型为普通食品包装纸，分为单面光和双面光两种。食品包装纸直接与食品接触，要严格遵守其理化卫生指标，纸张纤维组织应均匀，纸面平整，不应有折子、皱纹、破损裂口等纸病。

（6）半透明纸

半透明纸是一种柔软的薄型纸，定量为 31 g/m²，是用 100% 漂白化学木浆，经长时间打浆及特殊压光处理而制成的双面光纸。质地紧密坚韧并可防油、防水、防潮，且有一定的机械强度。可用于土豆片、糕点等脱水食品的包装，也可用于乳制品、糖果等油脂食品包装。

（7）玻璃纸

玻璃纸又称赛璐玢，是一种天然再生纤维素透明薄膜，它是用精制的漂白化学木浆或漂白棉短绒浆。通过磺酸化制成黏胶液，喷成薄膜，使之凝固后生成玻璃纸。

玻璃纸是一种透明性最好的高级包装材料，可见光透过率达 100%，质地柔软、厚薄均匀，有优良的光泽度、印刷性、阻气性、耐油性、耐热性，且不带静电；多用于中、高档商品包装，主要用于糖果、糕点、化妆品、药品等商品美化包装，也可用于纸盒的开窗包装。但它的防潮性差，撕裂强度较小，干燥后发脆，不能热封。用于直接接触食品的玻璃纸不得使用对身体有害的助剂，卫生要求符合 GB 4806.8 的规定。

（8）茶叶袋滤纸

茶叶袋滤纸是一种低定量专用包装纸，用于袋泡茶的包装，要求纤维组织均匀且无折痕、无皱纹、无异味，应符合饮食卫生要求。具有较大的湿强度和过滤速度，耐沸水冲泡的同时应具备一定的干强度和弹性。国外多用马尼拉麻生产，我国用桑皮纤维经高游离状打浆后抄造，再经树脂处理，也可合成纤维直接制造。适用于包装咖啡、茶叶、中成药等的包装。

（9）涂布纸

涂布纸主要是在纸表面涂布沥青、LDPE 或 PVDC 乳液、改性蜡（热熔黏合剂和热封蜡）等，使纸的性能得到一定的改善，特别是需要隔绝氧气的食品包装。此外，还可以涂布防锈剂、防霉剂、防虫剂等制成防锈纸、防霉纸、防虫纸等。

（10）复合纸

复合纸属于加工纸，是将纸与其他包装材料相贴合而制成的一种高性能包装纸。常用的复合材料有塑料、塑料薄膜（如 PE、PP、PET、PVDC 等）、铝箔等。复合方法有涂布、层合等方法。复合加工纸具有良好的防潮性、阻气性和热封性。广泛用于牛奶、饮料等食品的包装。

7.2.1.2 包装纸板的分类

（1）白纸板

白纸板是一种白色挂面纸板，分为单面和双面两种，其结构由面层、芯层、底层组成。

单面白纸板面层通常是用漂白的化学木浆制成,表面平整、洁白、光亮。芯层和底层原料较差,常用半化学木浆、精选废纸浆、化学草浆等低级原料制成。对于双面白纸板底层原料与面层原料相同,仅芯层原料较差。

白纸板是用于销售包装的重要包装材料,经印刷后可制成各种类型的纸盒或纸箱,对于保护商品、美化商品、促进销售也起着重要的作用,也可用于制作吊牌、衬板和吸塑包装的底板。白纸板具有一定的挺度和良好的印刷性、缓冲性能,制成纸盒后能够有效地保护商品,更有利于机械加工实现高速连续生产,可制成包装性能优良的复合包装材料。白纸板作为重要的高级销售包装材料应该具备以下三个功能:良好的印刷性能、良好的加工性能、良好的包装性能。

（2）标准纸板

标准纸板是一种经压光处理后的高级包装纸板,颜色为纤维本色,标准纸板有较好的抗张强度和尺寸稳定性,适用于制作精确特殊模压制品和重制品。

（3）箱纸板

箱纸板按其生产方法和用途,分为挂面箱纸板和普通箱纸板。挂面箱纸板的表层通常以本色硫酸盐木浆为原料,衬层、芯层和底层用化学机械浆及废纸。普通箱纸板以化学草浆或废纸浆为原料,色泽为浅黄色或者浅褐色。

箱纸板表面平整、光滑,纸质坚挺、韧性好,具有较好的耐压、抗拉、耐撕裂、耐戳穿、耐折叠和耐水性能,印刷性能好。箱纸板是目前国内外包装工业中重要的纸质包装材料。

箱纸板按质量分为 A、B、C、D、E 五个级。A 级适用于制造精细、贵重和冷藏物品包装用的瓦楞纸板;B 级适用于制造出口物品包装用的瓦楞纸板;C 级适用于制造较大型物品包装用的瓦楞纸板;D 级适用于制造一般包装用的瓦楞纸板;E 级适用于轻质瓦楞纸板。

（4）瓦楞原纸

瓦楞原纸也称瓦楞芯纸,瓦楞原纸常采用废纸、木浆粗渣或半化学木浆作原料。瓦楞原纸具有良好的物理强度、耐压、抗拉、耐破、耐折叠的性能。瓦楞原纸经轧制成瓦楞纸后,供制造纸盒、纸箱及瓦楞衬垫用。瓦楞纸用胶黏剂与箱纸板复合成瓦楞纸板,瓦楞纸在瓦楞纸板中起到支撑和骨架的作用。所以瓦楞纸箱的质量决定了纸箱的抗压强度。瓦楞原纸水分应控制在 8%~12%,如果水分超过 15%,加工时会出现纸身软、压不起楞、挺力差、不吃胶、不黏合等现象;如果水分低于 8%,纸质发脆,压楞会出现破裂现象。

（5）加工纸板

加工纸板是为了改善原有纸板的包装性能,对纸板进行再加工的一类纸板。通过在纸板表面涂布涂布剂(涂蜡、涂聚乙烯或聚乙烯醇)或通过浸渍和复合等处理,增加纸板的强度、防潮性能等,改善纸板的综合性能。

7.2.2　包装纸箱

包装纸箱按结构可分为瓦楞纸箱和硬纸板箱两类。包装上用得最多的是瓦楞纸箱。

瓦楞纸箱是由瓦楞纸板经过模切、印刷、压痕、粘箱或钉箱制作而成。与硬纸板箱相比,瓦楞纸箱有缓冲性能好、轻便牢固、成本低、适用范围广等优点。

在我国,纸质包装材料占食品包装材料总量的40%,纯净的纸和纸板是无毒、无害的,但是由于纸或纸板原料经过加工处理或受到污染,通常会有一些杂质、化学残留物或者残留的细菌微生物,从而影响包装食品的卫生安全性。因此,必须要根据包装内食品的特性合理选择正确的包装用纸,避免纸和纸板中的残留物质溶入食品中,造成食品安全问题。

(1)纸和纸板包装材料本身的污染

作为生产食品包装用纸的原料如木浆、草浆等存在农药残留问题。对于回收纸质材料再利用时,由于废纸制品的油墨含量超标,尤其是甲苯、二甲苯等有机溶剂超标,苯不能被彻底清除,用含有残留苯的纸质材料包装食品会造成人体神经系统损伤和破坏人体造血功能。此外,回收废纸制品中残留的重金属(如镉、铅、汞等)会阻碍儿童的智力发育和生长发育,对人体的消化、神经、内分泌系统都有危害作用。

(2)纸和纸板包装材料中添加剂的污染

造纸过程中为了提高纸或纸板的质量,通常会在纸浆中加入化学品,如施胶剂、荧光增白剂、填料、染色剂等,在实际食品包装过程中会因为这些化学物质的溶出而导致食品安全性问题。

①荧光增白剂。

荧光增白剂是能够使纸张白度增加的一种特殊的白色燃料,能够与纸张的纤维结合,尤其是纸浆中含有钙、镁和铝离子时,会增强其结合力,这种结合力与它们在水中的溶解度有关,溶解度越高,则说明荧光增白剂和染料更容易从纸质包装材料迁移到食品中,但荧光增白剂不容易迁移到油脂含量较高的食品中;在温度较高的情况下,会迁移到湿度较大的食品中。荧光增白剂进入人体后不易分解,会在体内蓄积,有潜在的致癌性。我国颁布的法律中规定,食品包装用原纸禁止添加荧光增白剂等有害助剂。

②施胶剂。

为了提高食品包装材料的抗水性能,通常会在食品包装材料中加入施胶剂,施胶剂分为两类,一类是在酸性环境中使用的如松香和铝盐等性能相对比较稳定、溶解性差的施胶剂,通常不会迁移到食品中;另一类是在中性或碱性条件下使用的合成施胶剂(如烯基琥珀酸酐、烷基烷酮二聚体及丙烯酸酯等),这种施胶剂是否会由包装迁移到食品中还待进一步的证实。

③蜡。

主要用于蜡纸或涂蜡纸杯,通常在低温条件下,蜡迁移到食品中的量可以忽略;在高温环境中或者食品中油脂含量较高的情况下,蜡会从包装材料迁移到食品中。但目前没有研究证明食品包装材料中的蜡对人体健康有危害。

④表面活性剂。

纸质包装中常用的表面活性剂有烷基酚和烷基苯酚聚氧乙烯醚等。表面活性剂的加入通常是为了清除造纸过程中的树脂障碍,也可以用来脱除废纸浆中的油墨。烷基酚(特别是辛基酚和壬基酚)和烷基苯酚聚氧乙烯醚会通过雌激素受体的干扰而对人体的内分泌系统产生干扰。由于上述表面活性剂能够一直残留在纸质包装中,就增加了迁移到食品中的风险。

7.2.3 运输、贮存过程中的污染

纸质包装材料在贮存、运输时容易受到灰尘、杂质及微生物的污染,从而对食品安全造成影响。

7.3 塑料包装材料及其制品的安全性

塑料是一种以合成树脂和天然树脂为基础原料,加入(或不加)各种添加剂,在一定温度和压力下,加工塑制成型和交联固化成型而得到的固体高分子材料。

塑料中树脂占40%~100%,树脂的种类、性能及在塑料中所占的比例决定了塑料的性能,并起着决定性作用,各类添加剂也能改变塑料的性质。塑料材料是世界上近几年发展速度最快的包装材料。在食品包装中常用的树脂为加聚树脂,如聚乙烯、聚丙烯、聚氯乙烯等,逐步取代了玻璃、陶瓷、金属等传统包装材料,但其用于食品包装还存在卫生安全及废弃物回收对环境污染等问题。

7.3.1 塑料中常用的各种添加剂

塑料中常用的添加剂有增塑剂、稳定剂、填充剂、着色剂及其他添加剂。

(1)增塑剂

增塑剂的加入通常是用一些有机低分子物质来提高树脂可塑性和柔软性,加入后,树脂黏流态时黏度降低、流动塑变能力增高,从而改善塑料成型加工性能。主要包括酞酸酯、脂肪族二元酸酯、环氧酯、柠檬酸酯等。

拓展知识8

(2)稳定剂

稳定剂的主要作用是防止或延缓塑料的老化变质,主要针对引起塑料老化的氧、光和热等因素。稳定剂主要有三类,第一类为抗氧化剂,有酚类抗氧剂和胺类抗氧剂,酚类抗氧剂因为其毒性低、不易污染的特点被广泛应用于食品包装用塑料;第二类为光稳定剂,用于反射或吸收紫外光物质,防止塑料树脂老化,延长其使用寿命,效果显著且用量极少;第三类为热稳定剂,可防止塑料在加工和使用过程中因受热而引起降解,是塑料加工时不可缺少的一类助剂。目前应用最多的是用于聚氯乙烯的热稳定剂。

(3)填充剂

为了弥补塑料数值某些性能的不足、改善塑料的使用性能等,通常用的填充剂如:碳酸钙、陶土、滑石粉、石棉、硫酸钙等,改善塑料的使用性能,提高制品的坚固性、耐热性等,同

时也可以减低成本,其用量一般为 20%~50%。

(4)着色剂

常用的着色剂分为:无机颜料、有机颜料和其他颜料。用于改善或改变塑料等合成材料固有的颜色,使产品更美观,并能起到屏蔽紫外线和保护内装物的作用,使其具有更高的商品价值。

(5)其他添加剂

常用的有润滑剂、固化剂、发泡剂、抗静电剂和阻燃剂等。主要的用途是使作为食品包装用的塑料更符合其功能特点。但由于其用于包装食品,所以各种添加剂除了应具有与树脂很好的相容性、稳定性、不互相影响等特性外,还应该具有无味、无臭、无毒、不溶出的特性,以保障食品的品质、风味、卫生和安全性。

7.3.2　塑料的分类

塑料的种类很多,分类方式也很多,通常按塑料在加热和冷却时所呈现的性质不同,可以将塑料分为以下两种:

(1)热塑性塑料

主要是以加聚树脂为基料,加入适当的添加剂制成的。此种塑料是指在特定温度范围内能反复加热软化和冷却硬化成型的塑料,其化学成分及基本性能不发生变化。这种塑料成型加工简单,包装性能良好,可反复成型,但刚硬性低、耐热性不高。包装上常用的有:聚乙烯、聚丙烯、聚氯乙烯、聚乙烯醇、聚酰胺、聚偏二氯乙烯等。

(2)热固性塑料

主要是以缩聚树脂为基料,加入固化剂、填充剂及其他适量添加剂而制成,此种塑料是在一定的温度下经一定时间固化,再次受热,只能分解,不能软化,因此不能反复成型。这种塑料具有耐热性好、刚硬、不熔等特点,但较脆且不能反复成型。氨基塑料、酚醛塑料、环氧塑料等属于这种塑料。

7.3.3　塑料包装材料及其制品的安全性

(1)聚乙烯

聚乙烯是一种无毒材料,在许多慢性毒性试验、亚急性毒性试验、致畸试验中均未见明显的毒性作用。聚乙烯塑料中的主要残留物包括相对分子质量较低的聚乙烯及聚乙烯单体,但聚乙烯单体在塑料中的残留量较低,且加入的添加剂也相对较少,通常认为聚乙烯塑料是一种安全性较高的包装材料。相对分子质量较低的聚乙烯溶于油脂,使油脂含量丰富的食品具有蜡味,从而影响食品品质。此外,聚乙烯塑料回收再利用存在一定的不安全性,由于回收渠道复杂,回收容器上残存的化学试剂等有害污染物,在清洗再加工的过程中难以保证其卫生安全性,从而造成食品的污染。因此,有规定要求聚乙烯回收再生品不能用于制作食品的包装容器。

（2）聚丙烯

聚丙烯的主要安全问题是添加剂和回收再利用材料中有害物质的残留。由于聚丙烯塑料易老化，需要加入紫外线吸收剂和抗氧化剂等添加剂，造成该塑料材料添加剂残留的污染。其回收再利用情况与聚乙烯塑料相似，聚丙烯材料作为食品包装材料的安全性高于聚乙烯塑料。

（3）聚苯乙烯

聚苯乙烯安全问题主要是苯乙烯单体、甲苯、乙苯、异丙苯等挥发性物质，它们都能够向食品中迁移，且有低的毒性。苯乙烯单体的最大无毒害剂量为 133 mg/kg。

（4）聚氯乙烯

聚氯乙烯是以聚氯乙烯树脂为主体，加入增塑剂、稳定剂等添加剂混合聚合而成，易结晶、有较强极性的高分子化合物。聚苯乙烯树脂的热稳定性差，在制成塑料时需要加入 2%～5% 的稳定剂以改善其热稳定性。聚苯乙烯树脂的黏流化温度接近其分解温度，同时其黏流态的流动性也差，为此需要加入增塑剂来改善其加工成型的性能。加入增塑剂的量不同，聚氯乙烯树脂的性质也会不同。当加入增塑剂的量占树脂量的 30%～40% 时，为软质聚氯乙烯，当加入增塑剂的量小于树脂量的 5% 时，为硬质聚氯乙烯。

聚氯乙烯塑料本身没有毒性，但其单体氯乙烯有麻痹和致畸致癌的作用，可引起人体四肢血管的收缩而产生痛感，因此在使用时是有安全限量要求的。所以在用聚氯乙烯做食品包装材料时应该严格控制其中有毒物质的残留，保证食品的安全卫生要求。单体氯乙烯对人体安全限量要求为小于 1 mg/kg 体重，我国国产聚乙烯树脂单体氯乙烯残留量可控制在 3 mg/kg 以下，成品包装材料要控制在 1 mg/kg 以下。此外，加入的稳定剂和增塑剂也会影响聚苯乙烯的卫生安全性，因此用于食品包装的包装材料不允许添加铅盐、镉盐、钡盐等强毒性的稳定剂，应选用低毒且溶出量小的稳定剂。增塑剂应使用邻苯二甲酸二辛酯、二癸酸等低毒添加剂，使用的剂量也应在安全范围内。软质聚苯乙烯具有较高的柔韧性和撕裂强度，但增塑剂含量大、卫生安全性能差，一般不用于直接接触食品的包装，可利用其特点加工成弹性拉、伸膜和热收缩膜；硬质聚苯乙烯中增塑剂的含量较小，安全性好，可以直接用于食品包装。

（5）聚偏二氯乙烯

聚偏二氯乙烯单体的毒理学试验发现其代谢产物为致突变阳性。实验表明：聚偏二氯乙烯单体残留量小于 6 mg/kg 时，不会迁移进入食品中，因此，要控制偏二氯乙烯单体在包装材料中的残留量要小于 6 mg/kg。其安全性问题主要是单体残留的危害、添加剂的选择和剂量的控制。我国至今没有相关添加剂的残留限量标准规定，日本规定增塑剂的蒸发残留量应小于 30 mg/kg。

（6）聚碳酸酯

聚碳酸酯本身无毒，但树脂中所含双酚 A 与碳酸二苯酯进行酯交换时有中间体苯酚的产生。苯酚有异味且具有一定的毒性，会影响食品的感官性状及卫生安全性。我国规定食品包装材料及容器中用的聚碳酸酯和成品中游离苯酚的含量应控制在 0.05 mg/L 以下,且不宜接触高浓度乙醇溶液。

目前国际采用模拟溶剂溶出试验,并对之进行毒性试验来评价包装材料的毒性,确定有害溶出物的残留限量和某些特殊塑料材料的使用限制条件。具体方法为选用以下溶剂作为浸泡液,包括己烷、庚烷(模拟食用油)、3%~4%的乙醇(模拟食醋)、水、乳酸等,用塑料材料在一定条件下盛装浸泡液一定时间后,测定浸泡液中有害物质的含量。

7.3.4 塑料在加工过程中添加剂的安全性

为了改善塑料的加工和使用性能,在塑料的加工制造过程中需要添加增塑剂、润滑剂、稳定剂等添加剂。这些添加剂也存在不同程度向食品迁移或溶出的问题,直接影响食品的安全,甚至会危及人体健康。

(1)增塑剂

通常是一些有机低分子物质用来提高树脂可塑性和柔软性,使树脂的黏度降低、流动塑变能力增高。根据其化学组成可分为五大类,其中邻苯二甲酸酯类、磷酸酯类的毒性较大,而脂肪族二元酸酯类、柠檬酸酯类、环氧类的毒性较低。其中,磷酸二苯一辛酯(DPOP)属于磷酸酯类,经多种毒性试验证明是无毒的。增塑剂在其运用中按其毒性大小可分为四类:可用于食品工业的、可有限制地用于食品工业的、在满足使用要求上尚有疑问的和不能用于食品工业的。

邻苯二甲酸酯类增塑剂长期以来都被允许用于食品包装材料中,在当今生活中,几乎所有塑料制品中都含有邻苯二甲酸酯类增塑剂。有实验研究表明,邻苯二甲酸酯类增塑剂对机体可能具有潜在的遗传危害及生殖毒性。

对于含增塑剂量高的塑料制品,不适合用于液体食品及液体含量较高的食品包装,尤其是含酒精和油脂的食品。2011 年全球首例邻苯二甲酸二异辛酯(DEHP)污染案例,始于中国台湾在乳酸菌饮料中检测出 DEHP,从此 DEHP 的毒性就引起各国的注意。

(2)稳定剂

为了使用上的方便,防止粉尘中毒,减小毒性物质或代之以无毒性物质,精确计量,近年来国内外研制出许多种类的复合稳定剂,国外商品化品种达百种以上。食品包装用塑料的稳定剂必须是无毒的,许多常用的稳定剂(如铅化合物、钡化合物、铬化合物和大部分有机锡化合物),由于毒性大而都不能用于食品包装塑料。有研究发现,随着温度的升高,食品包装用聚乙烯材料中铅、铬、镉等重金属的迁移量明显增加。现各国公认允许用于食品包装用塑料的热稳定剂有钙、锌、锂的脂肪酸盐类。

(3)着色剂和油墨

塑料主要是通过添加无机颜料、有机颜料等着色剂来着色的,用于食品包装中的着色剂,改变塑料材料固有的颜色,还可以提高包装材料的美观性及商品价值,也可以起到保护内装物免受紫外线的照射。着色剂选用过程还应考虑着色剂与其他添加剂之间不应产生相互影响甚至化学反应,对于有特殊性能要求的制品如容器类,要求着色剂耐迁移性好、耐溶剂性好且必须无毒、无味。

用于塑料印刷的油墨大多使用聚酰胺油墨,也有苯胺油墨和醇溶性酚醛油墨。为了油墨快速印制在复合膜、塑料袋上,需要在油墨中添加甲苯、丁酮、乙酸酐、异丙醇等混合溶剂,这样有利于稀释和促进干燥。聚酰胺本身无毒,但油墨中添加的物质使包装袋中残留大量毒性较大的苯类物质。这使薄膜出现的微细毛细孔透过油墨溶剂渗出至包装内而污染食品。美国 FDA 将甲苯列入可致癌化学品中,此类溶剂如果渗入皮肤或血管,会随血液危及人的血球及造血机能,损害人体的神经系统,甚至导致白血病发生。对于经过印刷的食品包装材料必须充分干燥,使溶剂挥发干净,以免污染食品。

(4)其他塑料添加剂

润滑剂的种类很多,其中大部分毒性较低。用作食品包装材料的润滑剂应完全无毒,主要的种类有:硬脂酸铵、油酸酰胺、硬脂酸、石蜡(食用级)、白油、低分子聚丙烯。发泡剂常用的有以下两种:碳酸氢铵和偶氮二甲酰胺。但添加剂的使用必须具备无毒、无味、不溶出、稳定性高且与树脂有较好相容性的特点,以保证食品的品质、风味及卫生安全性。

7.3.5　其他安全隐患

(1)塑料包装材料的缺损

包装材料在制作过程中破裂、封口不严或者质量不符合要求会导致食品受到虫害或其他微生物的污染,影响食品品质。

(2)回收利用塑料的安全性

随着环境问题的日趋严峻,塑料制品的回收利用是日后发展的重要趋势,但是调查分析发现,目前我国在这方面的标准法规还不健全,企业为了节省资金,往往会用回收材料来充当新的包装材料,回收的材料中不可避免含有非食品包装成分、未知污染物、微生物、病菌等,使再生塑料包装食品具有很大的安全隐患。

(3)其他

包装材料在印刷过程中重金属、有机挥发物和溶剂等有害物质的残留及微生物的污染问题普遍存在,尤其是苯的残留量较高,因此在选择食品时,一定要看包装的印刷质量,避免选择包装过于鲜艳和有刺激味道的食品包装。

(4)金属包装材料及其制品的安全性

我国早在 5000 年前就开始使用金属容器,其用于食品包装也有近 200 年的历史。是我国常用的四种最重要的包装材料之一。由于金属包装材料及容器具有优良的包装特性、包装效果、生产效率高、良好的流通贮藏性能等,被广泛应用于食品包装工业。通常以金属薄板或箔材为主要原材料,加工成各种形式的容器来包装食品,主要用于罐头、饮料、糖果、饼干、茶叶食品的包装。

7.3.6　金属包装材料的分类

食品包装常用的金属包装材料主要有:镀锡薄钢板、无锡薄钢板、铝薄板及铝箔等。

(1)镀锡薄钢板

简称镀锡板,俗称马口铁,是低碳薄钢板表面镀锡而制成的产品,多用于食品包装用的各种容器或者其他容器材料的盖(或底)。

(2)无锡薄钢板

包括低碳薄钢板、镀锌薄钢板、镀铬薄钢板。主要是由于锡的自然资源比较匮乏且锡的成本较高,为降低食品包装成本,用无锡薄钢板代替镀锡薄钢板用于食品的包装。

(3)铝薄板及铝箔

铝薄板是将工业纯铝或者防锈铝制成厚度为 0.2 mm 以上的板材,而铝箔是将工业纯铝薄板经过多次冷轧、退火等工艺加工制成的金属箔材,厚度一般为 0.05~0.07 mm,如果将铝箔与其他材料进行复合使用时,其厚度可为 0.03~0.05 mm,甚至更薄。

7.3.7　金属包装材料的包装性能

(1)高阻隔性能

金属包装材料可以完全隔绝气、水、油、光等物质的透过,对包装食品起到良好的保护作用,延长食品的货架寿命。

(2)机械力学性能

金属材料具有良好的抗张、抗压、抗弯强度、韧性及硬度,包装容器可自动化及机械化生产;用金属容器包装的食品便于运输和贮存,密封性更高。

(3)容器成型加工性

金属材料具有良好的塑性变形性能,能够制成各种形状的容器以适应食品包装的需要。我国金属容器加工技术及设备成熟、生产效率高,如马口铁三片罐生产速度可达 1200 罐/min,铝制二片罐生产线生产速度可达 3600 罐/min,可以满足食品大规模自动化生产的需要。

(4)良好耐高低温性、良好的导热性、耐热冲击性

金属材料这一特性使其用作食品包装可以适应食品冷热加工、高温杀菌及杀菌后快速冷却等的加工需要。

(5)金属包装制品表面装饰性

具有金属光泽,可通过表面彩印装饰等方式提供更理想美观的产品形象,以吸引消费者。

(6)卫生无毒,易回收处理

金属材料卫生无毒,符合食品包装卫生和安全要求,金属包装废弃物易回收处理,节约资源、节省能源。

7.3.8　金属包装材料及其制品的安全性

金属包装材料及其制品的安全性主要包括材料安全、结构安全及使用便利性安全等方面,影响金属包装材料安全性的因素主要有:

(1)金属元素的腐蚀造成金属离子的迁移

金属包装材料最大的缺点在于其耐酸碱腐蚀的性能差,特别是用金属包装材料包装高酸性食品时很容易受到腐蚀,导致金属离子的析出,影响食品的风味、品质。目前对食品安全影响较大的材料如白铁皮中镀有锌层,与食品接触后迁移到食品中,影响食品品质。

(2)铝及铝制包装材料

目前使用的铝及铝制包装容器纯度较高,有害金属较少,其铝的迁出量也远低于欧美风险评估标准;铝及铝制包装材料主要的安全问题在于铸造铝和回收铝中难以控制的杂质(如铅、镉等),易造成食品的污染;铝制包装材料的耐腐蚀性差,酸、碱、盐等都能和铝发生化学反应生成或析出有害物质,影响食品的安全性。

(3)金属包装有机涂层的安全性

金属容器内壁涂料主要有抗酸性涂料、抗硫涂料、防粘涂料等。涂料层分为内壁涂料和外壁涂料层,对于涂在金属内壁的有机涂料,可以防止内装物与食品直接接触而发生电化学腐蚀,延长食品的货架期;由于内壁涂料与食品直接接触,在选用内壁涂料时应符合国家标准,无毒、无臭、无味且不影响食品的色泽和风味。

7.4　玻璃、陶瓷包装材料及容器的安全性

玻璃包装和陶瓷包装是两种古老的包装方式。玻璃及陶瓷包装容器是指以普通或特种的玻璃与陶瓷制成的包装容器。玻璃、陶瓷及其制品也是常用的包装容器之一,尤其在饮料包装方面的需求在持续上升。

玻璃是由无机熔融体冷却而成的非结晶态固体。根据组成可分为氧化物玻璃、卤化物玻璃、硫化物玻璃等。玻璃的化学成分基本上是二氧化硅(SiO_2)和各种金属氧化物。金属氧化物包括三类:一类是氧化钠、氧化钙、氧化铝、氧化硼、氧化钡、氧化铬和氧化银等不能单独形成玻璃,叫作玻璃的改变体氧化物;一类是氧化硅、氧化硼、氧化磷等可以单独形成玻璃,称为玻璃形成体氧化物;另一类是介于氧化铝和氧化镁等两者之间,在一定条件下可形成氧化物,叫作中间体氧化物。为了满足被包装食品的特性及包装要求,各种食品包装用玻璃的化学组成略有不同。

7.4.1　玻璃包装材料的性能

玻璃作为传统的包装材料,虽然玻璃包装材料具有重量大且易碎的缺点,但是其具有光亮透明、化学稳定性好、不透气、易成型的优点。玻璃包装容器的80%~90%是玻璃瓶、

玻璃罐。采用金属离子着色剂可以制造成翠绿色、深绿色、浅青色、琥珀色等多种颜色的玻璃。

（1）物理机械性能

玻璃的强度和硬度是玻璃物理机械性能的重要指标。玻璃的抗拉强度是决定玻璃品质的主要指标，玻璃的强度取决于其化学组成、制品形状、加工方法及表面性质。如加入 Cr_2O_2 能制成绿色玻璃，加入 NiO 能制成棕色玻璃。

（2）热稳定性

玻璃有一定的耐热性，但不耐受温度的急剧变化。作为玻璃容器材料，在成分中加入铅、镁、锌、硼、硅等的氧化物，可提高其耐热性，以适应玻璃容器的高温杀菌和消毒处理；其稳定性会受到容器玻璃厚度是否均匀，是否存在结石、气泡、微小裂纹等的影响。

（3）光学性能

玻璃的光学性能体现为透明性和折光性。玻璃的厚度、种类及颜色均影响其滤光性。某些食物会因光催化反应而改变产品的颜色、气味或味道，有色玻璃可以起到屏蔽光线、保护内容物的作用。

（4）化学稳定性

玻璃耐化学腐蚀性强，具有良好的化学稳定性，只有氢氟酸能腐蚀玻璃，因此，玻璃容器能够盛装针剂药液、酸性或碱性食品。

7.4.2 玻璃包装材料的种类

玻璃包装材料有普通瓶罐玻璃（主要是钠钙硅酸盐玻璃）和特种玻璃（如石英玻璃、微晶玻璃、中性玻璃、钠化玻璃等）两类。

（1）普通玻璃

普通玻璃是以二氧化硅为主要成分的玻璃。最常用的有钠钙硅酸盐玻璃、钠硼硅酸盐玻璃、钠铝硅酸盐玻璃；目前食品包装用玻璃材料大部分属硅酸盐玻璃。它们具有一定的热稳定性、化学稳定性、机械强度和硬度，但在氢氟酸这种环境中该玻璃的稳定性差。硅酸盐玻璃是食品用玻璃材料中应用最为广泛的。

（2）中性玻璃

玻璃容器与药液长期接触过程中不会引起 pH 的变化，不会有沉淀物析出或玻璃屑脱落，因此将这类玻璃称为中性玻璃。这类玻璃是现代医药发展急需的一种与药液长期存放而不起化学反应的玻璃容器。

（3）石英玻璃

石英玻璃具有优越的耐酸性、耐热性、电绝缘性，但价格昂贵限制了其在食品包装行业上的应用。

（4）微晶玻璃

微晶玻璃是综合玻璃和微瓷技术发展起来的一种新型材料。其理化性能集中了玻璃和陶瓷的双重优点,既具有陶瓷的强度,又具有玻璃的致密性和耐酸、碱、盐的耐蚀性,在食品包装领域应用潜力巨大。

7.4.3 玻璃包装材料及其制品的安全性

玻璃的安全性问题主要是无机盐或离子,此外玻璃中使用的着色剂主要是金属氧化物,这些金属氧化物的溶出也会造成食品污染而危害人体健康。玻璃容器的污染主要包括以下几个方面。

(1)重金属超标

高档玻璃器皿为了提高器皿的品质在其中往往添加铅化合物,有的铅加入量可高达 30%。

(2)熔炼过程中有毒物质的溶出

通常玻璃经过高温熔炼后大部分形成不溶性的盐类,化学稳定性较高。但是熔炼不好的玻璃制品可能发生玻璃原料的有毒物质溶出问题。因此玻璃制品应用水浸泡处理或加酸处理,以确保包装食品的安全性。

(3)着色剂的安全隐患

为了防止光线对内容的损害,通过使用着色剂对玻璃制品进行着色处理。通常将金属盐类作为着色剂,其安全性问题是金属盐类的溶出(如二氧化硅的溶出、铅化合物可能迁移到酒精或饮料中)。

7.4.4 陶瓷包装材料

陶瓷制品是我国使用历史最悠久的一类包装容器。陶瓷是以黏土、长石、石英等天然矿物为主要原料,经粉碎、混合和塑化,按用途成型,并经装饰、涂釉,最后在高温下烧制而成的制品。陶瓷制品作为食品包装容器,主要用于酱腌菜、腐乳、豆豉、酒类等传统食品及风味食品的包装。

(1)陶瓷包装材料的原料组成

制造陶瓷的原料可以分为黏性原料、减黏性原料、助熔原料、细料。主要原料有:高岭土(陶瓷制造用)或黏土、陶土(陶器制造用)、硅砂和助熔性原料(如长石、白云石、菱镁矿石)等。高岭土的主要成分是 $Al_2O_3 \cdot 2SiO_2 \cdot 2H_2O$,黏土的成分更复杂些。

(2)陶瓷包装材料的分类

①粗陶器具有多孔、表面较为粗糙、带有颜色和不透明的特点,并有较大的吸水率和透气性,主要用作缸器。

②精陶器又分为普通精陶(石灰质、镁、熟料质等)和硬质精陶(长石质精陶)。相对精细,灰白色,吸水率和气孔率均低于粗陶器,常作为坛、罐和陶瓶。

③瓷器为白色,陶器结构紧密均匀,表面光滑,吸水率低;很薄的瓷器还具有半透明的特性。瓷器主要作为家用器皿和包装容器。按原料不同,瓷器又分长石瓷、骨灰瓷、绢云母

质瓷、滑石瓷等。

④拓器是介于瓷器与陶器之间的一种陶瓷制品,有粗拓器和细拓器两种,主要用作缸坛等容器。

⑤除上面提到的还有金属陶瓷与泡沫陶瓷等特种陶瓷。金属陶瓷是在陶瓷原料中加入金属微粒,如镁、镍、铬、钛等,使制出的陶瓷同时具有金属的韧性和陶瓷的高硬度、化学稳定性等特点;泡沫陶瓷是一种质轻而多孔的陶瓷,其孔隙通过加入发泡剂而形成,具有机械强度高、绝缘性好、耐高温的性能。这两类陶瓷均可用于特殊用途特种包装容器。

(3)陶瓷包装材料的特点

陶瓷包装容器具有耐火、耐热、隔热、耐酸、耐压、透气性极低等特点,且可以制成各种形状的瓶、罐、缸等。由于陶瓷制品原材料丰富,成型工艺简单,废弃物不污染环境,且可以重复使用。与其他容器相比,更能保持或赋予食品特殊的风味,因而受到消费者的青睐。但陶瓷食品包装制品易破碎,且自身质量大,携带困难,无法直接对包装在其内的食品进行观察,所以成本较高,在一定程度上限制了陶瓷食品包装的使用。

(4)陶瓷包装材料及其制品的安全性

陶瓷材料的主要安全性问题在于釉料的问题,其化学组成主要是由某些金属和非金属氧化物的盐溶液组成。大部分釉料的化学组成中还有铅、镉、锑、锌等多种金属氧化物金属盐和硅酸盐类。当使用陶瓷容器承装酸性食品(如果汁、醋)和酒时,这些物质容易溶出而迁移到食品中,污染食品,尤其是釉料中的铅和镉的溶出,因此不合格的陶瓷制品不能上市。

思考题

1.食品塑料制品的主要污染物组成。

2.纸类包装材料中的主要污染物组成。

3.金属及玻璃包装中的主要污染物组成。

参考文献

[1]王利兵.食品包装安全学[M].北京:科学出版社,2011.

[2]陈卫平,王伯华.食品安全学[M].武汉:华中科技大学出版社,2013.

8　发酵类食品的卫生及其管理

本章学习目的与要求

1. 了解发酵类食品受污染的因素和途径。

2. 熟悉发酵类食品可能存在的主要卫生问题及对人体健康的影响。

3. 掌握预防发酵类食品的技术及管理措施。

课程思政目标

发酵酒制品中可能存在多种有毒物质,我们需要了解去除有毒物质的方法及措施,以诚信为本,守住道德底线和法律底线,生产出更多合格的酒制品。

发酵食品是以农副产品为原料利用微生物发酵生产的产品,即指利用微生物的分解和合成赋予食品营养、香味并提高食品保存期的一种加工食品。

因发酵乳制品在乳制品章节已有论述,此处论述的发酵类食品主要包括酒类、调味品类。

8.1　酒类的卫生及其管理

酒类的生产与消费至少已有数千年历史,已成为人们日常生活不可缺少的饮品,饮酒成为一些国家和地区独特的饮食文化。

啤酒是以麦芽为主要原料的酿造酒,营养丰富,含酒精低,易于人体吸收。我国酒类的优良品种有世界驰名的贵州茅台酒、山西汾酒等。全国名酒之一浙江的绍兴酒,即黄酒,它是我国的民族特产,制造方法和酒的风味都有独特之处,与世界上其他酿造酒有明显的不同。

由于酵母菌在发酵时耐酒精度有一定限度,一般最多到 11% 时对酵母菌就有刺激作用,故酿造过程所产生的酒精浓度一般只有 6%~13%,最多也只能到 16%~17%。因此,为了生产含高浓度酒精的烈性酒,不管是液体发酵还是固体发酵,都必须利用蒸馏方法来提高酒精的浓度,通常最烈性的酒也只是使酒精浓度达到 50%~60% 即可,现在一般高度白酒为 53%~54%,中度白酒为 46%,低度白酒为 38%~39%。

8.1.1　蒸馏酒

蒸馏酒指以粮食、薯类和糖蜜等为主要原料,在固态或液态下经糊化、糖化、发酵和蒸馏而成的酒,统称为白酒。

8.1.2　发酵酒

酿造酒又称发酵酒、原汁酒,是在酵母作用下把含淀粉和糖质原料的物质进行发酵,产生酒精成分而形成酒。主要包括果酒、啤酒、黄酒、配制酒。

8.1.3　酒类影响卫生的污染因素及控制

8.1.3.1　乙醇与人体健康的关系

酒精为酒的主要成分,由于酒精是水溶性化合物,因此,它不需经过酶的分解,人体就能吸收。饮酒后酒精通过扩散的方式迅速在消化道吸收,并进入血液循环。酒精在胃中吸收很少,80%以上在小肠中吸收。影响酒精在消化道的吸收速度有以下几个因素:

①酒精浓度和饮酒量。

酒精摄入量在 1 g/kg 体重以内者,酒精浓度和饮酒量对吸收速度影响不大。如超过这一数量且酒精浓度较高(超过 30%),由于胃肠黏膜受损,其吸收速度反而降低。

②胃中食物残留量。

胃中有残留食物则酒精被吸收较慢,空腹时,吸收较快。

③饮品种类。

含有 CO_2 的饮料会加速吸收,但啤酒吸收较其他酿造酒慢。

酒精经吸收通过生物膜后与体液混合,分布于组织中,各组织的分布量与水分的分布是平行的。血液中的酒精浓度在饮酒后 1~1.5 h 达到最高,以后逐渐降低。分布在全身各组织中的酒精大部分在肝脏中氧化分解,只有很少一部分在其他组织中分解。

酒精在肝脏中先经乙醇脱氢酶催化,被氧化成乙醛,然后在脱氢酶作用下,氧化为乙酸,大部分乙酸进入血液,加入正常乙酸代谢,最后成为二氧化碳和水。乙醛氧化为乙酸的速度较快,一般在饮酒量范围内,乙醛不会在体内储留。但如大量饮酒,也可发生乙醛储留,并出现中毒症状。酒醉后,次日不适感往往与乙醛中毒有关。

摄入的酒精绝大部分(95%以上)通过以上途径分解,还有很少一部分酒精直接从肺呼出,以及通过皮肤和尿排出体外。

8.1.3.2　甲醇

(1)概述

甲醇主要来源于果胶,果胶主要存在于植物的果皮、种子、块根、块茎等细胞间质和细胞壁中,在果胶酶或酸、碱作用下,分解为果胶酸甲醇。果胶酶主要存在于糖化发酵剂黑曲霉中,另外,糖化发酵时间过长也会增加甲醇含量。

(2)危害

甲醇是剧烈的神经毒,主要侵害视神经,导致视网膜受损,视神经萎缩,视力减退,双目失明。甲醇在体内分解缓慢并有蓄积作用,对机体组织细胞有直接毒害作用,对视神经的毒性作用最强。甲醇不如乙醇那样迅速氧化为二氧化碳和水,甲醇经氧化可变为甲醛和甲酸,都是毒性较强的物质,甲醛和甲酸的毒性分别比甲醇大30倍和6倍,这说明为什么极小量的甲醇有时能引起慢性中毒。视神经对甲醇的毒性作用最为敏感,可导致视网膜受损甚至失明。另外可能是由于甲醇引起机体内酸碱平衡的失调以及甲酸和机体代谢紊乱时所产生的乳酸等,常使机体呈现酸中毒状态。甲醇进入体内6~24 h可出现头痛、恶心、呕吐、胃疼痛和视力模糊等症状,进而可发展到呼吸困难、呼吸中枢麻痹,有时昏迷可达数日之久,甚至死亡。也常发生视力障碍,甚至失明。

一次摄入4 g以上甲醇可引起急性中毒,临床表现为头痛、恶心、呕吐、胃痛及视物模糊,严重者出现呼吸困难、低钾血症、昏迷直至死亡。致盲剂量为7~8 mL,致死剂量为30~100 mL。长期摄入可导致慢性中毒,除头疼、头晕、消化功能紊乱外,特征性临床表现为视野缩小和不能矫正的视力减退。我国规定以谷物为原料的白酒中甲醇含量不超过1.04 g/mL,以薯干等代用品为原料的白酒中甲醇不超过0.12 g/100 mL。

(3)控制

酒精中含甲醇量的多少,除与生产酒精的原料种类有关外,还与生产过程有关,如原料的选择、原料的处理、蒸馏过程等。

①浸渍与蒸煮方法处理。

用浸渍方法处理原料,将破碎的原料加水浸8~10 h,然后除去上清液,这样可以除去单宁、可溶性果胶等杂质。

②发酵温度的控制。

发酵温度过高会促进甲醇酶的活性,低温长时间发酵可以减少甲醇的产生量。

③蒸馏控制。

利用甲醇的蒸馏特性降低甲醇含量,甲醇的沸点为64.7℃,乙醇为78.3℃。其组成的混合液在蒸馏时,挥发和分离不是由各自纯组分的沸点来决定的,而决定于分子之间引力,在水含量较低或没有水存在时,甲醇易挥发;若含有大量水时,由于氢键力作用,甲醇比乙醇难挥发。也就是说甲醇在酒精浓度低时作尾级杂质,在酒精浓度高时作头级杂质,因此在蒸馏操作时,利用沸点差在加热时,甲醇会比乙醇早一步汽化,占据到甲醇储蓄空间,每小时排放1次,可在很大程度上降低果酒中甲醇的含量。这样甲醇既可在塔顶排出一部分又可在塔底排出一部分,以此使甲醇含量降低。

(4)甲醇限量

谷类原料≤0.04 g/100 mL;薯干原料≤0.12 g/100 mL。

8.1.3.3　杂醇油

杂醇油是一类高沸点的混合物,主要是醇类,包括正丙醇、异丁醇和异戊醇等,其中异戊醇含量较高。液体颜色呈浅黄色或棕色,有特殊气味。

杂醇油是在制酒发酵过程中因原料中蛋白质分解或酵母菌体蛋白质水解的结果,生成氨基酸,氨基酸进一步分解放出氨、脱羧基、生成醇,此时生成的醇即杂醇油,便存留在酒醅或发酵成熟醪中。

在发酵过程中,大部分高级醇类是在葡萄糖存在时,由氨基酸生成的。如由葡萄糖发酵生成的丙酮酸,可与胱氨酸作用生成丙氨酸和 α-酮基异己酸,再经脱羧,生成异戊醛,经还原则可生成杂醇油的主要成分——异戊醇。另外,当有蔗糖存在时,也可以促进高级醇生成。

杂醇油的产量一般为乙醇产量的 0.3%~0.7%,在发酵过程中,杂醇油的生成量与所用原料有关,与酵母菌种及营养物质组成有关。原料中蛋白质含量多时,酒中杂醇油含量也高,如以玉米为原料时比甘薯为原料制得的酒糟中杂醇油含量高。

固态白酒蒸馏采用间歇蒸馏,杂醇油含量在酒头中最多,它集中在酒精浓度为 75%~80%(体积分数)的区域内。而酒精蒸馏时,杂醇油集中在酒精浓度为 55%(体积分数)的区域里,要使杂醇油尽量集中在提取的区域内,就必须使粗馏塔和精馏塔的加热蒸汽量、塔釜压力、粗馏塔进料量、冷却水量都处于较稳定状态,上述各项操作都要较准确地进行,才有可能得到符合食品卫生国家标准的酒精。

高级醇的毒性和麻醉力与碳链的长短有关,碳链越长则毒性越强,如戊醇的毒性比乙醇大 39 倍。杂醇油在体内分解氧化缓慢,作用时间长,毒性和麻醉力比乙醇强,可使中枢神经系统充血,引起剧烈头痛和大醉。微量杂醇油是酒的芳香气味的成分。

以气相色谱法测定各种酒的结果,一般均含有正丙醇、异丁醇及异戊醇,其中异戊醇含量较高。茅台、泸州特曲等名酒也含有少量正己醇。经由动物试验证明,高级醇类均有一定的毒性,因此对酒中杂醇油含量有一定要求。固态白酒蒸馏采用土甑间歇蒸馏,杂醇油含量酒头中最多,故须抬头去尾。

对于以含糖或淀粉原料,经糖化、发酵、蒸馏而得的白酒,杂醇油含量应≤0.15 g/mL;以大米为原料的白酒应≤0.2 g/100 mL(以上按 60% 蒸馏白酒为标准,高于或低于 60% 者按 60% 折算)。

8.1.3.4 氰化物

使用木薯、果核、野生植物等原料制酒时,由于原料中含有氰苷,在制酒过程中经水解后产生氢氰酸,致使酒中含有氰化物。

拓展知识9

氰化物有剧毒,人口服 50~100 mg 几乎可立即呼吸停止,造成骤死。轻度中毒者,早期可出现乏力、头昏、头痛、胸闷及口腔、咽喉麻木、流涎、恶心、呕吐、腹泻、气促、血压略有增高,脉搏也加快,皮肤黏膜呈血红色,瞳孔缩小,心律不齐,继而出现阵发性和强直性抽搐,昏迷和血压骤降,呼吸变浅变慢,以至完全停止。中毒者还会出现紫绀,往往表现为呼吸衰竭。

氰化物去除方法:对原料进行预处理,可用水充分浸泡,蒸煮时增加排气量,挥发氰化物。也可将原料晒干,使氰化物大部分消失。也可在原料中加入 2% 的黑曲,保持 40% 左右的水分,在 50℃ 左右搅拌均匀,堆积保温 12 h,然后清蒸 45 min,排出氢氰酸。

酒对氢氰酸的卫生要求:以 HCN 计,以木薯为原料者不得超过 5 mg/L,以代用品为原料者不得超过 2 mg/L(以上系指以含糖或淀粉原料,经糖化发酵蒸馏而制得的 60%白酒的标准,高于或低于 60%者,按 60%折算)。

8.1.3.5 铅

①机动车频繁往来道路沿线的农作物铅含量高,原因是燃料燃烧后排气中以卤化铅、硫酸铅形式排出,造成污染。

②铅主要来自镀锡的蒸馏器、贮酒器、管道等,在发酵过程中产生的少量有机酸,如丙酸、丁酸、酒石酸、乳酸等,在蒸馏时能将蒸馏器壁中的铅溶出,总酸含量高的酒,其铅含量也高。

③酒在生产或贮存、贮运过程中,由于使用的工具或容器不符合卫生要求,如铁桶内镀锡,发现铅含量有的竟高达 13%～36%,所以生产酒的设备、容器、贮运容器、管道的材料最好采用不锈钢等。

④在白酒生产中,发酵次数多,因而酒中含的有机酸多,铅溶解量高而带入酒中。

⑤白酒"酒尾"含铅量较"酒头"高,其原因是"酒尾"的酸度较高,对铅的溶蚀作用大。

⑥果酒本身不该含铅,但果酒一般需调配部分酒精,若酒精中含铅,致使果酒可能含铅超标。

对于含铅量过高的白酒,可利用生石膏($CaSO_4 \cdot 2H_2O$)或麸皮进行脱铅处理,使酒中的铅盐[$Pb(CH_3COO)_2$]凝集而共同析出。在白酒中加入 2 kg/1000 kg 的生石膏或麸皮,搅拌均匀,静置 1 h 后再用多层绒布过滤,能除去酒中的铅,但这样处理会使酒的风味受到一定的影响,需再进行调味。

对含铅量超标的白酒也可将其置于精馏塔中重蒸处理。酒中含铅量(以 Pb 计)<1 mg/L。

8.1.3.6 锰

为了除去酒中甲醇或异臭物质,有些工厂以高锰酸钾为氧化剂、活性炭为吸附剂进行脱臭处理。如直接向酒中或酒基中加入高锰酸钾,会使酒中残留较高的锰离子,锰虽为人体必需的微量元素之一,但长期摄入微量的锰,也可导致慢性中毒症状。据报道,锰会导致红细胞产生数增多;长期接触锰尘会产生神经系统综合征,表现为肌肉强直、颜面不动、震颤等。所以蒸馏酒和配制酒中若加入高锰酸钾就不能直接饮用,而需经再蒸馏进行精制,使酒中不存在锰离子。酒中锰含量(以 Mn 计)不得超过 2 mg/L。

8.1.3.7 控制食品添加剂含量

配制酒中各种添加剂加入量的要求为:

(1)甜味剂

糖精钠最大使用量为 0.15 g/kg。

(2)着色剂

最大加入量如下:

①苋菜红、胭脂红、虫胶色素为 0.05 g/kg。

②柠檬黄、靛蓝、日落黄为 0.1 g/kg。

③红花黄色素为 0.2 g/kg。

④叶绿素铜钠盐为 0.5 g/kg。

⑤姜黄、红曲米、甜菜红,根据生产需要使用。

(3)香精香料使用规定容许使用的香精单体。

8.1.3.8 控制醛类含量

醛类主要来自糠麸、谷壳等原料,包括甲醛、乙醛、丁醛、戊醛等,其毒性大于相应的醇类。甲醛毒性比甲醇大 30 倍,属于细胞原浆毒,可使蛋白质变性和酶失活。当浓度在 30 mg/100 mL 以下时出现黏膜刺激症状,出现烧灼感、头晕、呕吐等。

8.1.3.9 苯并芘

原料中如苯并芘含量较高,经蒸馏后,白酒中仍能检出,应控制原料中苯并芘含量。苯并芘是一种含苯环的稠环芳烃。苯环的稠合位置不同,苯并芘分为两种,苯并[a](1,2-苯并芘)芘和苯并[e]芘(4,5-苯并芘)。常见的是苯并[a]芘,英文缩写 B[a]P,CAS 号为 50-32-8,化学式为 $C_{20}H_{12}$,相对分子质量为 252.31。常温下状态为黄色粉末,熔点为 179℃,溶解度方面难溶于水,微溶于甲醇、乙醇,易溶于苯、甲苯、二甲苯、丙酮、乙醚、氯仿、二甲基亚砜等有机溶剂。苯并芘的化学式如图 8-1 所示。

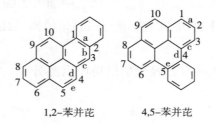

1,2-苯并芘   4,5-苯并芘

图 8-1　苯并芘化学式示意图

(1)苯并芘概述

除白酒外,经熏烤、烘烤形成的熏烤制品有熏鱼片、熏红肠、熏鸡及火腿等动物性食品。烘烤制品有月饼、面包、糕点、烤肉、烤鸡、烤鸭及烤羊肉串等食品。熏烤、烘烤常用的燃料有煤、木炭、焦炭、煤气和电热等。由于燃烧产物与食品直接接触,而导致烟尘中的苯并[a]芘直接污染食品。有人对木材燃烧时所产生的高温裂解产物进行了分析,发现在所有的燃烧温度下均可产生苯并[a]芘。另外,由于烘烤温度高,食品中的脂肪、胆固醇等成分,可在烹调加工时经高温热解或热聚,形成苯并[a]芘。据研究报道,在烤制过程中动物食品所滴下的油滴中苯并[a]芘含量是动物食品本身的 10~70 倍。当食品在烟熏和烘烤过程发生焦烤或炭化时,苯并[a]芘生成量将显著增加,特别是烟熏温度在 400~1000℃时,苯并[a]芘的生成量可随温度的上升而急剧增加。如当淀粉加热至

390℃时可产生 0.7 μg/kg 的苯并[a]芘,加热至 650℃时可产生 7 mg/kg 的苯并[a]芘。

（2）苯并芘控制

原料作为白酒生产中的重要一环,是白酒苯并芘主要污染源头。由于苯并芘在人体内具有累积,长期饮用会对人造成一定的苯并芘累积,危害人的健康,可以通过控制原料中的苯并芘含量及控制环境中的苯并芘转移的方法控制白酒中的苯并芘。

8.2　调味品卫生及其管理

调味品是广大人民群众生活中的必需品,在我国有着悠久的历史。调味品是指能调节食品色、香、味等感观性状的一类食品。广义地讲,包括咸味剂、甜味剂、酸味剂、鲜味剂及辛香剂等。常用调味品的有:酱油、酱、食醋、食盐、糖、味精等,还有八角茴香、花椒、芥末、咖喱、辣椒等辛香物质。

8.2.1　酱油概述

酱油起源于中国,是一种古老的调味品,俗称豉油,在我国古代常被人称为:清酱、豆酱清、抽油、豉汁等,迄今已有 2000 多年的历史。

现在我国酱油的年产量大约在 500 万吨,日本是 120 万吨左右。然而在国际市场上,日本酱油却占据了 80% 的市场份额。其中主要的原因是制作工艺的不同,我国的酱油大都采用了新工艺——低盐固态发酵,而日本则一直坚持传统工艺——高盐稀态发酵。

酱油种类较多,按其制造工艺不同分为:酿造酱油(天然发酵法、人工接种发酵法)、配制酱油。

按其原料不同分为:以豆饼、豆粕为原料的酿造酱油;用鱼虾做的虾油、蚝油;用蘑菇做的蘑菇酱油等,其中现在产销量最大的是人工酿造酱油。

按抽出的前后顺序,主要分为生抽、老抽酱油。传统酱油在酿造过程中,一旦酱油发酵完成,就会在酱油缸中插入一根管子抽出酱油。第一遍抽出来的叫"头抽油",然后给缸中再次加入盐和水继续发酵,之后第二次抽出来的便是"二抽油",第三遍就是"三抽油"。而生抽酱油就是用头抽油调配煮制而成的,其品质主要取决于"头抽油"的添加,添加越多,品质也就越好。老抽则是在经过调配、蒸煮和灭菌后的酱油,然后进一步进行复晒老化,从而得到颜色更深、黏度更大的老抽酱油。生抽和老抽最大的区别就是复晒。因为生抽酱油在调配过程中添加了盐和水,所以口味较咸、颜色较浅、流动性好、不黏稠。而老抽是用头抽油进行反复晒制数月后得到的,水分经过蒸发析出了部分盐分,最后得到的浓缩酱油再进行稀释,就成了老抽,因此,老抽的盐分低、颜色深、口感上微甜香浓。当然,还有很多为了强调上色能力的老抽,厂商会在老抽中加入焦糖色,例如草菇老抽、冰糖老抽等。

8.2.1.1　酿造酱油

以大豆和/或脱脂大豆、小麦和/或麸皮为原料,经微生物发酵制成的具有特殊色、香、味的液体调味品。

执行标准:GB/T 18186—2000《酿造酱油》、GB 2717—2018《酱油卫生标准》。

按发酵工艺分为两类:

(1)高盐稀态发酵酱油

加的盐水浓度高,盐水量大,制成酱醪(酱油成曲中加入多量盐水发酵,呈流动状态的稀酱状物质),液态发酵。发酵温度低,时间长,酱油产品风味好。

(2)低盐固态发酵酱油

加的盐水浓度低,盐水量小,制成酱醅(酱油成曲中加入少量盐水发酵,呈不流动状态的稠厚物质),固态发酵。其发酵温度高,发酵时间短,一般为 20~30 d,口味不及高盐稀态酱油,色泽浅,价格相对也低。

8.2.1.2　配制酱油

以酿造酱油为主体,与酸水解植物蛋白调味液、食品添加剂等配制而成的液体调味品。

执行标准:SB/T 10336—2012《配制酱油》、GB/T 5009.39—2003《酱油卫生标准》。

①配制酱油中酿造酱油的比例(以全氮计)不得少于 50%。

②配制酱油不得添加味精废液、谷氨酸废液,用非食品原料生产氨基酸液。

8.2.1.3　酸水解植物蛋白调味液

以含有食用植物蛋白的脱脂大豆、花生粕、小麦蛋白或玉米蛋白为原料,经盐酸水解,碱中和制成的液体鲜味调味品。

执行标准 SB/T 10338—2000《酸水解植物蛋白调味液》。

8.2.2　酱油食品卫生污染及控制酿造酱油生产工艺

酱油和酱都是以大豆、小麦及其制品为主要原料,酱油还以 40% 麸皮为辅料,经过浸泡,再蒸煮约 1 h,降温至 40℃,接种专用的曲霉菌种 0.1%,然后有控制地发酵,利用微生物的酶系统将植物蛋白质分解,产生一些有特殊风味的鲜味物质,再加入适量的食盐和色素,必要时加入规定量的防腐剂及香味剂等,酱油经淋油过滤消毒后装瓶。

8.2.2.1　曲霉菌种管理

发酵酱油所用的霉菌种系由国家鉴定、批准,此类菌种不产生黄曲霉素 B1,但必须对其进行常规性纯化与鉴定,防止变异或污染其他产毒菌株。一旦变异或污染,必须立即停用。

应用新的发酵菌种之前,必须进行鉴定以保证:

不产黄曲霉毒素;蛋白酶及糖化酶活力强;生长繁殖快、抗污染能力强;发酵后具有酱油固有的香气而不产生异味。

8.2.2.2　细菌污染与消毒

酱油和酱中常带有大量的细菌,还可能被大肠杆菌、变形杆菌等条件致病菌污染。有报道,在不良卫生条件下生产的酱油中,能检出福氏痢疾及沙门氏菌等。

消毒方法:酱油常采用瞬间高温巴氏消毒法,即 85~90℃,瞬时灭菌。

8.2.2.3　食盐浓度

产品中的食盐含量因品种而异,具有调味和抑菌作用。有报道,10%~15%的食盐溶液可抑制腐败性杆菌、副伤寒菌属及肉毒梭状芽孢杆菌的生长,同时可抑制蛔虫卵发育成有感染性虫卵。

因此,以前国家规定酱油中食盐浓度不低于 15%,夏季气温高时可适当地增加到 18%~20%,现在已去掉此指标。

8.2.2.4　总酸

微生物污染可使食品中糖分解成有机酸,进而氧化酸败,因此,酸度在某种意义上讲可以反映食品质量好坏与新鲜程度。

酱油是发酵食品,发酵过程本身也可使糖类变成有机酸,使呈一定的色、香、味,而且质量越高的品种,酸度相对增高,各类发酵产品其酸度均有一定的正常范围,如果超过正常范围,意味着食品变质腐败。所以对酱油、酱的酸度限制在一定的范围之内。烹调酱油总酸应≤2.5 g/100 mL。

8.2.2.5　氯丙醇

[案例]英国食品标准局在对食品中氯丙醇污染进行检测时,发现从亚洲国家进口的酱油含有对人体有害的物质氯丙醇。情况通报给欧盟,欧盟在 1999 年 10 月对我国出口的部分酱油进行检测,发现我国酱油中确实含有氯丙醇,有些酱油中 3-氯丙 1,2-二醇(3-MCPD)含量高达 10 mg/L。欧盟禁止进口 3-MCPD 含量在 10 μg/L 以上的酱油,因此,我国部分企业的产品也在被禁范围内。为此,我国对酱油状况展开了紧急调查,发现这种有害物主要来自以盐酸水解蛋白为工艺生产的酱油,其污染水平在有些产品中超过欧盟规定的 1000 倍。经过采取相关措施,在 2000 年 11 月欧盟的相关检测中,我国多数企业的出口酱油已达到了欧盟的标准。氯丙醇是继二噁英之后食品污染领域又一热点问题。目前,人们关注氯丙醇是因为 3-氯丙 1,2-二醇(3-MCPD)和 1,3-二氯丙-2-醇(1,3-DCP)具有致癌性,其中 3-MCPD 属于非遗传毒性致癌物,而 1,3-DCP 属于遗传毒性致癌物。其实,氯丙醇并不是一类新发现的化合物,早在 20 世纪 70 年代,人们就发现氯丙醇能够使精子减少和精子活性减低,并有抑制雄性激素生成的作用,使生殖能力减弱,甚至有人试图将 3-MCPD 开发作为男性避孕药。因此,氯丙醇不仅具有致癌性,而且具有雄激素干扰物活性。食品中氯丙醇的污染最初是在酸水解蛋白中发现的,特别是存于以酸水解蛋白为原料的调味品(如鸡精和酱油等)中。我国保健食品和婴儿食品不少以酸水解蛋白为原料。酸水解蛋白造成氯丙醇污染是由于用酸水解的蛋白质中含有脂肪杂质,在高温下产生甘油氯化产物。除了以酸水解蛋白为原料的这些食品外,氯丙醇也可在饮水中出现。这是由于自来水厂和某些食品厂采用阴离子交换树脂进行水的纯化,交换树脂采用 1,2-环氧-3-氯丙烷(ECH)作为交联剂,而 ECH 水解产生 3-MCPD,造成了污染。食品包装材料也有许多是以 ECH 为交联剂的强化树脂(如茶袋、咖啡滤纸和纤维肠衣等),包装材料中成分的迁移也是

其污染来源。此外,某些发酵香肠中也含有氯丙醇,这可能是脂肪与盐发生反应的结果,或肠衣中使用的强化树脂发生了迁移。2000年在北京召开的WHO/FAO食品添加剂与污染物法典委员会(CCFAC),要求将氯丙醇列入议程。2001年,CCFAC将第一次在大规模政府间国际会议上开始讨论氯丙醇的危害及今后制定食品中氯丙醇允许含量标准的问题。第57次WHO/FAO食品添加剂联合专家委员会(JECFA)会议也将对其进行危险性评估。英国和加拿大根据其致癌效应提出了人体每日耐受量的建议。

氯丙醇是大豆脂肪在强酸下断裂水解生成甘油,而丙三醇(甘油)在强酸或高温条件下发生反应,HCl取代醇羟基而生成氯丙醇,以3-氯-1,2-丙二醇为主。

(1)来源

我国酱油行业标准中是以氨基酸态氮的含量作为衡量其级别的主要依据,因此,部分生产商为了增加酱油的纤维,缩短发酵周期,提高利润,在产品中非法添加非植物蛋白调味液或动物蛋白调味液(酸水解动物蛋白造成氯丙醇污染是由于用酸水解的蛋白质中含有脂肪杂质,在高温下产生甘油氯化产物),导致氯丙醇污染比较严重。3-氯-1,2-丙二醇化学式如图8-2所示。

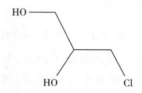

图8-2 3-氯-1,2-丙二醇化学式

(2)控制规范

①严禁利用毛发水解胱氨酸废液加工酱油,即利用畜禽杂毛、牛羊蹄角、动物骨头、动物性废弃物生产酸解蛋白调味液作为酱油加工原料。

②应纯粮酿造,避免高温强酸的操作以杜绝氯丙醇的产生。

③采用蒸汽蒸馏法去除氯丙醇,处理时水解温度控制在62℃左右,流量控制在8000 kg/h,同时加入氢氧化钠使冷凝液pH在11左右。

8.2.3 醋

醋,又称食醋,是以淀粉质原料为主,经糖化、酒精发酵、醋酸发酵及后熟陈酿等过程,制成的以酸味为主,兼有甜、咸、鲜等诸味协调的调味品。

8.2.3.1 食醋起源与分类

醋,古汉字为"酢",又作"醯"。《周礼》有"醯人掌共醯物"的记载,可以确认,中国食醋西周已有。晋阳(今太原)是我食醋的发祥地之一,史称公元前8世纪晋阳已有醋坊,春秋时期遍及城乡。至北魏时《齐民要术》共记述了大酢、秫米神酢等二十二种制醋方法。唐宋以来,由于微生物和制曲技术的进步和发展,至明代已有大曲、小曲和红曲之分,山西醋以红心大曲为优质醋用大曲,该曲集大曲、小曲、红曲等多种有益微生物种群于一体。

最早的醋记录在西亚,底格里斯河与幼发拉底河之间,美索不达米亚的南端,相当于现今伊拉克首都巴格达周围到波斯湾的地区,这个地区在公元前5000年,已经进入铜器时代,使用阴历,开始筑坝拦洪,灌溉农业,并以大麦、双粒小麦生产面包,以芝麻榨油。据说在公元前5000年,巴比伦尼亚有最为古老的醋记录,用椰枣的果汁、树液及葡萄干酿酒,再以酒、啤酒生产醋。椰枣是椰子科树木的果实,以椰枣果汁可以生产优质的醋。

我国是一个食醋生产和消费的大国,酿醋历史悠久,许多人都有食醋的习惯和爱好。随着人们生活水平的提高和科学研究对食醋功能特性的进一步揭示,食醋的用途也越来越广,对食醋及其衍生产品的需求越来越大。对醋的使用已不仅仅局限于传统的烹调中,还用于营养饮品和保健品的创新中,其产品受到越来越多人的喜爱。

(1)行业标准

酿造食醋:单独或混合使用各种淀粉、糖物料或酒精,经微生物发酵酿制而成的液体调味品。

配制食醋:酿造食醋为主(不小于50%),添加冰醋酸、食品添加剂等混合配制而成的调味食醋。

(2)发酵工艺

固态发酵醋:发酵基质为固态,我国传统的酿醋方法,如山西老陈醋、北京龙门醋。

液态发酵醋:发酵基质为液态,液体深层酿醋工艺,如东北白醋。

固液结合发酵醋:原料液化糖化、酒精发酵为液态发酵,醋酸发酵为固态,如酶法回流通风制曲工艺。

(3)按颜色分类

浓色醋、淡色醋、白醋。

(4)按风味分类

陈香型食醋:酯香较浓;熏香型食醋:焦香味;甜醋:甜味剂;其他风味醋:中草药、其他香辛料等。

8.2.3.2 食醋的主要卫生问题及其控制措施

食醋是我国传统的调味品之一。纵观我国食醋行业的现状,我们可以看到其生产卫生条件、产品质量、经济效益等方面存在很大不足。一些酿造厂未成立全面质量管理部门,在产品质量上不能很好把握。尤其是卫生方面常易出现问题,严重影响食醋的卫生质量。

根据食醋的实际加工过程,结合食品安全知识,可确定食醋的关键控制环节,具体为:原料控制、蒸料、醋酸发酵、灭菌。配制食醋的关键控制环节:原料控制、酿造食醋的比例控制、灭菌。容易出现的质量安全问题主要有两个方面:食品添加剂超范围和超量使用;微生物指标超标。下面按照工艺流程介绍食醋加工过程的主要卫生问题及其控制措施。

(1)原辅料

①原辅料中可能存在的卫生问题。

食醋的主要原料有高粱、糯米、大米、小麦、玉米等,辅料是以麸皮、谷糠为填充料,添加剂有焦糖色、米色、防腐剂等。所用原辅料是细菌、霉菌、寄生虫的寄主,在潮湿环境中易发生霉变。原料生长期间为预防病虫害会喷洒农药,因此会出现农药残留;另外制醋所用的原料多为植物原料,在收割、采集和贮运过程中,往往会混有泥石、金属之类杂物;在贮存运输过程中可能会混入金属等杂质。

②控制措施。

A.原辅料采购控制。

a.采购的原材料必须符合国家有关卫生标准和有关规定。食用酒精应符合食用酒精相关国家标准;原辅材料为实施生产许可证管理的产品,必须选用获得生产许可证企业生产的合格产品。配制食醋中酿造食醋的比例(以乙酸计)不得少于50%,必须使用食用级冰乙酸[符合 GB 1886.10—2015《食品安全国家标准 食品添加剂 冰乙酸(又名冰醋酸)》],并具有合格证明。拒收无合格证明的原辅料,并在后面采取必要的工序以保证各项指标符合规定。如煎醋工序杀菌、原料粉碎前除杂处理、淋醋工序过滤。

b.粮食类原料:必须采用干燥、无杂质、无污染的粮食,各项指标均符合 GB 2715—2016《食品安全国家标准 粮食》的规定。

c.调味品原料:必须采用纯净、无潮解、无杂质、无异杂味的调味品料。

d.发酵剂:必须符合生产工艺要求,无虫蛀、无霉变、无毒;选用的菌种必须经常进行纯化和鉴定。

B.原材料在运输中的控制。

a.容器:必须采用无毒、耐腐蚀、易清洗、结构坚固的容器,并经常清洗、消毒。

b.运输工具:运输工具的材料、结构必须便于清洗、消毒,具有防雨、防污染措施,经常保持清洁、干燥。

c.搬运:搬运易损伤、易散包的原材料时必须轻装轻卸,不得与有毒、有害物品混装、混运。

C.原料在贮藏中的控制。

a.原材料应贮藏在清洁卫生、干燥通风并有防虫、防鼠、防雀设施的仓库内;不得与非食品同库存放。库房应经常清扫,定期消毒,保持清洁。

b.原材料应掌握先贮先用的原则,防止积压变质。

c.原材料贮藏期间应定期检查水分含量及温度变化情况,对局部发热、霉变的原材料必须及时进行筛选处理。

d.各种原料应分类堆放,码垛不应过分密集,要离地、离墙。

(2)粉碎

①可能存在的卫生问题。

生产用的原料用磨粉机进行粉碎,高粱使用40目筛,大粉用50目筛,原料粉碎,越细越好。粉碎过程中如果环境不佳,可能会存在致病菌污染。

②控制措施。

保持粉碎场所的干燥,在此状态下致病菌不易生长。

(3)蒸料

①可能出现的卫生问题。

谷类、薯类等淀粉原料,吸水后在高温或高压条件下进行蒸煮,使植物组织和细胞彻底破裂,淀粉颗粒由于吸水膨胀而被破坏,变成溶解状态,易受淀粉酶作用,从而有利于淀粉以后的水解,同时蒸煮可将原料中所含的某些有害物质除去,并对原料进行灭菌。

原料蒸煮方法随制醋工艺而异。目前常用的固态制醋方法,除生料发酵法外,一般可分为煮料发酵法和蒸料发酵法两种。液体深层发酵法制醋的原料处理,也须经过煮料阶段。食醋原料的蒸料一般都在常压下进行,但如采用加压蒸料可缩短蒸料时间。在蒸料工序中,如果蒸煮程序不够会使致病菌残存,蒸锅残存导致杂菌生长,污染下批原料。

②控制措施。

在蒸煮时准确控制蒸煮的压力及时间。一般在压力为 0.1 MPa 下,温度应≥100℃、时间≥30 min。当蒸汽压力不够时,适当延长时间。

(4)冷却

①可能存在的卫生问题。

冷却管道不洁及冷却时间过长均会染菌。

②控制措施。

保持冷却管道的清洁卫生,并在短时间内冷到 25~26℃。

(5)酒母制备

①可能存在的卫生问题。

所谓"酒母",就是选择性能优良的酵母菌,经逐级扩大纯粹培养后,用于糖化醪的酒精发酵;或将酒母和麸曲同时与蒸熟的原料混合,进行淀粉糖化及酒精发酵。酒母的好坏与湮灭发酵的结果关系甚为密切,如果酒母发酵力不强,或混入有害菌类,则酒精得率低,最后必然影响食醋的产量与质量。因此,制备优良的酒母,是食品醋生产的关键之一。在此工序中如果车间卫生差或罐体、管道等不洁也可能会造成杂菌污染。

②控制措施。

A.保持车间卫生,定期清洗消毒。

B.生产车间使用的设备、工器具和容器必须采用无毒、无异味、耐腐蚀、易清洗的材料制作。表面应光滑,无凹坑、无裂痕。所有输送食醋的管道必须耐腐蚀、无毒、无异味。

C.食醋生产车间内所有设备、工器具的结构和固定设备的安装位置都应便于彻底清洗、消毒。

(6)酒精发酵

①可能存在的卫生问题。

成熟的酒母醪移入发酵罐的糖化液中,进行酒精发酵。此过程可分为三个不同的阶段,发酵前期、主发酵期和后发酵期。在发酵前期容易染菌,因为在此阶段酵母量少,易被杂菌污染而遭抑制。在主发酵期酵母细胞已大量繁殖,酵母菌基本停止繁殖而主要进行酒精发酵作用,具体表现为醪液中的糖分迅速下降,酒精逐渐增多,产生大量的二氧化碳,醪液温度上升较快,如果温度太高,易使酵母早期衰老,较易造成细菌污染。在后发酵期发酵作用变慢,此时温度逐渐下降。一般情况下,生产食醋的酒精发酵容器并不完全密闭,会引起染菌,特别是耐酸性产膜酵母会使酒醪酸败。

②控制措施。

生产中除对原始菌种进行定期分离纯化外,在扩大培养过程中,加强无菌管理与操作也是十分重要的。目前,多数厂酒母培养在酒母罐中进行,因此对车间的环境卫生要求必须达到高标准。另外,使用前,对罐体、管道一定要进行灭菌,并须注意检查管道死角的灭菌效果。

(7)接种醋母

①可能存在的卫生问题。

此过程中醋母可能污染杂菌。

②控制措施。

保持车间环境卫生和选择优良的醋酸菌菌种。

(8)醋酸发酵

①可能存在的卫生问题。

醋酸发酵是依靠醋酸菌的作用,将酒精氧化生成醋酸。在此过程中,如果发酵池等不卫生,水分、温度、空气等管理不当时杂菌容易生长,醋醪表面易"长白头"、有异味,以及出现醋鳗、醋虱等。

A. 醋鳗。

醋鳗又名醋线虫,属于线虫类,灰白色,细如线状,雌虫为(1.5~2)mm×0.04 mm,雄虫为1 mm×0.03 mm,它们在食醋中像鳗鱼一样游来游去,生存期约为一年,对人体无毒害。但是,醋鳗对食醋的生产危害极大,它们吞食醋酸菌,不断在醋液中运动,阻碍菌膜的形成。成品醋污染醋鳗以后,会产生异臭味,使食醋的品质下降。醋鳗的入侵途径大多是以昆虫为媒介,从酿造用水及陈旧桶材中带来。

B. 醋蝇。

醋蝇是果蝇的一种,身体大小为家蝇的1/2~1/3,呈黄褐色,头部及背部为红褐色,有较大的红眼睛,它们是传播病菌的媒介。

C. 醋虱。

醋虱有两种,一种体形较大的为大醋虱,雌虱大小为1.5 mm×0.8 mm,雄虱大小为1 mm×0.5 mm,它们容易生长在发酵塔内木质填充料上部或发酵槽盖里面。另一种身体较小,雌虱为0.6 mm×0.32 mm,雄虱为0.51 mm×0.25 mm,雄虱有近似鲤鱼的赤褐色尾巴,又称鲤尾虱,它们经常生长在木桶里或发酵塔潮湿的外侧。醋虱吞食醋酸菌,妨碍醋酸发酵的正常进行,使醋酸度下降,产生不良气味。

②控制措施。

A. 醋鳗的控制。

为了防止醋鳗污染,要加强酿造用水的化验,必要时进行热处理,生产中使用的容器要经常日光暴晒,或用热水洗净后再用硫磺熏蒸。对已经污染醋鳗的食醋,可用超声波杀虫或加热杀虫。醋鳗的最适生长温度为 27~29℃,最高 34℃左右,在 37~40℃下加温 5 min,它们就呈麻痹状态,44℃下 1 min 便可死亡。杀虫后应过滤除去尸体。

B. 醋蝇的控制。

酿醋车间应安装纱门及纱窗防止醋蝇飞入,当有醋蝇飞入时应及时驱灭。

C. 醋虱的控制。

为了防止醋虱污染,要加强卫生管理,容器需经常刷洗,使用前要晒干或灭菌,在发酵塔的通气孔处,涂上萜烯类药剂,可起预防作用。

(9)封醅

①可能存在的卫生问题。

此过程中如果不及时封醅抑制醋酸菌的活动,或密封不严,醋酸可进一步氧化,并有异味产生。

②控制措施。

及时封醅并保持密封。

(10)淋醋

①可能存在的卫生问题。

淋醋池等不卫生会造成致病菌污染。

②控制措施。

保持淋醋池的清洁卫生。

(11)煎醋灭菌

①可能存在的卫生问题。

将澄清以后的清亮食醋加热,具有灭菌和改善风味的双重作用。此过程中,如果灭菌不彻底,细菌超标,会使食醋变质。

②控制措施。

彻底灭菌。一般煎醋时温度≥100℃,时间≥20 min。

(12)贮存(陈酿)

①可能存在的卫生问题。

高级食醋都有较长的陈酿期,经过长期陈酿的食醋称为陈醋。在陈酿过程中可能会由于贮存容器不清洁或总酸<5%,杂菌易生长。

②控制措施。

保持贮存容器的清洁卫生并使总酸在 5%以上,以便于抑制杂菌的生长。

(13)瓶子灭菌

①可能存在的卫生问题。当瓶子清洗不彻底时细菌易超标。

②控制措施。控制灭菌温度≥82℃,时间≥20s。

（14）灌装、加盖

当灌装机、管道和瓶盖不清洁时会造成细菌污染,另外灌装时瓶破裂会产生玻璃碎片,引起物理危害。因此,应对灌装机和管道彻底清洗与灭菌,并防止玻璃瓶破碎。

（15）包装入库

成品的贮藏与运输条件应符合国家标准和专业标准的规定,必须防止污染。贮藏期间应定期检查,保证质量。另外还应注意以下三点:

①食醋生产过程中允许使用某些食品剂,如为了抑制耐酸的霉菌在醋中生长并形成霉膜,以及为防止生产过程中污染醋虱、醋鳗等需要添加防腐剂。添加剂的使用剂量和范围应严格执行《食品安全国家标准　食品添加剂使用标准》。

②发酵菌种必须选择蛋白酶活力强、不产毒、不易变异的优良菌种,并对发酵菌种进行定期筛选、纯化及鉴定。为防止种曲霉变,应将其储存于通风、干燥、低温、清洁的专用房间。

③容器包装食醋具有一定的腐蚀性,故不应储存于金属容器或不耐酸的塑料包装材料中,以免溶出有害物质而污染食醋。盛装食醋的容器必须是无毒、耐腐蚀、易清洗、结构坚固,具有防雨、防污染措施,并经常保持清洁、干燥。回收的包装容器须无毒、无异味。灌装前包装容器应彻底清洗消毒,灌装后封口要严密,不得漏液,防止二次污染。

食醋加工过程的主要卫生问题及控制措施如表8-1所列。

表8-1　食醋加工过程的主要卫生问题及其控制措施一览表

工艺与流程	主要卫生问题	主要原因	控制措施	监测要点
原辅料验收	霉变、农残、碎石、金属等	所用原辅料是细菌、霉菌、寄生虫的寄主,在潮湿环境中易发生霉变;原料生长期间农药残留;可能会混入金属等杂质	拒收无合格证明的原辅料,煎醋工序杀菌,原料粉碎前除杂处理,淋醋工序过滤	原辅料检验报告
粉碎	致病菌污染	粉碎环境不清洁	在清洁干燥的环境下粉碎	粉碎车间卫生记录
蒸料	致病菌污染生长	蒸煮程度不够使致病菌残存,蒸锅残留导致杂菌生长污染下批原料	控制温度≥100℃、时间≥30 min	审核温度计和计时器
冷却	致病菌污染	冷却管道不洁及冷却时间过长均会染菌	保持冷却管道的清洁卫生,并控制冷却时间	冷却管道清洗记录;冷却记录
酒母制备	杂菌	车间卫生或罐体等不洁造成杂菌污染	保持车间清洁卫生,管道定期清洗消毒	管道清洗记录
酒精发酵	杂菌	酒母、麦曲污染杂菌,发酵温度不当杂菌生长,特别是需酸性产膜酵母使酒醪酸败	控制酒精发酵温度	酒精发酵车间过程控制记录

续表

工艺与流程	主要卫生问题	主要原因	控制措施	监测要点
接种酵母	杂菌	酵母污染杂菌	保持车间环境卫生和选择优良的醋酸菌菌种	车间卫生记录
醋酸发酵	杂菌、醋鳗、醋蝇、醋虱	发酵池等不卫生,水分、温度、空气等管理不当时杂菌容易生长	控制发酵温度(40±5)℃、时间18~22 d	醋酸发酵车间过程控制记录
封醅	杂菌、醋酸菌	不及时封醅抑制醋酸菌的活动,或密封不严,醋酸进一步氧化,并有异味产生	及时封醅并保持密封	封醅
淋醋	致病菌污染	淋醋池等不卫生造成致病菌污染	保持淋醋池的清洁卫生	淋醋池清洗记录
煎醋灭菌	致病菌污染	灭菌不彻底	控制灭菌温度≥100℃、时间≥20 min	审核温度计和计时器
贮存(陈酿)	杂菌	贮存容器不清洁或总酸<5%	保持贮存容器的清洁卫生并使总酸在5%以上	贮存容器清洗记录
瓶子灭菌	致病菌污染	清洗不彻底	温度≥82℃、时间≥20 s	审核温度计和计时器;洗瓶机运行记录
灌装、加盖灭封	致病菌污染、玻璃碎片	灌装机、管道和瓶盖不清洁会造成细菌污染,另外灌装时瓶破裂会产生玻璃碎片	对灌装和管道彻底清洗与灭菌,并防止玻璃瓶破碎	灌装车间生产记录

8.2.4 味精

8.2.4.1 概述

(1)产品类型

味精(谷氨酸钠≥80 g/100 g)是以碳水化合物(淀粉、大米、糖蜜等糖质)为原料,经微生物(谷氨酸棒杆菌等)发酵、提取、中和、结晶,制成的具有特殊鲜味的白色结晶或粉末。

(2)适用标准

GB 2720 《食品安全国家标准 味精》;GB 2760《食品安全国家标准 食品添加剂使用标准》;GB/T 5009.43《食品安全国家标准 味精中麸氨酸钠(谷氨酸钠)的测定》;GB 14881《食品安全国家标准 食品生产通用卫生规范》。

(3)卫生指标

总砷、铅、锌含量应符合相关要求。

8.2.4.2 味精的生产工艺

用小麦面筋或脱脂大豆在120℃下加盐酸分解约10 h,将分解产物盐酸盐取出再溶于水,用碱中和后即得到谷氨酸的钠盐,经活性炭脱色、真空浓缩后分出结晶即为成品。该工艺生产方法成本高,劳动强度大,损耗大,效率低。

味精生产具有周期长、过程复杂、使用原辅材料多、卫生要求高等特点。经过二十多年的发展,中国味精的生产已达到世界先进水平,产量居世界第一。然而,味精的卫生质量却令人甚忧。虽然大多数厂家都通过 ISO 9000 质量管理体系来改进生产,提高产率,降低成本,但是,许多厂家卫生质量意识淡薄,认为味精是纯度99%以上的结晶品,不需要对味精生产的卫生状况严格监控。有时为了增大产量,无视卫生要求,在本来狭窄的生产场所进行扩建,使卫生状况恶化,造成卫生事故频频发生,如味精成品有异味、夹杂异物,给消费者带来极大的危害。因此,有必要在味精生产中建立和实施有效的卫生质量保证体系。

在味精生产过程中关键控制环节主要有发酵控制和谷氨酸提取。容易出现的质量安全问题:谷氨酸含量未达到产品要求;成品中铅、锌、硫酸盐等超标。

8.2.4.3 发酵法生产味精的卫生问题及其控制措施

（1）原辅料

①原辅料中可能存在的卫生问题。

味精生产中使用的原辅材料种类繁多,包括主原料(淀粉、大米、糖蜜等)、酸碱、活性炭等。淀粉、大米、糖蜜在运输过程中可能受到污染,发生霉变、生虫、细菌污染、农药残留超标和渗入杂物等情况,都会产生有毒有害物质。酸碱、活性炭等化工辅料不是食品级产品或在运输过程中渗入杂物(如盐酸装船时,未彻底清洗槽箱),不使用食品级的产品会有可能引起味精成品中重金属超标。

②控制措施。

A. 所有化工原料必须使用食品级产品,并符合国家标准,没有国家标准的,应结合企业实际情况,制定内控标准,保证味精产品的安全。例如,活性炭中的锌含量不得超过 200 mg/kg。

B. 采购时应严格选择诚信度高的供应商,并索取产品检验合格证。供应商应相对稳定,以保证产品质量的稳定。

C. 做好原辅材料的入库验收记录,严禁不合格品入库。质检部门应对原辅材料进行抽检,不合格品严禁投入生产使用。

D. 原辅材料应分类存放,避免交叉污染,严格控制贮存条件和时间。

（2）种曲

味精使用的谷氨酸生产菌常用的有 ASI-1299 菌株、ASI-542 菌株、T6-13 菌株。曲种的好坏直接影响味精的质量,菌株必须经常鉴定,防止变异产毒,在培养扩大过程中,要尽量减少杂菌的污染。一旦发现污染必须立即停止使用。种曲室应保持整洁,定期进行消毒。新诱变的菌种在使用前,必须按要求进行鉴定,确认不产生毒素才能使用。

（3）加工

①可能出现的卫生问题。

在生产过程中,特别是味精精制阶段,生产前后不进行必要的清场和处理工作,会使异物混入。在生产现场附近进行维修或清洗其他设备,如没有进行隔离,会使部分机油、清洁剂混入成品或半成品中。在味精精制过程中,对脱色后留下的废炭不及时处理,尤其是在夏季,微生物会大量繁殖,腐败变臭,影响味精质量。加工用水未经处理,会造成大面积的成品污染。

②控制措施。

A. 在味精生产过程中,必须做好生产记录,避免交叉污染。

B. 在生产过程中,要定期检查设备运转是否良好,特别是对振筛筛网要每班定期检查,发现隐患要及时处理。

C. 脱色工段要严密监控活性炭滤布或炭柱的完整性,发现破漏,应迅速隔离在制品。脱色后的废炭要及时收集处理,炭柱或离子交换柱要定期清洗。

D. 干燥后的成品要及时包装,以免受潮。

E. 加工用水必须达到城市生活饮用水的标准。

另外,味精生产的车间地面应平坦,应用不透水耐腐蚀材料,要有排水沟,墙壁及天花板要涂防霉涂料,有供水设备,车间内保持清洁。所使用的工具、容器必须无毒、便于清洗、消毒。种子罐和发酵罐及其管道应每周进行清洗消毒。在生产过程中要防止杂菌及噬菌体污染,噬菌体在空气中能长期存在,由于人员和原料的携带,噬菌体能进入生产中各个环节。因此要加强空气净化系统的管理及消毒工作,防止空气带菌。

(4)成品包装

使用包装材料应无毒无害,符合各自的卫生要求。包装车间应干燥、清洁、有防尘、防蝇设备。操作人员应洗净双手,穿戴清洁的工作衣帽。

(5)贮存及运输

①贮存。

产品应贮存在干燥、通风良好的场所。不得与有毒、有害、有异味、易挥发、易腐蚀的物品同处贮存。

②运输。

运输产品时应避免日晒、雨淋,不得与有毒、有害、有异味或影响产品质量的物品混装运输。

8.2.4.4 杂菌的污染及控制措施

(1)杂菌的污染及防治

谷氨酸发酵,为细菌的纯种培养,在发酵过程中,除了生产用菌外,不允许有任何其他微生物侵入,如霉菌、酵母菌、放线菌及其他非生产用菌。生产中一旦侵入其他微生物,就会造成染菌。谷氨酸发酵染菌的结果,轻者影响产量及质量,重者造成倒罐,甚至停产,给工厂带来严重经济损失。因此,防治杂菌污染,是谷氨酸发酵中一项重要环节,必须引起重视。

（2）污染的原因及途径

①染菌的原因。

A. 从染菌的时间分析。早期染菌（即接种到发酵 12 h），除了种子不纯带菌外，主要是培养基或设备灭菌不彻底。发酵中、后期染菌，可能是中间补料染菌，或是设备渗漏及操作不合理造成的；也可能是空气过滤器不严所致。

B. 从染菌的类型分析。污染耐热的芽孢杆菌，多数是因为培养基灭菌不彻底或设备存在死角；污染无芽力、球菌等不耐热菌，可能是由冷凝水带入或空气过滤系统不严造成的；感染浅绿色菌，主要来源是水，可能是设备渗漏或冷凝器穿孔；感染霉菌，一般是由于灭菌不严格或无菌操作不严格。

C. 大批发酵罐染菌。是指工厂里所有的发酵罐全部染菌，而且是染同一类型的杂菌。主要原因是空气过滤系统除菌不净，空气带菌。

D. 部分发酵罐染菌。是指生产同一产品的几个发酵罐染菌。这种杂菌如果早期出现，可能是种子带菌；如果是中、后期出现，可能是流尿系统染菌或空气带菌所致。

E. 个别发酵罐连续染菌。主要原因是设备造成的，如阀门渗漏、罐体破损、蛇形管穿孔等。

F. 个别发酵罐偶然染菌这种情况比较复杂，各种染菌原因都可能引起。

根据谷氨酸发酵染菌的情况分析，主要原因是操作问题、设备问题（渗漏、穿孔、死角等）和空气问题（空气过滤器不严、过滤介质失效或受潮、灭菌不彻底），其次是种子问题，而培养基消毒不透的情况较少。

②染菌途径。

根据染菌原因分析，谷氨酸发酵染菌的途径如下：

A. 种子带杂菌。

B. 罐体及管件渗漏。常见的渗漏部位有：蛇形管穿孔、夹套式不锈钢衬里渗漏、管件法兰接合处渗漏、阀门渗漏等。

C. 出现死角造成消毒不彻底。

D. 空气过滤系统问题，如空压机漏油，油水分离器不能按时排油排水，过滤介质填充不紧、失效或受潮等都会引起无菌空气带菌。

E. 蒸汽压力与灭菌温度不一致，虽然压力已达到要求，由于未排净罐内冷空气，形成假压，实际温度没有达到灭菌要求，因而造成灭菌不彻底。

F. 操作不慎引起的染菌。

G. 环境污秽造成的染菌。

H. 污染了噬菌体而造成的染菌（后面介绍）。

（3）染菌的预防及补救

根据染菌的侵染原因，预防杂菌污染方法就是要消灭杂菌和阻断引起染菌的途径，使其消灭在萌芽之中，不致造成更广泛的污染。实践证明：主要应该从种子、设备、空气过滤系统、培养基灭菌及操作等方面入手,也可以筛选出抗药性的菌株,使其在添加药剂防止染菌的情况下,能进行正常发酵。

①染菌的预防。

A. 杜绝种子染菌。制备优度的、纯的、足够量的种子是取得发酵成功的关键。为此,必须对无菌室加强管理;严格执行接种、移种的无菌操作;在种子扩大培养的各个阶段要定时取样做无菌检查;还要定期用药剂灭菌,定期进行无菌程度的检查(一般用平板打开 30 min,经培养菌落不超过 3 个为合格)。对于各级种子罐培养,在灭菌后 0 h 开始,以后每隔 4~8 h 取样进行无菌检查一次,接入发酵罐的种子要确保无染菌。接种管道每次使用完后要彻底灭菌,然后用无菌空气保压待用。

B. 消灭设备和管道死角。死角是在杀菌中不容易杀到的地方,因此死角染菌往往是造成连续染菌的原因。当出现连续染菌时,对发酵罐及管道必须彻底清刷,彻底消灭死角。

C. 防止设备渗漏。每次上罐之前要进行检查,发现有怀疑的地方,要做试压,及时焊补。

D. 加强空气净化灭菌,确保进罐空气是无菌空气,谷氨酸发酵及种子培养过程,需要大量的无菌空气,因此,对空气过滤系统必须定时检查、定时灭菌。主要是对总过滤器和分过滤器灭菌。蒸汽灭菌后,要用热风吹干,检查无污染方可使用。

E. 加强操作管理和厂区、车间、设备的卫生管理制度。

F. 筛选抗药性菌种(一、二级种子加小剂量的抗菌素或醛类)。

G. 发现染菌罐,下次空消前,要加入甲醛用蒸汽熏蒸。甲醛的用量为 0.12~0.17 L/m³。

②染菌后的补救。

发现染菌,除了及时分析、找出原因、加以防治外,还要根据染菌的情况,采取及时挽救措施,具体做法是:

A. 发酵初期:染菌镜检发现球菌(革兰氏染色阳性、阴性、双联、四联、八联球菌),应放罐重消。

B. 发酵中期:有少量芽孢杆菌,但 OD 值正常,pH 值有升有降,耗糖一般,谷氨酸有产量(2%以上),则可加大通风量,按常规发酵到底。

C. 发酵后期:遇到 pH 值不升、耗糖加快、尿素随加随耗、谷氨酸不升或有降低时,确认染菌,一般不至于倒罐,可加热至 70~80℃后放罐。

总之,尽管在谷氨酸发酵中,造成染菌的原因是复杂的。但是,只要重视,工作认真负责,建立必要的规章制度,提前预防;遇到染菌仔细分析原因,堵塞漏洞,积极防治及采取妥善补救措施,就能控制杂菌污染。

(4)噬菌体的污染及控制措施

在谷氨酸发酵中,时常发生这样的情况:发酵开始时,菌体生长良好,后来突然急剧减少,短短几个小时内,数吨发酵液的菌体全部被破坏,不再积累谷氨酸,往往随着染菌、造成倒罐,甚至连续倒罐的现象。这主要是由于谷氨酸产生菌被一种微小的病毒——噬菌体侵染。

噬菌体的侵染,轻者减产,重者引起发酵液全部倒弃,造成严重损失。噬菌体侵染,是味精厂一大公害,必须引起高度重视。

①什么是噬菌体。

噬菌体是微生物的一种病毒,缺乏细胞结构,为非细胞类型,主要由核酸与蛋白质构成,是分子生物。它的体积很小,约为细菌的0.1%,所以,细菌过滤器与通常的介质空气过滤器不能将它除去,在光学显微镜下不能看到,只能借助电子显微镜才能观察到。它是专一的活菌寄生体,由于缺乏独立的代谢酶系,只能在特异性的寄主细胞中繁殖,不能脱离寄主而自行生长繁殖。噬菌体在自然界的分布很广,凡是细菌、放线菌生存的地方,都可以找到噬菌体。

②谷氨酸菌噬菌体主要特征。

A. 具有非常专一的寄生性。谷氨酸菌噬菌体只能在专一的寄主细胞中生长繁殖,只能在活的、处于繁殖阶段的细胞中生长繁殖,在死的、衰老的、处于休眠状态的或产酸型的细胞中以及细胞外,不能生长、繁殖。

B. 不耐热性。不同的噬菌体对热稳定性是不同的,一般噬菌体都不耐热,谷氨酸菌在60~65℃下10 min全部致死,而其噬菌体在70℃下5~10 min全部死亡。

C. pH 稳定性。噬菌体在不同 pH 条件下,其稳定性不同,在 pH 7.0~9.0 时较稳定;在 pH 6.0 以下和 pH 10.0 以上时不稳定,在 pH 4.0 以下时完全失活。

D. 嗜氧性。在低溶氧的条件下,其活性被抑制。

E. 对于干燥的稳定性。总的来说,噬菌体在干燥状态比在湿润状态稳定,在非常干燥的条件下,五个月以上仍然稳定。

F. 不耐药性。噬菌体对药物很敏感,0.5%甲醛、0.5%苯酚、1.5%漂白粉、1%石灰、1%双氧水、0.5%高锰酸钾、1%新洁尔灭等都可使谷氨酸菌噬菌体失活。

(5)噬菌体侵染的异常现象及早期预报

①噬菌体侵染的异常现象。

谷氨酸发酵中侵染噬菌体,由于侵染时间和感染量不同,以及噬菌体"毒力"和菌株敏感性的差异,表现的异常现象也不一样,一般会出现"二高三低",即 pH 高、残糖高;温度低、OD 值低、谷氨酸产量低。

②噬菌体污染的早期预报。

A. 定期测定空气与二级种子液中的噬菌体浓度是预知发酵是否污染噬菌体的标志。在连续使用特定菌株进行谷氨酸发酵时,首先是空气中噬菌体浓度的增加,数月后种子罐噬菌体浓度急剧增加,随之是主发酵罐噬菌体检出浓度增加。当空气中噬菌体的浓度达到每个平板 10~20 PFU、二级种子罐噬菌体浓度为 40~50 PFU/mL 时,不久就会对主发酵罐发生溶菌。所以,对空气与二级种子液中噬菌体进行检查,就能知道环境的噬菌体污染程度,也就知道主发酵罐中噬菌体的发生。

B.发酵、提取与精制异常现象预报。噬菌体污染需要积累到一定浓度,才会造成严重危害。实际上在面临危险之前,无论是发酵还是提取与精制都会出现很多异常现象,这是最好的预报。根据这些预报,及时采取措施,就能抢在噬菌体泛滥之前消灭它。

(6)噬菌体侵染的预防及挽救

①预防。

噬菌体的防治是一项系统工程。从原辅料、水解糖质量、消毒灭菌、种子检查、空气净化系统、严格活菌体排放、环境卫生、设备管路及死角、车间布置及职工责任心等诸方面,都必须分段把关,才能做到根治噬菌体。

A.严格活菌体排放,切断噬菌体的"粮源"。对摇瓶液、测样后废液、洗罐后废弃液,严禁随意排放,杜绝隐患。对排气、发酵逃液,应集中于密闭水封池内,经灭菌后由管道排入阴沟。对提取车间废弃母液,要加强管理,不得任意排放。

B.搞好环境卫生,消灭噬菌体及杂菌。采取以环境净化为中心的综合性防治方法,建立工厂环境卫生制度,消灭环境中的噬菌体及杂菌,清除噬菌体赖以生存的发展条件。

C.严防噬菌体进入种子罐及发酵罐内。把好种子关,种子室要远离发酵车间,加强噬检工作。搞好空气净化系统,采取高空采风、预过滤、二级冷却、二级油水分离及空气进总过滤器前增加加热设备,确保进入种子罐和发酵罐的空气无污染。

②挽救措施。

谷氨酸发酵前期污染了噬菌体,不耗糖、不产酸、pH值高,可采用以下挽救措施。

A.并罐法。利用噬菌体只能在处于生长繁殖旺盛期的细胞中增殖的特点,在发现发酵初期污染噬菌体时,可采用并罐处理。即将其中正常发酵罐中在16~18 h的发酵液,以等体积混合后分别发酵。利用其活力旺盛的种子,不需要进行加热灭菌,也不另外补种,便可正常发酵。但应注意的是,并入发酵罐的发酵液不能染菌,否则两罐都将染菌。

B.罐内灭噬菌体法。发现噬菌体后,停止搅拌,小通风,降低pH(用盐酸不能用泛酸),间接加热至70~80℃,并自顶盖计量器管道通入蒸汽,自排气口排出。因噬菌体不耐热,加热发酵液可以消灭发酵液中的噬菌体,通蒸汽可以杀灭发酵罐空间的噬菌体。冷却后如pH值过高,停止搅拌,小通风,降pH值,再接入二倍量以上的原菌种,至pH值正常后,开动搅拌,继续发酵。

C.放罐重消毒。发现噬菌体,放罐;调pH值,补加玉米浆(为正常用量的1/2),再加入水解糖1/3,重新灭菌,适当降温,然后接入2%的种子,继续发酵。

D.轮换菌种或使用抗性菌株。发现噬菌体后,停止搅拌,小通风,降低pH值,立即培养要轮换的种子或抗性菌株,培养好后接入发酵罐,并补加正常量的玉米浆、磷酸盐及镁盐,如pH值偏高,不开搅拌,适当通风,直至pH值正常、OD值增长,随后再开动搅拌进行发酵。

E.有时菌种斜面本身含有自由噬菌体,可在含有1%~1.5%柠檬酸钠的肉汤培养基平板上进行几次接种。用这种方法可以从个别长大的菌落中获得不含噬菌体的菌株。

当噬菌体污染严重时,上述方法已无法解决,应调换菌种或停产,全部彻底消毒,再恢复生产。

味精加工过程的主要卫生问题及其控制措施一览表如表 8-2 所列。

图 8-2 味精加工过程的主要卫生问题及其控制措施一览表

工艺与流程	主要卫生问题	主要原因	控制措施	监测要点
原辅料验收	霉变、生虫、细菌污染、农药残留超标和渗入杂物,以及重金属超标	原辅料在贮存、运输过程中受到污染;不使用食品级的产品会有可能引起味精成品中重金属超标	所使用的原辅料其质量必须符合各自的卫生标准;所有化工原料必须使用食品级产品	原辅料验收单
糖化	杂菌	生产环境及生产设备不清洁	对生产场所进行定期清洗与消毒	车间、设备清洗消毒记录
发酵	杂菌、噬菌体	种子不纯带菌,或是培养基或设备灭菌不彻底;发酵中、后期染菌,可能是中间补料染菌,设备渗漏及操作不合理,空气过滤器不严	杜绝种子染菌;消灭设备和管道死角;防止设备渗漏;加强空气净化灭菌;加强操作管理和厂区、车间以及设备的卫生管理制度;筛选抗药性菌种(一、二级种子加小剂量的抗菌素或醛类)	发酵车间控制记录

思考题

1. 酱油生产中原辅料易出现哪些卫生问题,可采取什么控制措施?
2. 食醋生产中原辅料易出现哪些卫生问题,可采取什么控制措施?
3. 醋酸发酵过程中容易出现哪卫生问题,应该采取哪些预防措施?
4. 味精的卫生控制主要从哪些方面着手?

参考文献

[1]李平兰,王成涛.发酵食品安全生产与品质控制[M].北京:化学工业出版社,2005.
[2]董胜利.酿造调味品生产技术[M].北京:化学工业出版社,2003.

9　食品添加剂对食品卫生的影响

本章学习目的与要求

1. 了解食品添加剂的类型。

2. 掌握食品添加剂的使用原则和不同。

3. 了解食品添加剂的适用范围和使用量。

课程思政目标

1. 食品添加剂在食品加工过程中起着重要的作用,但也存在弊端,我们需要辩证地看待食品添加剂问题,既看到其正面效应,又看到其负面效应,培养行业责任感。

2. 食品添加剂的毒性效应都是由剂量大小决定的,只有达到一定量时才能对健康产生影响。所以我们要懂得适度的重要性,同时科学、理性地对待食品安全问题,不信谣不传谣。

3. 事物是不断发展变化的,随着科学技术的不断发展和人们研究的深入,新的知识会不断出现,我们要用发展的眼光看待食品添加剂问题。

在全面建成小康社会的今天,人们对食品有了更新、更高的要求,食品添加剂作为能改善食品色、香、味,增加食品营养性,改善食品加工条件,延长食品保存期的重要物质,被广泛应用于食品加工的各个领域。

"民以食为天,食以安为先",人们对食品安全的关注越来越高。尤其近年食品添加剂安全事件屡有发生,再加上公众对食品添加剂的认知存在误区,很多非法添加物被认为成食品添加剂。因此,提高公众对于食品添加剂的认知水平,任重道远。

概述

9.1.1　食品添加剂的定义

按照《食品安全国家标准　食品添加剂使用标准》GB 2760—2014 中的术语和定义:食品添加剂是指为改善食品品质和色、香、味,以及为防腐、保鲜和加工工艺的需要而加入食品中的人工合成或者天然物质。食品用香料、胶基糖果中基础剂物质、食品工业用加工助剂也包括在内。

9.1.2 食品添加剂在食品工业中的作用

"没有食品添加剂,就没有现代食品工业",现代商品社会中,人们对食品的多样化、方便化、营养化和安全性有了更高的要求,食品添加剂在提高食品的色泽、口感、组织结构、营养、延长保质期等方面有着极为重要的作用。

(1)防止食品腐败变质

防腐剂可以防止由微生物引起的食品腐败变质,延长食品的保存期,同时还具有防止由微生物污染引起的食物中毒作用。抗氧化剂可阻止或推迟食品的氧化变质,以提供食品的稳定性和耐藏性,同时也可防止可能有害油脂自动氧化物质的形成。此外,还可用来防止食品,特别是水果、蔬菜的酶促褐变与非酶褐变。这些对食品的保藏都是具有一定意义的。

(2)提高和改善食品的感官性状

适当使用着色剂、护色剂、漂白剂、食用香料、乳化剂、增稠剂等食品添加剂,可以明显提高食品的感官质量,满足人们的不同需要。

(3)保持提高食品营养价值

在食品加工时适当地添加某些属于天然营养范围的食品营养强化剂,可以大大提高食品的营养价值,这对防止营养不良和营养缺乏、促进营养平衡、提高人们健康水平具有重要意义。

(4)增加品种和方便性

随着社会的发展,人们对食品的方便些和多样化要求越来越高。食品添加剂通过在食品中科学合理的应用,增加了食品花色品种,而且在食品的速煮、速溶等食品的方便性上也发挥着重要作用。

(5)方便食品加工

在食品加工中使用消泡剂、助滤剂、稳定剂和凝固剂等,可有利于食品的加工操作。例如,当使用葡萄糖酸δ内酯作为豆腐凝固剂时,有利于豆腐生产的机械化和自动化。

(6)其他特殊需要

食品应尽可能满足人们的不同需求。例如,糖尿病人不能吃糖,可用无营养甜味剂或低热能甜味剂(如三氯蔗糖或天门冬酰苯丙氨酸甲酯)制成无糖食品供应。

9.1.3 食品添加剂的安全性

2015年版《中华人民共和国食品安全法(以下称食品安全法)》第四章第四十条规定:食品添加剂应当在技术上确有必要且经过风险评估证明安全可靠,方可列入允许使用的范围;有关食品安全国家标准应当根据技术必要性和食品安全风险评估结果及时修订。食品生产经营者应当按照食品安全国家标准使用食品添加剂。

食品添加剂的安全性是指食品添加剂在规定的使用方式和用量条件下,对人体健康不产生损害,即不引起急性、慢性中毒,也不至于对接触者(包括老、弱、病、幼和孕妇)及其后代产生潜在危害。

9.1.3.1 食品添加剂的毒性

大多数食品添加剂不是天然物质,而是利用化学反应得到的物质,有些食品添加剂具有毒性,使用前需对其进行安全评价。安全性评价是根据有关法规与卫生要求,以食品添加剂的理化性质、质量标准、使用效果、使用范围、使用量、毒理学评价结果等为依据而做出的综合性评价。评价指标主要包括每日允许摄入量(ADI)、动物的半数致死量(LD_{50})、最大无作用剂量(MNL)。

(1)急性、慢性中毒

食品添加剂的过量使用或有毒杂质含量过高时能引起人类急性、慢性中毒,如肉类制品中的亚硝酸盐过量会导致人体血红蛋白发生改变,导致其携氧能力下降,出现缺氧等症状。日本的森永奶粉事件就是使用了含砷过高的添加剂,使奶粉中含砷过高,引起1万多名婴儿中毒。作为抗氧化剂的丁基羟基茴香醚可在体内蓄积,对机体可能造成的潜在性危害值得注意。

(2)过敏反应

过敏反应是机体对某些抗原初次应答后,再次接受相同抗原刺激时所发生的一种以生理功能紊乱或者组织细胞损伤为主的特异性免疫应答。如苯甲酸、山梨酸、柠檬黄、日落黄、BHT、BHA等添加剂可能引起慢性和周期性荨麻疹或血管性水肿。

(3)致癌、致畸、致突变

目前尚未有证据表明食品添加剂和人类肿瘤的发生有直接关系,但很多动物实验已经证实大剂量食用食品添加剂能诱使动物发生肿瘤。如亚硝酸盐与仲胺能在动物和人的胃中合成亚硝胺。许多亚硝胺对实验动物有很强的致癌作用,甚至可通过乳汁或胎盘遗传给下代动物。

"剂量即毒物",任何物质超过一定的摄入量,都可能会出现毒性,而在一定的计量下不会出现毒性。一种物质能够被国家批准为食品添加剂,首先就要具备两个基本原则:一是安全性,正常使用条件下不会对任何人群造成健康损害;二是必要性,也就是说加入食品添加剂可以为食品带来好处,比如延长保质期、改善风味等都是必要的。

9.1.3.2 按食品添加剂安全性评价分类

食品添加剂按照安全性评价划分,可分为A、B、C三类,每类再细分为1、2两类。

A类:JECFA已制定了人体每日允许摄入量(ADI)和暂定ADI者。其中,A1类:经JECFA评价认为毒理学资料清楚,已制定出ADI值或者认为毒性有限无须规定;A2类:JECFA已制定暂定ADI值,但毒理学资料不够完善,暂时许可用于食品者。

B类:JECFA曾进行过安全评价,但未建立ADI值,或者未进行过安全评价者。其中,B1类:JECFA曾进行过评价,因毒理学资料不足未制定ADI值者;B2类:JECFA未进行过评价者。

C 类:JECFA 认为在食品中使用不安全或应该严格限制作为某些食品的特殊用途者。其中,C1 类:JECFA 根据毒理学资料认为在食品中使用不安全者;C2,JECFA 认为应严格限制在某些食品中作特殊使用者。

9.1.3.3 食品添加剂可能造成的食品安全问题

科学合理地使用食品添加剂应该是有益无害的。但是目前我国食品添加剂使用不规范的现象仍时有发生。

原卫生部分别于 2008 年 12 月、2009 年 2 月、2009 年 5 月、2010 年 3 月、2011 年 1 月、2011 年 6 月发布了食品中可能滥用的食品添加剂品种名单和可能违法添加的非食用物质名单(表 9-1 和表 9-2)。

表 9-1　食品加工中可能滥用的食品添加剂品种名单

序号	食品品种	可能滥用的添加剂[a] 品种
1	渍菜(泡菜类)	着色剂(胭脂红、柠檬黄、诱惑红、日落黄等)
2	水果冻、蛋白冻类	着色剂、防腐剂、酸度调节剂(己二酸等)
3	腌菜	着色剂、防腐剂、甜味剂(糖精钠、甜蜜素等)
4	面点、月饼	馅中乳化剂(蔗糖脂肪酸酯、乙酰化单甘脂肪酸酯等)、防腐剂、着色剂、甜味剂
5	面条、饺子皮	面粉处理剂
6	糕点	铝膨松剂(硫酸铝钾、硫酸铝铵等)、水分保持剂磷酸盐类(磷酸钙、焦磷酸二氢二钠等)、增稠剂(黄原胶、黄蜀葵胶等)、甜味剂(糖精钠、甜蜜素)
7	馒头	漂白剂(硫磺熏蒸)
8	油条	铝膨松剂(硫酸铝钾、硫酸铝铵)
9	肉制品和卤制熟食	护色剂(硝酸盐、亚硝酸盐)
10	小麦粉	二氧化钛、硫酸铝钾、滑石粉
11	臭豆腐等	硫酸亚铁
12	乳制品(除干酪外)	防腐剂(山梨酸、纳他霉素)
13	蔬菜干制品	硫酸铜掩盖伪劣产品
14	鲜瘦肉	在流通中使用着色剂(胭脂红)
15	大黄鱼、小黄鱼	在流通中使用着色剂(柠檬黄)
16	陈粮、米粉等	在流通、餐饮中使用漂白剂、防腐剂、保鲜剂(焦亚硫酸钠)
17	烤鱼片、冷冻虾、烤虾、鱼干、鱿鱼丝、蟹肉、鱼糜等	在流通、餐饮中使用漂白剂、防腐剂(亚硫酸钠)
18	酒类(配制酒除外)	甜味剂(甜蜜素、安赛蜜)
19	面制品和膨化食品	铝膨松剂
20	葡萄酒	着色剂(胭脂红、柠檬黄、诱惑红、日落黄等)
21	腌肉料和嫩肉粉类产品	亚硝酸盐

注　[a] 表示可能滥用的添加剂包括超限量或超范围使用食品添加剂。

表 9-2 食品中可能违法添加的非食用物质黑名单

序号	名称	主要成分	可能添加的主要食品类别	可能的主要作用
1	吊白块	次硫酸钠甲醛	腐竹、粉丝、面粉、竹笋	增白、保鲜、增加口感、防腐
2	苏丹红	苏丹红 I	辣椒粉、含辣椒类的食品（辣椒酱、辣味调味品）	着色
3	王金黄、块黄	碱性橙 II	腐皮	着色
4	蛋白精、三聚氰胺		乳及乳制品	虚高蛋白含量
5	硼酸与硼砂		腐竹、肉丸、凉粉、凉皮、面条、饺子皮	增筋
6	硫氰酸钠		乳及乳制品	保鲜
7	玫瑰红 B	罗丹明 B	调味品	着色
8	美术绿	铅铬绿	茶叶	着色
9	碱性嫩黄		碱性嫩黄	着色
10	酸性橙		卤制熟食	着色
11	工业用甲醛		海参、鱿鱼等干水产品、血豆腐	改善外观和质地
12	工业用火碱	工业用火碱	海参、鱿鱼等干水产品、生鲜乳	改善外观和质地、防腐
13	一氧化碳		金枪鱼、三文鱼	改善色泽
14	硫化钠		味精	漂白
15	工业硫磺		白砂糖、辣椒、蜜饯、银耳、龙眼、胡萝卜、姜等	漂白、防腐
16	工业染料		小米、玉米粉、熟肉制品等	着色
17	罂粟壳	吗啡、那可丁、可卡因、罂粟碱	火锅、火锅底料及小吃类	兴奋剂
18	革皮水解物	皮革水解蛋白	乳与乳制品、含乳饮料	增加蛋白质含量
19	溴酸钾	溴酸钾	小麦粉	增筋
20	过氧化苯甲酰	过氧化苯甲酰	小麦粉、馒头	增筋、增白
21	β-内酰胺酶（金玉兰酶制剂）	β-内酰胺酶	乳与乳制品	掩蔽抗生素
22	富马酸二甲酯	富马酸二甲酯	糕点	防腐、防虫
23	废弃食用油脂		食用油脂	掺假
24	工业用矿物油		陈化大米	改善外观
25	工业明胶		冰激凌、肉皮冻等	改善形状、掺假
26	工业酒精		勾兑假酒	降低成本
27	敌敌畏		火腿、鱼干、咸鱼等制品	驱虫
28	毛发水		酱油等	掺假

序号	名称	主要成分	可能添加的主要食品类别	可能的主要作用
29	工业用乙酸	游离矿酸	勾兑食醋	调节酸度
30	山梨酸	山梨酸	乳制品（除干酪外）	防腐
31	纳他霉素	纳他霉素	乳制品（除干酪外）	防腐
32	硫酸铜	硫酸铜	蔬菜干制品	掩盖伪劣产品
33	β-兴奋剂类药物	盐酸克伦特罗（瘦肉精）、莱克多巴胺等	猪肉、牛羊肉及肝脏等	养殖中提高瘦肉率
34	硝基呋喃类药物	呋喃唑酮、呋喃它酮、呋喃西林、呋喃妥因	猪肉、禽肉、动物性水产品	养殖中用于抗感染
35	玉米赤霉醇	玉米赤霉醇	牛羊肉及肝脏、牛奶	养殖中用于促进生长
36	抗生素残渣	万古霉素	猪肉	养殖中抗感染
37	镇静剂	氯丙嗪安定	猪肉	镇静、催眠、减少能耗
38	荧光增白剂		双孢蘑菇、金针菇、白灵菇、面粉	增白
39	工业氯化镁	氯化镁	木耳	增加重量
40	磷化铝	磷化铝	木耳	防腐
41	馅料原料漂白剂	二氧化硫脲	焙烤食品	漂白
42	酸性橙Ⅱ		黄鱼、鲍汁、腌卤肉制品、红壳瓜子、辣椒面和豆瓣酱	增色
43	氯霉素	磺胺类、喹诺酮类、氯霉素、四环素、β-内酰胺类	生食水产品、肉制品、猪肠衣、蜂蜜	在餐饮中用于杀菌防腐
44	抗生素	磺胺类、喹诺酮类、氯霉素、四环素、β-内酰胺类	生食水产品、肉制品、猪肠衣、蜂蜜	在餐饮中用于杀菌防腐
45	喹诺酮类	喹诺酮类	麻辣烫类食品	在餐饮中用于杀菌防腐
46	孔雀石绿	孔雀石绿	鱼类	在流通、餐饮中用于抗感染
47	水玻璃	硅酸钠	面制品	在餐饮中用于增加韧性
48	乌洛托品	六亚甲基四胺	腐竹、米线等	在加工中用于防腐
49	喹乙醇	喹乙醇	水产养殖饲料	在养殖中用于促生长
50	五氯酚钠	五氯酚钠	河蟹	在养殖中用于灭螺、清除野杂鱼

序号	名称	主要成分	可能添加的主要食品类别	可能的主要作用
51	碱性黄	硫代黄素	大黄鱼	在流通中用于染色
52	磺胺二甲嘧啶	磺胺二甲嘧啶	叉烧肉类	在餐饮中用于防腐
53	敌百虫	敌百虫	腌制食品	在加工中用于防腐

该名单仅为相关部门开展专项整治提供线索,并不能涵盖行业内存在的所有违法添加非食用物质和滥用食品添加剂问题。各食品安全监管部门在监督执法和处理案件过程中,要注意收集当地违法添加非食用物质和滥用食品添加剂的情况,报领导小组办公室及时增补相关信息,适时予以通报。

(1)超范围、超限量使用食品添加剂

超范围是指超出强制性国家标准规定的食品中可以使用的食品添加剂的种类和范围。如国家标准中要求茶、咖啡中不准使用食用香料、香精,但一些企业仍非法添加,从中牟取暴利。

超限量是指超出强制性国家标准规定的食品中可以使用的食品添加剂最大使用量。如不法商家会在卤肉制品中超限量使用亚硝酸盐。

(2)使用劣质、过期及污染的食品添加剂

劣质食品添加剂主要来源于违法使用食品添加剂生产企业,其生产的产品不符合食品添加剂强制性国家标准。

过期及污染的食品添加剂主要是由企业生产管理不当造成的。过了保质期或污染的食品添加剂,往往会因为其污染物或质量下降对产品质量和消费者的健康产生危害。

(3)违法添加非食用物质

目前我国违法添加非食用物质造成的食品安全问题事件多、影响大(如吊白块、三聚氰胺、塑化剂等),再加上公众对于食品添加剂的认知存在着误区,使得食品添加剂成了非法添加物的替罪羊。

9.1.4 食品添加剂的使用原则

依据《食品安全国家标准　食品添加剂使用标准》GB 2760—2014,食品添加剂的使用原则如下:

9.1.4.1 食品添加剂使用时应符合以下基本要求

①不应对人体产生任何健康危害。

②不应掩盖食品腐败变质。

③不应掩盖食品本身或加工过程中的质量缺陷,或以掺杂、掺假、伪造为目的而使用食品添加剂。

④不应降低食品本身的营养价值。

⑤在达到预期效果的前提下尽可能降低在食品中的使用量。

9.1.4.2　在下列情况下可使用食品添加剂

①保持或提高食品本身的营养价值。

②作为某些特殊膳食用食品的必要配料或成分。

③提高食品的质量和稳定性,改进其感官特性。

④便于食品的生产、加工、包装、运输或贮藏。

9.1.4.3　食品添加剂质量标准

按照本标准使用的食品添加剂应当符合相应的质量规格要求。

9.1.4.4　带入原则

在下列情况下食品添加剂可以通过食品配料(含食品添加剂)带入食品中。

①根据本标准,食品配料中允许使用该食品添加剂。

②食品配料中该添加剂的用量不应超过允许的最大使用量。

③应在正常生产工艺条件下使用这些配料,并且在食品中该添加剂的含量不应超过由配料带入的水平。

④由配料带入食品中的该添加剂的含量应明显低于直接将其添加到该食品中通常所需要的水平。

当某食品配料作为特定终产品的原料时,批准用于上述特定终产品的添加剂允许添加到这些食品配料中,同时该添加剂在终产品中的量应符合本标准的要求。在所述特定食品配料的标签上应明确标示该食品配料用于上述特定食品的生产。

9.1.5　常见的食品添加剂

常见的食品添加剂如有防腐剂、抗氧化剂、着色剂、护色剂、漂白剂、调味剂等。

9.1.5.1　防腐剂

食品防腐剂是防止食品腐败变质、延长食品贮存期的物质。从防腐剂的组成和来源来看,主要有化学防腐剂和生物防腐剂。最常用的为化学防腐剂,又可以分为有机化学防腐剂和无机化学防腐剂。

(1)防腐剂的作用机理

食品防腐剂的防腐效果与食品的水分、pH、温度、盐浓度及营养成分等密切相关。食品防腐剂是通过杀死或抑制微生物增殖,来达到有效防止或延缓腐败的目的。其防腐的作用机理如下。

①干扰微生物细胞的遗传机制。

②影响微生物细胞壁和细胞膜的形成及完整性。

③降低微生物的代谢酶活力。

④使微生物的蛋白质变性或凝固而导致微生物无法存活。

（2）常用的食品防腐剂

常用的食品防腐剂包括苯甲酸及其钠盐、山梨酸及其钾盐、对羟基苯甲酸酯类、脱氢乙酸及其钠盐、乳酸链球菌素等。

①苯甲酸及其钠盐。

苯甲酸为白色结晶或粉末，常温下难溶于水，溶于乙醇、丙醇等有机溶剂。由于苯甲酸难溶于水，使用时常制成苯甲酸钠后使用。苯甲酸杀菌、抑菌效果随介质的酸度增高而增强，防腐效果的最适 pH 为 2.5~4.0。

苯甲酸毒性：大鼠经口 LD_{50} 为 2700~4400 mg/kg（体重），ADI 为 0~5 mg/kg（体重，以苯甲酸计）。在人体内可通过尿液排出体外，不产生蓄积。

《食品安全国家标准　食品添加剂使用标准》GB 2760—2014 规定的苯甲酸及其钠盐使用标准见表 9-3。

表 9-3　苯甲酸及其钠盐使用标准

食品添加剂名称（代码）	使用范围及食品分类号	最大使用量/（g·kg⁻¹）	备注
苯甲酸及其钠盐（17.001,17.002）	碳酸饮料（14.04）、特殊用途饮料（14.07）	0.2	以苯甲酸计，固体饮料按稀释倍数增加使用量
	配制酒（15.02）	0.4	
	蜜饯凉果（04.01.02.08）	0.5	
	复合调味料（12.10）	0.6	
	除胶基糖果以外的其他糖果（05.02.02）、果酒（15.03.03）	0.8	
	风味冰、冰棍类（03.03）；果酱（罐头除外）（04.01.02.05）；腌渍的蔬菜（04.02.02.03）；调味糖浆（11.05）；醋（12.03）；酱油（12.04）；酱及酱制品（12.05）；半固体复合调味料（12.10.02）；液体复合调味料（不包括12.03,12.04）（12.10.03）；风味饮料（14.08）；蛋白饮料（14.03）；茶、咖啡、植物（类）饮料（14.05）；果蔬汁（浆）饮料（14.02.03）	1.0	
	胶基糖果（05.02.01）	1.5	
	浓缩果蔬汁（浆）（仅限食品工业用）（14.02.02）	2.0	

②山梨酸及其钾盐。

山梨酸为无色或白色晶体粉末，无臭或略带刺激性臭味，微溶于水，在食品中常以其钾盐的形式使用。

山梨酸的毒性：大鼠经口 LD_{50} 为 1050 mg/kg（体重），ADI 为 0~25 mg/kg（体重）。在人体内极易氧化分解而排出体外。山梨酸是使用最多的防腐剂，可用于绿色食品的加工和贮藏中，是目前被认为的最安全的食品防腐剂之一。

《食品安全国家标准　食品添加剂使用标准》GB 2760—2014 规定的山梨酸及其钾盐使用标准见表9-4。

9.1.5.2　抗氧化剂

在食品的贮藏和运输过程中，氧化是导致食品劣变的重要因素，食品氧化变质主要包括油脂的氧化酸败和食品的酶促褐变。食品抗氧化剂是指能防止或延缓油脂或食品成分氧化分解、变质，提高食品稳定性的物质。

表 9-4　山梨酸及其钾盐使用标准

食品添加剂名称(代码)	使用范围及食品分类号	最大使用量	备注
山梨酸及其钾盐(17.003,17.004)	熟肉制品(08.03)、预制水产品(半成品)(09.03)	0.075 g/kg	以山梨酸计，固体饮料按稀释倍数增加使用量；如用于果冻粉，按冲调倍数增加使用量
	葡萄酒(15.03.01)	0.2 g/kg	
	配制酒(15.02)	0.4 g/kg	
	风味冰、冰棍类(03.03);经表面处理的鲜水果(04.01.01.02);蜜饯凉果(04.01.02.08);经表面处理的新鲜蔬菜(04.02.01.02);加工食用菌和藻类(04.03.02);酱及酱制品(12.05);胶原蛋白肠衣(16.03);饮料类(14.01包装饮用水类除外)(14.0);果冻(16.01)	0.5 g/kg	
	果酒(15.03.03)	0.6 g/kg	
	配制酒(仅限青稞干酒)(15.02)	0.6 g/L	
	干酪和再制干酪及其类似品(01.06);氢化植物油(02.01.01.02);人造黄油(人造奶油)及其类似制品(如黄油和人造黄油混合品)(02.02.01.02);果酱(04.01.02.05);腌渍的蔬菜(04.02.02.03);豆干再制品(04.04.01.03);除胶基糖果以外的其他糖果(05.02.02);面包(07.01);糕点(07.02);焙烤食品馅料及表面用挂浆(07.04);风干、烘干、压干等水产品(09.03.04);调味糖浆(11.05);醋(12.03);酱油(12.04);复合调味料(12.10);新型豆制品(大豆蛋白及其膨化食品、大豆素肉等)(04.04.01.05);熟制水产品(可直接食用)(09.04);其他水产品及其制品(09.06);乳酸菌饮料(14.03.01.03)	1.0 g/kg	
	蛋制品(改变其物理性状)(10.03);其他杂粮制品(仅限杂粮灌肠制品)(06.04.02.02);方便米面制品(仅限米面灌肠制品)(06.07);胶基糖果(05.02.01);肉灌肠类(08.03.05)	1.5 g/kg	
	浓缩果蔬汁(浆)(仅限食品工业用)(14.02.02)	2.0 g/kg	

（1）抗氧化剂的作用机理

食品抗氧化剂的种类很多。抗氧化的作用机理是比较复杂的也不尽相同，总结下来，其作用机理有以下方面。

①提供氢原子来阻断食品油脂自动氧化的连锁反应。

②通过抗氧化剂自身被氧化，消耗食品内部和环境中的氧气从而使食品不被氧化。

③破坏、抑制氧化酶的活性。

④络合催化氧化反应的金属离子，减少金属离子对氧化反应的催化活性。

（2）常用的食品抗氧化剂

①丁基羟基茴香醚（BHA）。

丁基羟基茴香醚为无色至微黄色蜡样结晶或粉末，不溶于水，可溶于油脂和有机溶剂。BHA 对热的稳定性高，在弱碱性条件下不容易破坏，因此在焙烤食品中效果较明显。

丁基羟基茴香醚毒性：大鼠经口 LD_{50} 为 2000 mg/kg（体重），ADI 为 0~0.5 mg/kg（体重）。

《食品安全国家标准　食品添加剂使用标准》GB 2760—2014 规定的丁基羟基茴香醚的使用标准见表 9-5。

表 9-5　抗氧化剂使用标准

食品添加剂 名称（代码）	使用范围及食品分类号	最大使用量/ （g·kg⁻¹）	备注
BHA、BHT、TBHQ	脂肪、油和乳化脂肪制品（02.0）；基本不含水的脂肪和油（02.01）；熟制坚果与籽类（仅限油炸坚果与籽类）（04.05.02.01）；坚果与籽类罐头（04.05.02.03）；油炸面制品（06.03.02.05）；方便米面制品（06.07）；饼干（07.03）；腌腊肉制品类（如咸肉、腊肉、板鸭、中式火腿、腊肠）（08.02.02）；风干、烘干、压干等水产品（09.03.04）；膨化食品（16.06）	0.2	以油脂中的含量计
PG		0.1（只针对 PG）	
BHA	杂粮粉（06.04.01）	0.2	
	固体复合调味料（仅限鸡肉粉）（12.10.01）		
BHT	干制蔬菜（仅限脱水马铃薯粉）（04.02.02.02）	0.2	
TBHQ	月饼（07.02.03）；焙烤食品馅料及表面用挂浆（07.04）	0.2	
BHA、BHT、PG	胶基糖果（05.02.01）	0.4	
BHA、BHT	即食谷物，包括碾轧燕麦（片）（06.06）	0.2	
PG	固体复合调味料（仅限鸡肉粉）（12.10.01）	0.1	
BHA、BHT、TBHQ、山梨酸及其钾盐	蛋制品（改变其物理性状）（10.03）；其他杂粮制品（仅限杂粮灌肠制品）（06.04.02.02）；方便米面制品（仅限米面灌肠制品）（06.07）；胶基糖果（05.02.01）；肉灌肠类（08.03.05）	1.5	
	浓缩果蔬汁（浆）（仅限食品工业用）（14.02.02）	2.0	

②二丁基羟基甲苯（BHT）。

二丁基羟基甲苯为无色至白色结晶或粉末，无臭，无味，不溶于水与甘油，可溶于乙醇和各种油脂。化学稳定性好，热稳定性好，抗氧化效果好，与金属反应不着色。在弱碱性条件下不容易破坏，因此在焙烤食品中效果较明显。

BHT 毒性：大鼠经口 LD_{50} 为 2000 mg/kg（体重），ADI 为 0~0.3 mg/kg（体重）。BHT 比 BHA 急性毒性稍大，但无致癌性。

《食品安全国家标准　食品添加剂使用标准》GB 2760—2014 规定的 BHT 的使用标准见表 9-5。

③没食子酸丙酯（PG）。

没食子酸丙酯为白色或浅黄褐色结晶或粉末，或者为乳白色针状结晶，无臭，略有苦味,易溶于乙醇,微溶于油脂和水。具有吸湿性,对光不稳定,热稳定性较好,易与金属离子发生显色反应,呈紫色或暗绿色。抗氧化效果很强。

PG 毒性:大鼠经口 LD_{50} 为 3600 mg/kg(体重),ADI 为 0~1.4 mg/kg(体重)。毒性相对较高,但无蓄积性,在体内可被水解,由尿液排出。

《食品安全国家标准　食品添加剂使用标准》GB 2760—2014 规定的 PG 的使用标准见表 9-5。

④特丁基对苯二酚(TBHQ)。

特丁基对苯二酚为白色结晶或粉末,有轻微臭味,几乎不溶于水,可溶于乙醇、乙酸、乙酯、乙醚、植物油、猪油等。热稳定性好,可用于高温加工的食品。

TBHQ 毒性:大鼠经口 LD_{50} 为 700~1000 mg/kg(体重),ADI 为 0~0.2 mg/kg(体重,暂定)。对于植物油,抗氧化性能力顺序为 TBHQ>PG>BHT>BHA;对于动物性油脂来说,抗氧化能力顺序为 TBHQ>PG>BHA>BHT。

《食品安全国家标准　食品添加剂使用标准》GB 2760—2014 规定的 TBHQ 的使用标准见表 9-5。

9.1.5.3　食品着色剂

食品着色剂是赋予食品色泽和改善食品色泽的物质。食品中的着色剂化合物都是由生色团和助色团组成的,它们相互作用会引起化合物分子结构的变化,从而表现出不同的着色剂颜色。

目前我国批准的可用于食品生产中的着色剂有 60 多种,根据来源和性质的不同分为食品天然着色剂和合成着色剂两大类。食品天然着色剂是指从天然资源中提取出来的着色剂,主要有水溶性着色剂(红曲红等)和脂溶性着色剂(β-胡萝卜素等)。

(1)食品合成着色剂

食品合成着色剂是指用化学合成方法所制得的着色剂,一般为水溶性偶氮类着色剂。食品合成着色剂色泽鲜艳、稳定,具有很强的着色力,使用方便。但是,合成着色剂多属于焦油染料,无营养,对人体有害,其毒性主要是本身的化学性质可直接对人体健康造成危害,或者在人体代谢活动中产生有害物质。目前我国允许用于食品的合成着色剂及其铝色淀共 20 多种。

①苋菜红及苋菜红铝色淀。

苋菜红为红褐色或暗红褐色颗粒或粉末,无臭、耐光、耐热,遇碱变为暗红色,微溶于水,微溶于酒精,不溶于其他有机溶剂。

苋菜红毒性:小鼠经口 $LD_{50}>10$ g/kg(体重),ADI 为 0~0.5 mg/kg(体重)。苋菜红被认为是安全性高的食品合成着色剂,但也有报道认为苋菜红能引起大鼠肿瘤,还有报道认为苋菜红能降低生育能力、增加死亡数,产生畸形胎等。

《食品安全国家标准　食品添加剂使用标准》GB 2760—2014 规定的苋菜红及苋菜红铝色淀的使用标准见表 9-6。

表 9-6 合成着色剂使用标准

食品添加剂名称（代码）	使用范围及食品分类号	最大使用量/（g·kg⁻¹）	备注
苋菜红及其铝色淀（08.001）	冷冻饮品（03.04 食用冰除外）（03.0）	0.025	以苋菜红计
	蜜饯凉果（04.01.02.08）；腌渍的蔬菜（04.02.02.03）；可可制品、巧克力和巧克力制品（包括代可可脂巧克力及制品）以及糖果（05.0）；糕点上彩装（07.02.04）；焙烤食品馅料及表面用挂浆（仅限饼干夹心）（07.04）；碳酸饮料（14.04）；果蔬汁（浆）类饮料（14.02.03）；固体饮料（14.06）；风味饮料（仅限果味饮料）（14.08）；配制酒（15.02）；果冻（16.01）	0.05	以苋菜红计，高糖果蔬汁（浆）类饮料按照稀释倍数加入，高糖果味饮料按照稀释倍数加入，固体饮料按冲调倍数稀释后液体中的量，如用于果冻粉，按冲调倍数增加使用量
	装饰性果蔬（04.01.02.09）	0.1	以苋菜红计
	固体汤料（12.10.01.01）	0.2	
	果酱（04.01.02.05）；水果调味糖浆（11.05.01）	0.3	
胭脂红及其铝色淀（08.002）	果酱（04.01.02.05）；水果调味糖浆（11.05.01）；半固体复合调味料（12.10.02.01 蛋黄酱、沙拉酱除外）（12.10.02）	0.5	以胭脂红计，植物蛋白饮料按稀释倍数增加使用量
	肉制品的可食用动物肠衣类（08.04）；植物蛋白饮料（14.03.02）；胶原蛋白肠衣（16.03）	0.025	
	调制乳（01.01.03）；风味发酵乳（01.02.02）；调制炼乳（包括加糖炼乳及使用了非乳原料的调制炼乳等）（01.04.02）；冷冻饮品（03.04 食用冰除外）（03.0）；蜜饯凉果（04.01.02.08）；腌渍的蔬菜（04.02.02.03）；可可制品、巧克力和巧克力制品（包括代可可脂巧克力及制品）以及糖果（05.04 装饰糖果、顶饰和甜汁除外）（05.0）；虾味片（06.05.02.02）；糕点上彩装（07.02.04）；焙烤食品馅料及表面用挂浆（仅限饼干夹心和蛋糕夹心）（07.04）；果蔬汁（浆）类饮料（14.02.03）；含乳饮料（14.03.01）；碳酸饮料（14.04）；风味饮料（仅限果味饮料）（14.08）；配制酒（15.02）；果冻（16.01）	0.05	以胭脂红计，固体饮料按稀释倍数增加使用量；如用于果冻粉，按冲调倍数增加使用量
	膨化食品（16.06）		仅限使用胭脂红
	装饰性果蔬（04.01.02.09）；水果罐头（04.01.02.04）；糖果和巧克力制品包衣（05.03）	0.1	以胭脂红计
	调制乳粉和调制奶油粉（01.03.02）	0.15	
	调味糖浆（11.05）；蛋黄酱、沙拉酱（12.10.02.01）	0.2	
	蛋卷（07.03.03）	0.01	
日落黄及其铝色淀（08.006）	谷类和淀粉类甜品（如米布丁、木薯布丁）（06.09）	0.02	以日落黄计，如用于布丁粉，按冲调倍数增加使用量，如用于果冻粉，按冲调倍数增加使用量
	果冻（16.01）	0.025	
	调制乳（01.01.03）；风味发酵乳（01.02.02）；调制炼乳（包括加糖炼乳及使用了非乳原料的调制炼乳等）（01.04.02）；含乳饮料（14.03.01）	0.05	
	冷冻饮品（03.04 食用冰除外）（03.0）	0.09	
	水果罐头（仅限西瓜酱罐头）（04.01.02.04）；蜜饯凉果（04.01.02.08）；熟制豆类（04.04.01.06）；加工坚果与籽类（04.05.02）；可可制品、巧克力和巧克力制品（包括代可可脂巧克力及制品）以及糖果（05.01.01、05.04除	0.1	

续表

食品添加剂名称(代码)	使用范围及食品分类号	最大使用量/(g·kg⁻¹)	备注
日落黄及其铝色淀(08.006)	外)(05.0);虾味片(06.05.02.02);糕点上彩装(07.02.04);焙烤食品馅料及表面用挂浆(仅限饼干夹心)(07.04);果蔬汁(浆)类饮料(14.02.03);乳酸菌饮料(14.03.01.03);植物蛋白饮料(14.03.02);碳酸饮料(14.04);特殊用途饮料(14.07);风味饮料(14.08);配制酒(15.02)	0.1	
	膨化食品(16.06)		仅限使用日落黄
	装饰性果蔬(04.01.02.09);粉圆(06.05.02.04);复合调味料(12.10)	0.2	以日落黄计
	巧克力和巧克力制品(除05.01.01的以外的可可制品)(05.01.02);除胶基糖果以外的其他糖果(05.02.02);糖果和巧克力制品包衣(05.03);面糊(如用于鱼和禽肉的拖面糊)、裹粉、煎炸粉(06.03.02.04);焙烤食品馅料及表面用挂浆(仅限布丁、糕点)(07.04);其他调味糖浆(11.05.02)	0.3	
		0.5	
	果酱(04.01.02.05);水果调味糖浆(11.05.01);半固体复合调味料(12.10.02)		
	固体饮料(14.06)	0.6	
靛蓝及其铝色淀(08.008)	盐渍的蔬菜(04.02.02.03)	0.01	以靛蓝计
	熟制坚果与籽类(仅限油炸坚果与籽类)(04.05.02.01)	0.05	
	膨化食品(16.06)		仅限使用靛蓝
	蜜饯类(04.01.02.08.01);凉果类(04.01.02.08.02);可可制品、巧克力和巧克力制品(包括代可可脂巧克力及制品)以及糖果(05.01.01可可制品除外)(05.02.04);糕点上彩装(07.02.04);焙烤食品馅料及表面用挂浆(仅限饼干夹心)(07.04);果蔬汁(浆)类饮料(14.02.03);碳酸饮料(14.04);风味饮料(仅限果味饮料)(14.08);配制酒(15.02)	0.1	以靛蓝计,如固体饮料按稀释倍数增加使用量
	装饰性果蔬(04.01.02.09)	0.2	
	除胶基糖果以外的其他糖果(05.02.02)	0.3	

②胭脂红及胭脂红铝色淀。

胭脂红为红色或深红色颗粒或粉末,无臭、耐光、耐热、耐酸性好,溶于水和甘油,微溶于酒精,不溶于油脂,在水中呈现红色,遇碱变为褐色。

胭脂红毒性:小鼠经口 LD_{50} 为 19.3 g/kg(体重),ADI 为 0~4 mg/kg(体重)。

《食品安全国家标准 食品添加剂使用标准》GB 2760—2014 规定的胭脂红及胭脂红铝色淀的使用标准见表9-6。

③日落黄及日落黄铝色淀。

日落黄为橙红色颗粒或粉末,无臭,耐光,耐热,遇碱变为暗红色,易溶于水,微溶于酒精。

日落黄毒性:小鼠经口 LD_{50} 为 2 g/kg(体重),ADI 为 0~2.5 mg/kg。日落黄是安全性较高的食品合成着色剂。

《食品安全国家标准 食品添加剂使用标准》GB 2760—2014 规定的日落黄及日落黄铝色淀的使用标准见表 9-6。

④靛蓝及靛蓝铝色淀。

靛蓝为蓝色至暗青色颗粒或粉末,无臭,稳定性差,水溶液呈深蓝色,遇碱变为暗红色,易溶于水,不溶于酒精和油脂。

靛蓝毒性:小鼠经口 LD_{50} 为 2.5 g/kg(体重),ADI 为 0~5 mg/kg(体重)。用靛蓝饲喂大鼠,仅发现当含量在 2%以上的实验组的动物受到生长抑制,无其他异常。对大鼠进行皮下注射,发现有致癌性,死亡率提高。

《食品安全国家标准 食品添加剂使用标准》GB 2760—2014 规定的靛蓝及靛蓝铝色淀的使用标准见表 9-6。

(2)食品天然着色剂

食品天然着色剂是从天然资源中提取出来的着色剂。天然着色剂的安全性比较高,但是普遍存在着着色成分含量低、色价较低、着色力差、不稳定等缺点。目前,世界各国许可使用的天然着色剂数量和用量都在不断增加,我国天然着色剂的新品种也不断出现。我国允许使用的天然着色剂品种已有 40 多种,毒性小,副作用低,被广泛应用于食品加工中。

①红曲米和红曲红。

红曲米是用红曲霉、变红曲霉等菌种接种于蒸熟的大米上培养制得,其上色的色素是由红曲霉菌丝产生的。

红曲红又名红曲色素,是将红曲米用酒精浸提、过滤、精制、干燥得到粉末状物,或由红曲霉液体深层发酵液中抽提、精制、干燥而得。

红曲米毒性:小鼠经口 LD_{50}>7 g/kg(体重),安全性高,为无毒品。

红曲红毒性:小鼠经口粉末状色素 LD_{50}>10 g/kg(体重),亚急性毒性试验,未见异常。

《食品安全国家标准 食品添加剂使用标准》GB 2760—2014 规定的红曲红和红曲米的使用标准见表 9-7。

②姜黄。

姜黄由多年生草本植物姜黄的块茎制成,主要着色成分是姜黄素,为橙黄色至黄褐色粉末,具有姜黄特有的香辛气味,味微苦。耐光性、耐热性均较差。在中性和酸性溶液中呈黄色,在碱性溶液中呈红褐色,易于铁离子结合而变色。

姜黄毒性:小鼠经口 LD_{50}>2 g/kg(体重),ADI 不做规定。姜黄属于无毒性着色剂,目前世界各国均未不允许使用。

《食品安全国家标准 食品添加剂使用标准》GB 2760—2014 规定的姜黄的使用标准见表 9-7。

表 9-7 天然着色剂使用标准

食品添加剂名称（代码）	使用范围及食品分类号	最大使用量/（g·kg⁻¹）	备注
红曲米,红曲红（08.119,08.120）	风味发酵乳（01.02.02）	0.8	如用于果冻粉,按冲调倍数增加使用量
	糕点（07.02）	0.9	
	焙烤食品馅料及表面用挂浆（07.04）	1.0	
	调制乳（01.01.03）;调制炼乳（包括加糖炼乳及使用了非乳原料的调制炼乳等）（01.04.02）;冷冻饮品（03.04 食用冰除外）（03.0）;果酱（04.01.02.05）;腌渍的蔬菜（04.02.02.03）;蔬菜泥（酱）,番茄沙司除外（04.02.02.05）;腐乳类（04.04.02.01）;熟制坚果与籽类（仅限油炸坚果与籽类）（04.05.02.01）;糖果（05.02）;装饰糖果（如工艺造型,或用于蛋糕装饰）、顶饰（非水果材料）和甜汁（05.04）;方便米面制品（06.07）;粮食制品馅料（06.10）;饼干（07.03）;腌腊肉制品类（如咸肉、腊肉、板鸭、中式火腿、腊肠）（08.02.02）;熟肉制品（08.03）;调味糖浆（11.05）;调味品（12.01 盐及代盐制品除外）（12.0）;果蔬汁（浆）类饮料（14.02.03）;蛋白饮料（14.03）;碳酸饮料（14.04）;固体饮料（14.06）;风味饮料（仅限果味饮料）（14.08）;配制酒（15.02）;果冻（16.01）;膨化食品（16.06）	按生产需要适量使用	
姜黄（08.102）姜黄（08.102）	冷冻饮品（03.04 食用冰除外）（03.0）;果酱（04.01.02.05）;凉果类（04.01.02.08.02）;装饰性果蔬（04.01.02.09）;熟制坚果与籽类（仅限油炸坚果与籽类）（04.05.02.01）;可可制品、巧克力和巧克力制品（包括代可可脂巧克力及制品）以及糖果（05.0）;方便米面制品（06.07）;焙烤食品（07.0）;调味品（12.0）;饮料类（除 14.01 包装饮用水类）（14.0）;配制酒（15.02）;果冻（16.01）	按生产需要适量使用	固体饮料按稀释倍数增加使用量;如用于果冻粉按冲调倍数增加使用量
	腌渍蔬菜（04.02.02.03）	0.01	以姜黄素计
	粉圆（06.05.02.04）	1.2	
	即食谷物,包括碾轧燕麦（片）（06.06）	0.03	
	膨化食品（16.06）	0.2	
	调制乳粉和调制奶油粉（包括调味乳粉和调味奶油粉）（01.03.02）	0.4	

9.1.5.4 食品护色剂

食品护色剂主要用于肉制品中,在食品加工过程中,为了改善或保护食品的色泽,需要用到食品护色剂。食品护色剂也叫发色剂或呈色剂,是指能与肉及肉制品中呈色物质作用,使之在加工、保藏等过程中不致分解、破坏,呈现良好色泽的物质。

（1）食品护色剂的作用

食品护色剂除了可以起到护色作用,使肉制品颜色更美观外,还具有以下作用。

①在肉制品中,亚硝酸盐对抑制微生物的增殖有一定作用,其抑菌的有效 pH 值为 6 ~ 6.5,尤其是亚硝酸盐对肉毒状芽孢杆菌有特殊的作用。

②使用亚硝酸盐的肉制品比不使用者风味明显增强。

（2）亚硝酸钠

亚硝酸钠为无色至微黄色结晶,味微咸,易潮解,易溶于水。

亚硝酸钠毒性:大鼠经口 LD_{50} 为 220 mg/kg(体重),ADI 为 0~0.2 mg/kg(体重,暂定)(以亚硝酸钠计),属于食品添加剂中毒性最大的物质。亚硝酸盐的毒性是一个在食品添加剂中有很大争议的问题,人中毒量为 0.3~0.5 g,致死量 3 g,剧毒。摄取多量的亚硝酸盐,可进入血液与血红蛋白结合,失去携氧能力,严重时可窒息死亡。亚硝酸盐还可与动物及高蛋白食品里面的胺类物质生成亚硝胺类化合物,具有强致癌性。有的国家已禁止使用,但有些国家仍在继续使用,原因是其护色、增强风味的作用,更重要的是其具有的抑菌作用,迄今为止未发现其理想的替代物。

《食品安全国家标准　食品添加剂使用标准》GB 2760—2014 规定的亚硝酸钠的使用标准见表 9-8。

表 9-8　亚硝酸钠使用标准

使用范围及食品分类号	最大使用量/ （g·kg⁻¹）	备注
腌腊肉制品类（如咸肉、腊肉、板鸭、中式火腿、腊肠）（08.02.02）；酱卤肉制品类（08.03.01）；熏、烧、烤肉类（08.03.02）；油炸肉类（08.03.03）；肉灌肠类（08.03.05）；发酵肉制品类（08.03.06）	0.15	以亚硝酸钠计,残留量≤30 mg/kg
西式火腿（熏烤、烟熏、蒸煮火腿）类（08.03.04）		以亚硝酸钠计,残留量≤70 mg/kg
肉罐头类（08.03.08）		以亚硝酸钠计,残留量≤50 mg/kg

思考题

1. 食品添加剂的安全性指什么?
2. 使用食品添加剂的注意事项,举例说明。

参考文献

[1]郝利平. 食品添加剂[M]. 3 版. 北京:中国农业出版社,2016.

[2]冯翠萍. 食品卫生学[M]. 北京:中国轻工业出版社,2014.

[3]何计国,甄润英. 食品卫生学[M]. 北京:中国农业大学出版社,2003.

[4]李宏梁. 中国食品原料及食品添加剂法规与标准解读[M]. 北京:中国轻工业出版社,
　　2017.

10　食品安全管理体系

本章学习目的与要求
　　1.掌握生产环节中的其他卫生因素。
　　2.熟悉 GMP、SSOP 和 HACCP 的内容。

　　随着经济的进步和发展,人民对生活质量要求的提高,食品卫生问题越来越重要。良好操作规范(GMP)、卫生标准操作程序(SSOP)、危害分析关键控制点(HACCP)、均对食品卫生起着重要的作用,三者共同组成食品安全管理体系。

10.1　食品 GMP(良好操作规范)

　　良好操作规范(GMP)是为保障食品安全、质量合格而制定的贯穿食品生产全过程的一系列措施、方法和技术要求,是一种特别注重制造过程中产品品质与卫生安全的自主性管理制度。因为用在食品的管理中,所以称作食品 GMP。

10.1.1　食品 GMP 要求

　　GMP 要求企业从原料、人员、设施设备、生产过程、包装运输、质量控制等方面按国家有关法规达到卫生质量要求,形成一套可操作的作业规范,帮助企业改善卫生环境,及时发现生产过程中存在的问题并加以改善。简要地说,GMP 要求企业具备良好的生产设备、合理的生产过程、完善的质量管理和严格的检测系统,确保最终产品的质量(包括食品安全卫生)符合法规要求。

　　GMP 通过选用符合规定要求的原料(materials)、合乎标准的厂房设备(machines),由胜任的人员(man),按照既定的方法(methods),以此"4M"为管理要素来制造出品质既稳定而又安全卫生的产品。

10.1.2　食品 GMP 的内容

　　《食品安全国家标准　食品生产通用卫生规范》(GB 14881—2013)适用于各类食品的生产,规定了如下方面的食品安全要求:选址和厂区环境;厂房和车间;设施与设备;卫生管理;食品原料;食品添加剂和食品相关产品;生产过程的食品安全控制、检验;食品的贮存和运输;产品召回管理;培训;管理制度和人员;记录和文件管理等。

10.1.2.1　食品工厂厂址的选择与厂房环境

（1）厂址的选择

①厂区不应选择对食品有显著污染的区域。如某地对食品安全和食品食用性存在明显的不利影响，且无法通过采取措施加以改善，应避免在该地址建厂。

②厂区不应选择有害废弃物、粉尘、有害气体、放射性物质和其他扩散性污染源不能有效清除的地址。

③厂区不宜选择易发生洪涝灾害的地区，若难以避开则应设计必要的防范措施。

④厂区周围不宜有虫害大量滋生的潜在场所，若难以避开则应设计必要的防范措施。

（2）厂房环境

应考虑环境给食品生产带来的潜在污染风险，并采取适当的措施将其降至最低水平。

①厂区应合理布局，各功能区域划分明显，并有适当的分离或分隔措施，防止交叉污染。

②厂区内的道路应铺设混凝土、沥青或者其他硬质材料；空地应采取必要措施，如铺设水泥、地砖或草坪等方式，保持环境清洁，防止正常天气下，扬尘和积水等现象的发生。

③厂区绿化应与生产车间保持适当距离，植被应定期维护，以防止虫害的滋生。

④厂区应有适当的排水系统。

⑤宿舍、食堂、职工娱乐设施等生活区应与生产区保持适当距离或分隔。

10.1.2.2　厂房、车间的设计和布局

①厂房和车间的内部设计和布局应满足食品卫生操作要求，避免食品生产中发生交叉污染。

②厂房和车间的设计应根据生产工艺合理布局，预防和降低产品受污染的风险。

③厂房和车间应根据产品特点、生产工艺、生产特性和生产过程，对清洁程度的要求合理划分作业区，并采取有效分离或分隔。如：通常可划分为清洁作业区、准清洁作业区和一般作业区；或者为清洁作业区和一般作业区等。一般作业区应与其他作业区域分隔。

④厂房内设置的检验室应与生产区域分隔。

⑤厂房的面积和空间应与生产能力相适应，便于设备安置、清洁消毒、物料存储及人员操作。

10.1.2.3　建筑内部结构与材料

（1）内部结构

建筑内部结构应易于维护、清洁或消毒，应采用适当的耐用材料建造。

（2）顶棚

①顶棚应使用无毒、无味、与生产需求相适应、易于观察清洁状况的材料建造；若直接在屋顶内层喷涂涂料作为顶棚，应使用无毒、无味、防霉、不易脱落、易于清洁的涂料。

②顶棚应易于清洁、消毒，在结构上不利于冷凝水垂直滴下，防止虫害和霉菌滋生。

③蒸汽、水、电等配件管路应避免设置于暴露食品的上方；如确需设置，应有能防止灰

尘散落及水滴掉落的装置或措施。

（3）墙壁

①墙面、隔断应使用无毒、无味的防渗透材料建造，在操作高度范围内的墙面应光滑、不易积累污垢且易于清洁；若使用涂料，应无毒、无味、防霉、不易脱落、易于清洁。

②墙壁、隔断和地面交界处应结构合理、易于清洁，确保能有效避免污垢积存。例如设置漫弯形交界面等。

10.1.2.4 设施

（1）供水设施

供水设施应能保证水质、水压、水量及其他要求符合生产需要。

①食品加工用水的水质应符合 GB 5749 的规定，对加工用水水质有特殊要求的食品应符合相应规定。间接冷却水、锅炉用水等食品生产用水的水质应符合生产需要。

②食品加工用水与其他不与食品接触的用水（如间接冷却水、污水或废水等）应以完全分离的管路输送，避免交叉污染。各管路系统应有明确标识，以便区分。

③自备水源及供水设施应符合有关规定。供水设施中使用的涉及饮用水卫生安全产品还应符合国家相关规定。

（2）排水设施

①排水系统的设计和建造应保证排水畅通、便于清洁维护；应适应食品生产的需要，保证食品、生产、清洁用水不受污染。

②排水系统入口应安装带水封的地漏等装置，以防止固体废弃物进入和浊气逸出。

③排水系统出口应有适当措施以降低虫害风险。

④室内排水的流向应由清洁程度要求高的区域流向清洁程度要求低的区域，且应有防止逆流的设计。

⑤污水在排放前应经适当方式处理，以符合国家污水排放的相关规定。

（3）清洁消毒设施

应配备足够的食品、工器具和设备的专用清洁设施，必要时应配备适宜的消毒设施。应采取措施避免清洁、消毒工器具带来的交叉污染。

（4）废弃物存放设施

应配备设计合理、防止渗漏、易于清洁的存放废弃物的专用设施；车间内存放废弃物的设施和容器应标识清晰。必要时应在适当地点设置废弃物临时存放设施，并依据废弃物特性分类存放。

（5）个人卫生设施

①生产场所或生产车间入口处应设置更衣室；必要时特定的作业区入口处可按需要设置更衣室。更衣室应保证工作服与个人服装及其他物品分开放置。

②生产车间入口及车间内必要处，应按需设置换鞋（穿戴鞋套）设施或工作鞋靴消毒设施。如设置工作鞋靴消毒设施，其规格尺寸应能满足消毒需要。

（6）通风设施

①应具有适宜的自然通风或人工通风措施；必要时应通过自然通风或机械设施有效控制生产环境的温度和湿度。通风设施应避免空气从清洁度要求低的作业区域流向清洁度要求高的作业区域。

②应合理设置进气口位置，进气口、排气口和户外垃圾存放装置等污染源保持适宜的距离和角度。进气口、排气口应装有防止虫害侵入的网罩等设施。通风排气设施应易于清洁、维修或更换。

③若生产过程需要对空气进行过滤净化处理，应加装空气过滤装置并定期清洁。

④根据生产需要，必要时应安装除尘设施。

（7）照明设施

厂房内应有充足的自然采光或人工照明，光泽和亮度应能满足生产和操作需要；光源应使食品呈现真实的颜色。如需在暴露食品和原料的正上方安装照明设施，应使用安全型照明设施或采取防护措施。

（8）仓储设施

①应具有与所生产产品的数量、贮存要求相适应的仓储设施。

②仓库应以无毒、坚固的材料建成；仓库地面应平整，便于通风换气。仓库的设计应易于维护和清洁，防止虫害藏匿，并应有防止虫害侵入的装置。

③原料、半成品、成品、包装材料等应依据性质的不同分设贮存场所，或分区域摆放，并有明确标识，防止交叉污染。必要时仓库应设有温度、湿度控制设施。

④贮存物品应与墙壁、地面保持适当距离，以利于空气流通及物品搬运。

⑤清洁剂、消毒剂、杀虫剂、润滑剂、燃料等物质应分别安全包装，明确标识，并应与原料、半成品、成品、包装材料等分隔放置。

（9）温控设施

应根据食品生产的特点，配备适宜的加热、冷却、冷冻等设施，以及用于监测温度的设施。根据生产需要，可设置控制室温的设施。

10.1.2.5　设备

（1）生产设备

①一般要求。

应配备与生产能力相适应的生产设备，并按工艺流程有序排列，避免引起交叉污染。

②材质。

与原料、半成品、成品接触的设备与用具，应使用无毒、无味、抗腐蚀、不易脱落的材料制作，并应易于清洁和保养。设备、工器具等与食品接触的表面应使用光滑、无吸收性、易于清洁保养和消毒的材料制成，在正常生产条件下不会与食品、清洁剂和消毒剂发生反应，并应保持完好无损。

③设计。

所有生产设备应从设计和结构上避免零件、金属碎屑、润滑油或其他污染因素混入食品,并应易于清洁消毒、易于检查和维护。设备应不留空隙地固定在墙壁或地板上,或在安装时与地面和墙壁间保留足够空间,以便清洁和维护。

（2）监控设备

用于监测、控制、记录的设备,如压力表、温度计、记录仪等,应定期校准、维护。

（3）设备的保养和维修

应建立设备保养和维修制度,加强设备的日常维护和保养,定期检修,及时记录。

10.1.2.6 卫生管理

（1）卫生管理制度

①应制定食品加工人员和食品生产卫生管理制度,以及相应的考核标准,明确岗位职责,实行岗位责任制。

②应根据食品的特点和生产、贮存过程的卫生要求,建立对保证食品安全具有显著意义的关键控制环节的监控制度,良好实施并定期检查,若发现问题应及时纠正。

③应制定针对生产环境、食品加工人员、设备及设施等的卫生监控制度,确立内部监控的范围、对象和频率。记录并存档监控结果,定期对执行情况和效果进行检查,发现问题及时整改。

④应建立清洁消毒制度和清洁消毒用具管理制度。清洁消毒前后的设备和工器具应分开放置妥善保管,避免交叉污染。

（2）厂房及设施卫生管理

①厂房内各项设施应保持清洁,出现问题及时维修或更新;厂房地面、屋顶、天花板及墙壁有破损时,应及时修补。

②生产、包装、贮存设备及工器具、生产用管道、裸露食品接触表面等应定期清洁消毒。

（3）食品加工人员健康管理与卫生要求

①食品加工人员健康管理。

应建立并实施食品加工人员健康管理制度。食品加工人员每年应进行健康检查,取得健康证明;上岗前应接受卫生培训。食品加工人员若患有痢疾、伤寒、甲型病毒性肝炎、戊型病毒性肝炎等消化道传染病,患有活动性肺结核、化脓性或者渗出性皮肤病等有碍食品安全的疾病,或有明显皮肤损伤未愈合的,应当调整到其他不影响食品安全的工作岗位。

②食品加工人员卫生要求。

A. 进入食品生产场所前应整理个人卫生,防止污染食品。

B. 进入作业区域应规范穿着洁净的工作服,并按要求洗手、消毒;头发应藏于工作帽内或使用发网约束。

C. 进入作业区域不应佩戴饰物、手表,不应化妆、染指甲、喷洒香水;不得携带或存放与食品生产无关的个人用品。

D. 使用卫生间、接触可能污染食品的物品或从事与食品生产无关的其他活动后,再次从事接触食品、食品工器具、食品设备等与食品生产相关的活动前应洗手消毒。

③来访者。

非食品加工人员不得进入食品生产场所,特殊情况下进入时应遵守和食品加工人员同样的卫生要求。

10.1.2.7　虫害控制

①应保持建筑物完好、环境整洁,防止虫害侵入及滋生。

②应制定和执行虫害控制措施,并定期检查。生产车间及仓库应采取有效措施(如纱帘、纱网、防鼠板、防蝇灯、风幕等),防止鼠类、昆虫等侵入。若发现有虫鼠害痕迹时,应追查来源,消除隐患。

③应准确绘制虫害控制平面图,标明捕鼠器、粘鼠板、灭蝇灯、室外诱饵投放点、生化信息素捕杀装置等放置的位置。

④厂区应定期进行除虫灭害工作。

⑤采用物理、化学或生物制剂进行处理时,不应影响食品安全和食品应有的品质,不应污染食品接触表面、设备、工器具及包装材料。除虫灭害工作应有相应的记录。

⑥使用各类杀虫剂或其他药剂前,应做好预防措施避免对人身、食品、设备工具造成污染;不慎污染时,应及时将被污染的设备、工具彻底清洁,消除污染。

10.1.2.8　废弃物处理

①应制定废弃物存放和清除制度,有特殊要求的废弃物其处理方式应符合有关规定。废弃物应定期清除;易腐败的废弃物应尽快清除;必要时应及时清除废弃物。

②车间外废弃物放置场所应与食品加工场所隔离防止污染;应防止不良气味或有害有毒气体溢出;应防止虫害滋生。

10.1.2.9　工作服管理

①进入作业区域应穿着工作服。

②应根据食品的特点及生产工艺的要求配备专用工作服,如衣、裤、鞋靴、帽和发网等,必要时还可配备口罩、围裙、套袖、手套等。

③应制定工作服的清洗保洁制度,必要时应及时更换;生产中应注意保持工作服干净完好。

④工作服的设计、选材和制作应适应不同作业区的要求,降低交叉污染食品的风险;应合理选择工作服口袋的位置、使用的连接扣件等,降低内容物或扣件掉落污染食品的风险。

10.2　SSOP(卫生标准操作程序)

10.2.1　SSOP概述

卫生标准操作程序(SSOP)是食品企业为了满足食品安全的要求,在卫生环境和加工要求等方面所需实施的具体程序。SSOP 和 GMP 是进行 HACCP 认证的基础。为确保食品在卫生状态下加工,充分保证达到 GMP 的要求,加工厂应针对产品或生产场所制订并且实施一个书面的 SSOP 或类似的文件。

SSOP 最重要的是具有八个卫生方面(但不限于这八个方面)的内容,企业和加工者根据这八个主要卫生控制方面加以实施,以消除与卫生有关的危害。

10.2.2　SSOP 的内容

10.2.2.1　与食品或食品表面接触的水或生产用冰的安全

(1)水源

水源要充足,符合卫生标准要求,如:《生活饮用水卫生标准》(GB 5749—2006)、《海水水质标准》(GB 3097—1997)。

(2)水的处理

在不能完全确保水质安全的情况下,应考虑对水进行进一步的处理,如采用:物理处理:过滤、紫外线照射、臭氧;化学处理:加氯、离子交换。

(3)水的监测

取样计划:每次必须包括总的出水口;一年内作完所有的出水口取样。

取样方法:先放水 2 min,对水龙头消毒,再放水 2~3 min。

检测的内容和方法:余氯(试纸、比色法、化学方法);pH 值:微生物(细菌总数、大肠菌群、致病菌)。注意水质检验记录应保存 3 年。

(4)设施维护

防止供水系统与排水系统的交叉污染:制定供水和排水网络图、对车间出水口按顺序进行编号、冷热水管着色标示。

防止虹吸和回流设备:逆止阀。

防止死水区存在:水龙头是否在管末端。

维修部门定期检查:防止出现末端管道堵塞、虹吸倒流、管道破裂、水泵失灵等现象的发生,防止出水口与污水相隔。

记录:水质监测报告,余氯、pH 值检测报告,管网维修检查记录。

10.2.2.2　食品接触表面(包括设备、手套、工作服)的状况和清洁

食品接触表面包括直接接触表面(如加工设备、工器具和台案、操作人员手或手套、工作服等)和间接接触表面(如未经清洗消毒的冷库、卫生间的门把手、垃圾箱、原材料包装等)。

①食品接触面的结构需制作精细、无缝隙、无粗糙焊接、无凹陷、无破裂、表面平滑,便于清洁和保持清洁,及时维护和保养。

②食品接触面的材料需无毒、耐腐蚀、光滑、不生锈、不易老化变形、易于清洗消毒,避免使用木制品和纤维等。

③保证食品接触面的清洁度。加工设备和器具的清洗消毒步骤:清扫—预冲洗—清洁

剂—冲洗—消毒—清洗。加工设备和器具的清洗消毒的频率:大型设备,每班加工结束之后;工器具,2~4 h;加工设备、器具被污染,立即进行。

④食品接触面清洁状况的监测。

感官检查:每天加工前;实验室检测:方法(涂抹、贴膜或过滤)、内容(细菌总数)、频率(每周1~2次)。

注意:清洗剂、消毒剂的选用要保证加工设备、器具不受腐蚀,易于清洗,防止残留。

清洗消毒的检查和监测:手、手套和工作服,手套比手更容易清洗消毒;不得使用线手套,且不易破损;清洗消毒的程序、方法、频率和手一样。

手套和工作服的贮存:清洁的与脏的分开,防止交叉污染;更衣间设置臭氧消毒器定期消毒(每天1次);手套、工作服要及时清洗;不同区域的工作服分开清洗。

记录:卫生消毒记录,个人卫生控制记录,微生物检测结果报告、消毒(设备、设施和员工)记录。

10.2.2.3　防止交叉污染

(1)工厂选址、设计和布局

选址要远离污染区,锅炉房设在下风处,厂区厕所、垃圾箱远离车间,清洁区与非清洁区划分明确,加工工艺布局合理、不能倒流,清洗消毒与加工车间分开,原料库和成品库分开等。

生、熟严格分开;前后工序、生熟之间完全隔离。

明确人流、物流、水流、气流方向。人走门、物走传递口。人流从高清洁区到低清洁区,且不能来回串岗;物流不造成交叉污染,可用时间、空间分隔;水流从高清洁区到低清洁区;气流从高清洁区到低清洁区,正压排气。

(2)食品接触面应保持清洁

①手的清洗与消毒。

手的清洗与消毒的目的是防止交叉污染。

方法和步骤:清水洗手;擦洗洗手液;用水冲洗洗手液;用消毒液消毒;用清水冲洗;干手。

洗手消毒设施:非手动或臂动开关的水龙头;冷热水或预混的温水。

手的清洗消毒频率:每次进入车间前;加工期间;接触污染物、废弃物之后。

②厕所设施的维护与卫生的保持。

卫生间的设施:位置与车门相连,门不能直接朝向车间,数量适宜并配置手纸、纸篓、洗手设施等。

卫生间的要求:通风良好,地面干燥、整洁,有防蚊蝇设施,进入厕所前要脱下工作服和换鞋,方便之后要洗手消毒,养成良好的卫生习惯。

(3)防止食品被污染物污染

①常见外来污染物。

包括水滴和冷凝水、空气中的灰尘、颗粒、外来物质、润滑剂、燃料和金属碎块、残留的清洁剂和消毒剂等。

②外来污染物的控制。

水滴和冷凝水：顶棚呈圆弧形，合理用水，良好通风，有防护罩等；空气中的灰尘、颗粒：保持室内清洁；外来物质：禁止携带污染物者进入车间；润滑剂、燃料和金属碎块：使用食品级的润滑油，设备安装磁吸设施；残留的清洁剂和消毒剂等化学药：清水冲洗并检测；包装控制：通风、干燥、防霉、防鼠，必要时消毒；食品的贮存：避免混存，防存、防鼠等。

10.2.2.4　有毒化学物质的正确标识、贮存和使用

有毒有害化合物种类包括洗涤剂、消毒剂、杀虫剂、实验室用品等。制定并填写有毒有害化学物质一览表；提供主管部门批准生产、销售、使用的证明；制定并填写使用记录；单独贮存；标识清楚；在有效期内；专人管理。

10.2.2.5　雇员的健康与卫生控制

患有痢疾、伤寒、病毒性肝炎、活动性肺结核、化脓性或渗出性皮肤病等有碍食品安全的疾病的人员，不得从事接触直接入口的食品的工作；食品生产经营者应穿戴清洁的工作服、鞋、帽、口罩等，不得化妆、戴首饰、戴手表等，具有健康证及健康档案；培训卫生操作；养成良好卫生习惯。

10.2.2.6　虫害防治

绘制鼠点分布图：重点为厕所、下脚料出口、垃圾箱、垃圾点、食堂。

设施与措施：搞好环境卫生，不留死角，消除滋生地；用水帘、纱窗、灭蝇灯、专用杀虫剂、挡鼠板、粘鼠板、鼠笼等，不能用灭鼠药。

编制 SSOP 部分文件时应注意的事项：

①明确每一个方面应达到什么样的要求或目标。

②为了达到目标，需要什么样的硬件设施和物资。

③由哪些部门和人员负责实施、检查、纠正、记录，分工情况如何？

④何时去做？

⑤如何去做？（在有作业指导书的情况下，可以直接引用。）

⑥相关部门做好 SSOP 部分的记录。

10.2.2.7　员工健康状况的控制

对雇员的健康要求：新入厂员工必须经体检合格，并获有健康证后方可上岗；制订体检计划，定期健康检查，至少每年进行一次体检，并建立健康档案。

对有传染病、外伤（如刀伤、烫伤、冻疮等）以及其他可能对食品、食品接触面或包装材料造成污染的员工，都要立即调离生产岗位，直到恢复健康，并体检合格后方可重新上岗。

加强个人卫生及卫生知识培训：

①建立严明的卫生规章制度。

②加强管理人员对员工的日常监督检查。

③加强对员工卫生知识方面的培训和考核。

10.3　HACCP(危害分析与关键控制点)

10.3.1　HACCP 的概念

危害分析与关键控制点(HACCP)是一种世界公认的有效保证食品安全与卫生的预防性管理体系。HACCP 对整个食品加工流程进行评价，能够随时监测各种操作，并确定哪些是导致食源性疾病的危害关键控制点。HACCP 的概念可以分为两部分:危害分析(HA)和确定关键控制点(CCP)。

10.3.2　HACCP 的作用

HACCP 主要是预防和控制微生物危害、化学危害和物理危害,其主要作用是判断影响食品安全性的危害以何种方式、在哪道工序中存在及应如何预防。HACCP 的目标是确保有效的卫生设备、卫生规则及其他操作因素在生产安全卫生食品过程中的应用,并作为食品企业是否遵循安全操作规程的依据。

10.3.3　HACCP 的基本术语

FAO/WHO 食品法典委员会(CAC)在法典指南,即《HACCP 体系及其应用作则》中规定的基本术语及其定义有:

①控制(动词):采取一切必要措施，确保达到与 HACCP 计划所制定的安全指标一致。

②控制(名词):遵循正确的方法和达到安全指标的状态。

③控制措施:用以预防或消除食品安全危害或将其降低到可接受水平所采取的任何措施和活动。

④纠正措施:组织为满足体系要求并促进其不断完善所采取的纠正偏离与消除不符合的措施。

⑤控制点(CP):是指能用生物的、化学的、物理的因素实施控制的任何点、步骤或过程。

⑥关键控制点(CCP):可运用控制措施,并有效预防或消除食品安全危害或降低到可接受水平的某一道工序、步骤或程序。

⑦关键限值:将可接受水平与不可接受水平区分开的判定指标,是关键控制点的预防性措施必须达到的标准。

⑧偏差:不符合关键限值标准。

⑨流程图:生产或制作特定食品所用操作顺序的系统表达。

⑩CCP 判断树:用来确定一个控制点是否是 CCP 的问题次序。

A. 前提计划:包括 GMP,为 HACCP 计划提供基础的操作条件。

B. 危害分析与关键点控制计划(HACCP plans):根据 HACCP 原理所制定的文件,是系统的、必须遵守的工艺程序,能确保食品链的各个考虑环节中对食品有显著意义的危害予以控制。

C. 危害:会产生潜在的对人体健康危害的生物、化学或物理因素或状态。

D. 危害分析:收集和评估导致危害和危害条件的过程,以便决定哪些对食品安全有显著意义,从而被列入 HACCP 计划中。

E. 监控:为了确定 CCP 是否处于控制之中,对所实施的一系列预定参数所作的观察或测量进行评估。

F. 步骤:食品链中某个点、程序、操作或阶段,包括原材料及从初期生产到最终消费。

G. 证实:获得证据,证明 HACCP 计划的各要素是有效的过程。

H. 验证:除监控外,用以确定是否符合 HACCP 计划所采用的方法、程序、测试和其他评估方法。

10.3.4 HACCP 的七项基本原理

10.3.4.1 原理一:进行危害分析

危害分析是对某一具体食品在加工过程中存在的潜在危害性(微生物、物理和化学污染)及其程度进行分析与确定,并列出各有关危害和相应的具体有效的预防控制措施。

危害分析的过程是:首先根据 6 种危害特征确定食品类型,然后根据这些特征对食品危险性进行分类。

依据危害特征将食品分为 A~F 级。

A 级危害:这种危害适用于一类特殊的未杀菌食品,这类食品专供风险人群,如婴儿、老人、体弱者或免疫缺乏者,要认清食用。

B 级危害:食品中含有易腐败成分。

C 级危害:食品在加工过程中没有杀死有害微生物的可靠办法。

D 级危害:食品在加工后、包装前有可能受到二次污染。

E 级危害:食品在流通或食用过程中处理不当,有可能对消费者产生危害。

F 级危害:食品在包装后或消费者食用前没有最终热处理步骤。

10.3.4.2 原理二:确定关键控制点(CCP)

CCP 应建立在可采取控制措施的地方,已确定的危害必须能够在食品链中(即从原材料生产收获到产品最终消费的整个过程)的某个环节上加以控制,而且关键控制点应该设于食品生产过程中任何一个能够控制或者杀死有害微生物的操作步骤中。关键控制点判断树见图 10-1。

10.3.4.3 原理三:确定关键限值

作为 CCP 的安全控制限,每项预防措施都以相应的关键限值作为基础,可以是时间、

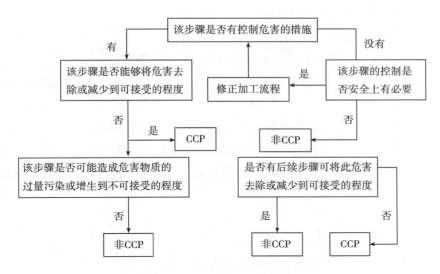

图 10-1　关键控制点判断树

温度、物理尺寸、湿度、水活度、pH、有效氯、细菌总数等。

关键限值的来源主要包括公认的惯例,如巴氏杀菌(72℃、15 s);科学刊物,如杂志、论文、食品教科书等;法规性指南,如国家或地方政府的法律法规、国际组织制定的法律法规;专家,如食品界的权威人士;实验研究,如厂内实验、对比实验等。

10.3.4.4　原理四:建立 CCP 监控体系

如果 CCP 失控将导致临界缺陷,产生不安全因素,所以应建立适当的监控对 CCP 及其关键限值进行定时观察和检测,如实记录监控中获得的数据,通过有计划地测试或观察,来保证 CCP 处于被控制状态。监控应尽可能采用连续的理化方法,利用记录仪可以对 pH、温度和相对湿度进行连续监控。如果无法连续监控,不能保持足够的控制(例如采用图表记录的方式),就有可能出现偏离控制点的状态,那么就应该确定一个足以证明危害处于监控之中的合理检测间隔。有关 CCP 监控的所有文件与记录都应该由执行监控的操作人员和有关负责人签字。

10.3.4.5　原理五:建立 CCP 失控时的纠正措施

一旦监控过程中发现某一特定 CCP 偏离限值,就应该立即采取纠正措施。任何 HACCP 方案要完全避免偏差几乎是不可能的,因此,必须预先确定纠正措施计划,以便对可能出现偏差的食品进行适当的处理,纠正所产生的偏差,使 CCP 重新处于控制之下。在采取适当的纠正措施和完成分析之前,应该将产品保存在原处,纠正后,要做好此次纠偏过程的记录。

(1)纠偏行动组成

①纠正和消除偏离的起因,重建加工控制。

②确认偏离期间加工的产品及处理方法。

（2）偏离期间加工的产品处理步骤

①确定产品是否存在安全危害。

②如果以第一步评估为基础不存在危害,产品可以被通过。

③如果存在潜在的危害(以第一步为基础),确定是否产品能被返工处理或转为安全使用(改变用途)。

④如果潜在的、有危害的产品不能按第三步处理,产品必须被销毁。

注意:必须确保返工的产品不会产生新的危害,特别应注意产品是否会被热稳定性高的生物毒素(金黄色葡萄球菌肠毒素等)污染。返工的产品仍受到监控,以确保返工生产出的产品是安全的。

（3）可采取的纠偏行动

①隔离和保存要进行安全评估的产品。

②将受影响的原料、辅料或半成品移作其他加工使用。

③重新加工。

④对不符合要求的原料、辅料退回或不再使用。

⑤销毁产品。

10.3.4.6 原理六:建立验证程序以确认 HACCP 体系有效性

利用各种方法、程序和实验来审核 HACCP 计划的准确性,以确认 HACCP 是否正常运转,确保计划的准确执行。检验方法包括微生物学的、化学的、物理学的和感官的方法。具体应包括以下几点:

①建立合适的审查表和样品采集、分析方法。

②在不依靠审计和其他审核程序的情况下,单独进行周期性书面检查,重新审查所有现场记录文件。

③为确保 HACCP 计划正常运行,政府管理机构应该采取相应措施并且承担责任。

10.3.4.7 确认:通过收集、评估科学的、技术的信息资料,以评价 HACCP 计划的适宜性和控制危害的有效性

确认应当在 HACCP 计划实施前进行。

（1）HACCP 计划的确认

①结合基本的科学原理。

②应用科学的数据。

③依靠专家。

④进行生产观察、检测和试验。

（2）确认执行者

（3）确认内容

对 HACCP 计划的各个组成部分的基本原理,由危害分析到 CCP 验证方法,作为科学及技术上的回顾和评价。

（4）确认频率

①最初的确认。

②当有因素证明确认是必须时,下述情况应采取确认行动:原料的改变;产品和工艺有较大变化;验证数据出现相反的结果;经常出现关键限值的偏离;在对生产过程的观察中发现新的问题;销售方式和消费者发生变化;当发生其他变化时。

10.3.4.8　CCP 的验证

①监控设备的校准(确认频率、校准的执行)。

②校准记录的复查。

③针对性的取样和检测。

④CCP 记录(监控、纠正记录的复查)。

10.3.4.9　HACCP 体系的验证

（1）审核

可通过现场观察和记录复查搜集信息,从而对 HACCP 体系的系统性作出评价。

①审核的内容:主要包括产品说明的准确性;工艺流程图的完整性;危害分析的充分性;显著危害及 CCP 确定的合理性;关键限值(CL)建立、监控计划、纠偏行动、纪录保持等内容。

②记录复查:主要包括监控活动的执行地点(位置)是否符合 HACCP 计划的规定;监控活动执行的频率是否符合 HACCP 计划的规定;当监控表明发生关键限值的偏离时,是否执行了纠偏行动;是否按 HACCP 计划中规定的频率对监控设备进行校准。

（2）对最终产品的微生物检测

微生物检测可用来确定整个操作是否处于受控状态。

10.3.4.10　原理七:建立相关适用程序和记录的文件系统

HACCP 计划应该包括下列文档:

①HACCP 小组成员名单及其职责说明。

②产品描述及其预期用途说明。

③标有 CCP 的完整的生产流程图。

④危害说明以及针对每一种危害所采取措施的说明。

⑤有关关键限值的细节的说明。

⑥执行监控方法的说明。

⑦偏离关键限值时所采取纠正措施的说明。

⑧HACCP 计划审核程序的说明。

⑨记录保存程序说明。

HACCP 计划应该对各个特定操作过程或产品进行系统阐述,并且应该说明各操作过程的目的,且记录的填写应该清晰,以便于政府机构检查。

10.3.5　HACCP 计划的制订步骤

根据以上七项基本原理,食品企业制定 HACCP 计划和具体操作实施时,都可以根据自身特点制定反映 HACCP 执行过程的有关表格,其中最重要的应有 HACCP 计划表、危害分析工作表及其他相应的有关表格。可以按照以下步骤来进行:

①成立包括食品生产工艺专家、质量控制与保证专家、食品设备工程师及其他相关人员(原料生产者、贮运商、包装及销售专家等)在内的 HACCP 计划拟订小组。

②对产品进行全面的描述,尤其对原辅料、成分、理化性质、加工方式、包装系统、贮运、贮存期限等内容作具体定义和说明。

③确定产品用途、消费对象、食用方法及注意事项,应特别关注老人、妇女、儿童、体弱者、免疫功能不全者等特殊消费人群。

④编制食品生产准确、适用和完整的工艺流程图。

⑤进行危害分析并确定关键控制点(CCP),确定危害可以采用建立危害分析表的方法。按照工艺流程图的顺序对每一道加工工序进行确定。主要包括"可能存在的潜在危害""危害是否显著""危害显著理由""控制危害措施""是否是 CCP"等。其中,对 CCP 的确定有一定的要求,通常采用判断树来认定,即对工艺流程图中确定的控制点(加工工序)使用判断树按先后回答每一个问题,然后按照次序进行审定,并非有一定危害就设关键控制点。应当明确,一种危害往往可以由几个 CCP 来控制,若干种危害也可以由一个 CCP 来控制。

⑥确定各 CCP 的关键限值和容许出现的偏差(容差)。

⑦建立各 CCP 的监控制度、纠偏措施和审核措施。

⑧建立记录保存和文件归档制度。

⑨回顾 HACCP 计划。在 HACCP 计划完成并实施以后,第一年内应该对其进行审核以确认其有效性。审核是重新检查那些决定计划执行情况的活动,而不是检测。审核可以由 HACCP 小组、管理人员、顾问或者食品专家组织开展。回顾可以作为计划实施情况的总结,为将来的工作提供指导,同时还有助于计划的确认。

11　食物中毒与食品安全性评价

本章学习目的与要求

1. 掌握食品安全性毒理学评价的程序和方法。

2. 了解食品中毒的概念与分类,以及与食品安全性的影响。

3. 通过安全性评价,确保食品安全和人体健康。

11.1　食物中毒

11.1.1　食物中毒的概念

食物中毒是指摄入了含有生物性、化学性有毒有害物质的食品或把有毒有害物质当作食品摄入后所出现的非传染性(不属于传染病)急性、亚急性疾病。

食物中毒属于食源性疾病,但不包括已知的肠道传染病(如伤寒、霍乱、病毒性肝炎等)、人体寄生虫病、食物过敏、暴饮暴食引起的急性胃肠炎和因一次大量或长期少量多次摄入某些有毒有害物质而引起的慢性中毒等疾病。

11.1.2　中毒食品

中毒食品指含有有毒、有害物质并引起食物中毒的食品,可分为以下几类:

细菌性中毒食品:指含有细菌或细菌毒素的食品。

真菌性中毒食品:指被真菌及其毒素污染的食品。

动物性中毒食品主要有 2 种:

①将天然含有有毒成分的动物或动物的某一部分当作食品。

②在一定条件下,产生了大量的有毒成分的可食的动物性食品(如鲐鱼等)。

植物性中毒食品主要有 3 种:

①将天然含有有毒成分的植物或其加工制品当作食品(如桐油、大麻油等)。

②在加工过程中未能破坏或除去有毒成分的植物当作食品(如木薯、苦杏仁等)。

③在一定条件下,产生了大量的有毒成分的可食的植物性食品(如发芽马铃薯等)。

化学性中毒食品主要包括 4 种:

①被有毒有害的化学物质污染的食品。

②指误为食品、食品添加剂、营养强化剂的有毒有害的化学物质。

③添加非食品级的、或伪造的、或禁止使用的食品添加剂、营养强化剂的食品,以及超量使用食品添加剂的食品。

④营养素发生化学变化的食品(如油脂酸败)。

11.1.3 食物中毒的分类

按导致食品中毒的病原物质可对食品中毒进行以下分类:

11.1.3.1 细菌性食物中毒

细菌性食物中毒是指人们摄入细菌性中毒食品而引起的食物中毒。细菌性食物中毒是食物中毒中最常见的一种,主要是由于食品在生产、加工、运输、贮存、销售等过程中,被细菌污染并在食品中大量繁殖产生毒素造成的。其中原料变质、生熟不分、食物储存不当、食前未加热充分都是造成细菌性食物中毒的主要原因。

细菌性食物中毒又分为 3 种类型:

①感染型:因病原菌污染食品并在其中大量繁殖,随同食品进入机体后,直接作用于肠道而引起的食物中毒,如沙门氏菌食物中毒、链球菌食物中毒等。

②毒素型:由致病菌在食品中产生毒素,因食入该毒素而引起食物中毒,如葡萄球菌毒素、肉毒梭状芽孢杆菌毒素等。

③混合型:某些致病菌引起的食物中毒是致病菌和其产生的毒素的协同作用,因此称为混合型,如副溶血性弧菌引起的食物中毒。

11.1.3.2 真菌性食物中毒

食入真菌性中毒食品而引起的食物中毒。真菌在谷物或其他食品中生长繁殖并产生有毒的代谢产物即真菌毒素,人食用了这种含毒性物质的食物即可发生食物中毒。真菌毒素稳定性较高,用一般的烹调方法加热处理不能将其破坏,因此发病率较高,但死亡率会因菌种的类型和毒性的大小而有一定的差异性。

11.1.3.3 动物性食物中毒

食入动物性中毒食品而引起的食物中毒。如食入未处理的河豚、有毒的贝类、动物的甲状腺等。此类食物中毒发病率和病死率较高,因动物性食品种类不同而有所差异,有一定的地区性。

11.1.3.4 植物性食物中毒

食入植物性中毒食品或因烹饪、加工不当,误加有毒成分的植物(如毒蕈、木薯等)而引起的食物中毒。此类食物中毒季节性、地区性比较明显,多分散发生,发病率比较高,病死率因植物性中毒食品种类而异。多数食物中毒无特效治疗方法,所以应避免食用毒蕈、发芽的土豆、苦杏仁等。

11.1.3.5 化学性食物中毒

食入化学性中毒食品而引起的食物中毒,如农药、亚硝酸盐中毒等。化学性食物中毒发生率相对较少,但发病率及死亡率均较高,与误食者的食用量、进食的时间有关,地区性、季节性不明显。

11.1.4　食物中毒的特点

食物中毒的原因虽然很多，表现也多种多样，但一般食物中毒均具有下列共同特点：

11.1.4.1　发病急

食物中毒的潜伏期短，一般在进食有毒物质后 24~48 h 内发病，而且来势猛，短时间内可能多人同时发病，发病曲线呈突然上升又突然下降的趋势。

11.1.4.2　临床表现相似

所有病人均有相似的临床表现，且多有急性胃肠炎症状（如恶心、呕吐、腹痛、腹泻等）。

11.1.4.3　发病范围局限

食物中毒的发病范围局限在近期内食用过同样食物的人，发病范围与中毒食品的分布区域一致，凡进食这种中毒食品的人大多发病，没有进食该种中毒食品的人不发病，而且一旦停止食用此种食物，发病立即停止或症状缓解。

11.1.4.4　人与人之间无直接传染

食物中毒的临床症状虽与某些肠道传染病症状基本相似，但由于病因不同，人与人之间不直接传染或间接传染。

11.1.4.5　有些种类的食物中毒具有明显的季节性、地区性特点

如细菌性食物中毒多发生于夏秋季节（如我国南方 6 月为梅雨季节，气温高、湿度大，因此进入 6 月，食物中毒发生率明显升高，甚至超过全年任意月份）；肉毒梭菌中毒主要发生在新疆、青海等地；河豚中毒、副溶血性弧菌中毒多发生在沿海省份；误食农药和桐油中毒多发生在农村；霉变甘蔗中毒多发生在北方，且99%的病例发生在 2~4 月。

11.2　毒性

毒性是指化学物质对机体损伤的固有能力。描述一种物质的毒性大小，总是和剂量相关的。所谓毒性大的物质，是指使用较少的剂量即可对机体造成损伤，而毒性较小的物质，则需要较多的剂量才可对机体造成损伤。从某种意义上来说，只要达到一定的剂量，任何物质都可能表现出毒性，反之，只要低于一定剂量，任何物质都不具有毒性。

衡量化学物质的毒性需要有一定的客观指标，包括化学物质的结构、理化特性、进入机体的途径和环境因素等。随着科学技术的进步，毒性的观察指标越来越深入，目前可观察到机体的受体、酶及其他大分子的变化。但死亡是最简单和最基本的指标，以死亡来描述物质毒性的指标主要包括以下方面。

（1）绝对致死量（LD_{100}）

绝对致死量是指能造成一群机体全部死亡的最低剂量。由于个体差异，使群体间对化

合物的耐受性不同,可能有个别或少数个体的耐受性过高或过低,并以此造成群体100%死亡的剂量出现过多增大或减小,所以,一般情况下,很少使用LD_{100}来描述一种物质的毒性。

（2）半数致死量（LD_{50}）

半数致死量是一个最常用的指标,指能引起一群机体中50%死亡所需要的剂量。该指标能很好地减小个体反应差异的影响,值越小,表明该物质的毒性越大。

（3）最小致死量（MLD）

最小致死量是指仅引起一群机体中个别动物死亡的最小剂量。

（4）最大耐受量（MTD）

最大耐受量也叫最大非致死剂量,指不引起动物死亡的最大剂量。

11.3　毒物

毒物是指在一定的条件下,以较小剂量进入机体就能干扰正常的生化过程或生理功能,引起暂时或永久性的病理改变,甚至危及生命的化学物质。毒物的划分是相对的,毒性的大小与使用剂量、对象和方法的不同而有一定的差别,即毒物有广义和狭义的区别。

根据化学物质的用途及分布范围,毒物可以分为工业毒物、环境毒物、食品中有毒成分、农用化学物、日用品中的有害成分、生物性毒物、医用化学品、军事性毒物等。

11.4　食品毒理学试验及评价

11.4.1　急性毒性试验

急性毒性试验是经口一次性给予或24 h内多次给予受试物后,短时间内（最长14天）动物所产生的毒性反应,包括致死的和非致死的参数指标,可以确定试验动物对受试物的毒性反应、中毒剂量或致死剂量。致死剂量通常用LD_{50}来表示,其单位是每千克体重所摄入受试物质的毫克数,即mg/kg·体重。

11.4.1.1　急性毒性试验设计

（1）受试物剂量选择

剂量选择是否合适是开展急性毒性试验的基础。对于未知化合物,首先应了解分析受试化合物的化学结构和理化性质,确定其是否属于已知化合物或其衍生物的种类,是否有特殊基团,并确认其分子量、熔点、沸点、密度、闪点、挥发度、蒸汽压、纯度、杂质成分与含量等。依此查阅文献,找出与受试化合物化学结构和理化性质相似的化合物的毒性资料,取与本实验相同的动物物种与品系,相同染毒途径的LD_{50}作为参考值,选择剂量系列。以LD_{50}作为受试化合物的预期毒性中值,再上下各推1~2个剂量组做预试验。预试验每个剂量组间的组距可以大些,有利于找出受试化合物的致死量范围(死亡率 10%~90%),组距可用剂量间的 4 倍差,即以 log 4 来划分各组剂量。如某化合物近似物的大鼠经口 LD_{50} 为 100 mg/kg,则预试验的剂量分组见表 11-1。

表 11-1　某化合物大鼠经口毒性预试验剂量设计

组别	对数值	剂量/(mg·kg^{-1})
1	log100-log4×2(0.8)	6
2	log100-log4(1.4)	25
3	log100(2)	100
4	log100+log4(2.6)	400
5	log100+log4×2(3.2)	1600

通过预试验找出受试化合物的致死剂量范围,依此推算各组的剂量。各组间的对数值成等差数列,组间差值(组距)用 i 表示,组数用 n 表示,则组距 i 的计算公式为:

$$i = \log LD_{90} - \log LD_{10} / n - 1$$

每组的对数剂量则为:$\log LD_{10}$、$\log LD_{10} + i$、$\log LD_{10} + 2i$ 等。

(2)动物分组

将实验动物分成若干试验组时,原则上要求所有动物分配到各组的机会均等,以消除或尽量降低动物的个体差异对实验结果的影响。为此,应尽量按照随机分组的原则进行。所用动物应当雌雄各半,雌性试验动物要求是未经交配和受孕的。例如,将 60 只雌、雄各半的小鼠分成 6 个试验组,具体操作为:

①将雌、雄动物分开,各 30 只,分别按随机方法分组。

②将动物(雌性)称量、编号并记录每只动物的质量及号码,根据动物种类的不同可采用不同的编号方法:如体积较大的动物可采用拴牌法;体积较小的大、小鼠多采用染色法和剪耳法相配合进行编号。

A. 染色法:染色法以苦味酸的酒精饱和溶液为染料,对动物的不同部位进行染色,代表不同的编号。一般以头部为 1 号,按顺时针方向,右前肢为 2 号,右肋部为 3 号,右后肢为 4 号,尾跟为 5 号,左后肢为 6 号,左肋部为 7 号,左前肢为 8 号,背部为 9 号,不染色为 10 号。

B. 剪耳法:常与染色法配合使用,如右耳剪口代表 100,左耳剪口代表 200 等。

③随机分组:将实验动物按体质量从大到小排队(也可从小到大),假设动物按体质量从大到小排队依次为 1,2,3,4…30 号。取随机数字分别分配到 1~30 号动物,每个随机数字除以组数(n),以余数 0,1,2,3……将动物分配至各组。本例共分 A、B、C、D、E、F 6 组,每组 5 只,分配方法和结果见表 11-2。

表 11-2　动物随机分组表

动物号	随机数字	余数	归组	动物号	随机数字	余数	归组	动物号	随机数字	余数	归组
1	26	2	C	11	42	0	A	21	94	4	E
2	99	3	D	12	10	4	E	22	44	2	C
3	61	1	B	13	50	2	C	23	67	1	B
4	65	5	F	14	67	1	B	24	16	4	E
5	53	5	F	15	42	0	A	25	94	4	E
6	58	4	E	16	32	2	C	26	14	2	C
7	37	1	B	17	17	5	F	27	65	5	F
8	78	0	A	18	55	1	B	28	52	4	E
9	80	2	C	19	85	1	B	29	68	2	C
10	70	4	E	20	74	2	C	30	75	3	D

分组结果为：

A 组：8,11,15。

B 组：3,7,14,18,19,23。

C 组：1,9,13,16,20,22,26,29。

D 组：2,30。

E 组：6,10,12,21,24,25,28。

F 组：4,5,17,27。

其中：A 组 3 只，B 组 6 只，C 组 8 只，D 组 2 只，E 组 7 只，F 组 4 只。为使各组动物数均为 5 只，应再按随机分配的原则从 B 组选出 1 只给 A 组，C 组选出 1 只给 A 组、2 只给 D 组，E 组选出 1 只给 D 组、1 只给 F 组。为此，继续查随机数字表，B 组 87，C 组 59、36、22，E 组 41、26。B 组 87/6 余 3，将第 4 只动物即 18 号给 A 组；C 组 59/8 余 3，将第 4 只动物即 16 号给 A 组，36/7 余 1，将第 2 只动物即 9 号给 D 组，22/6 余 4，将第 5 只动物即 26 号给 D 组；E 组，41/7 余 5，将第 6 只动物即 25 号给 D 组，26/6 余 2，将第 3 只动物即 12 号给 F 组，最后经调整后的分组情况见表 11-3。

表 11-3　30 只小鼠随机分组结果

组别	动物号				
A	8	11	15	16	18
B	3	7	14	19	23
C	1	13	20	22	29
D	2	9	25	26	30
E	6	10	21	24	28
F	4	5	12	17	27

（3）实验动物喂养环境

实验动物喂养室的室温应控制在（22±3）℃，相对湿度30%～73%，无对流风。每笼动物数以不干扰动物个体活动及不影响试验观察为度，必要时需单笼饲养。饲养室采用人工昼夜为好，早6时至晚6时进行12 h光照，其余12 h黑暗，一般食用常规饲料，自由饮水。

（4）试验周期

急性毒性试验除计算被检物的 LD_{50} 外，还通过观察实验动物的中毒症状判断被检物的毒作用性质，推断中毒的靶器官等，此外，有些被检物的中毒症状发展慢，可引起实验动物的迟发性死亡。所以，试验周期应以2周为宜。

（5）观察指标

通过观察实验动物接触被检物后的中毒症状，可了解化合物的急性毒性特征。动物中毒症状多种多样，以啮齿类动物为例，可观察的指标很多，主要中毒表现如下。

体位异常、叫声异常、活动增多或呆卧少动、肌颤、痉挛、抽搐、麻痹、后肢无力、运动失调、管状尾、对外界刺激反应过敏或迟钝；瞳孔扩大、流涎、流泪；鼻孔溢液、鼻翼扇动、呼吸深缓、呼吸过速、张口或腹式呼吸、会阴部污秽有分泌物，阴户或乳腺肿胀、阴茎突出、遗精，皮肤充血、紫绀、被毛蓬松、污秽；眼球突出、充血、角膜混浊、血性分泌物。

观察指标过少，不足以了解被检物的毒性特征，观察指标过多，则工作量增大，也不容易准确观察到被检物的毒性特征。应通过预试验找出观察指标，有的放矢地进行观察，为防止遗漏，可在此基础上增加1或2个观察指标。

此外，中毒死亡动物应进行解剖做病理学检查，检查器官有无充血、出血、水肿或其他改变，并对有变化的脏器做病理组织学检查。存活动物应在实验结束后进行病理学检查。

（6）急性毒性分级

目前国际上对外源性化学物急性毒性分级的标准不统一。而我国食品毒理沿用了国际上的6级标准，即极毒、剧毒、中等毒、低毒、实际无毒、无毒（表11-4）。

表11-4　化合物经口急性毒性标准

急性毒性分级	大鼠经口 LD_{50}/（mg·kg^{-1}）	大约相当于70 kg人的致死剂量
6级，极毒	<1	稍尝<7滴
5级，剧毒	1～50	7滴至1茶匙
4级，中等毒	51～500	1茶匙至35 g
3级，低毒	501～5 000	35～350 g
2级，实际无毒	5001～15000	350～1050 g
1级，无毒	>15000	>1050 g

11.4.1.2　急性毒性试验评价

试验结果判定如下：

①若 LD_{50} 剂量或7 d喂养试验后最小有作用剂量（mg/kg·体重）小于人的可能摄入

量(mg/kg·体重)的 10 倍者,则放弃该受试物用于食品,不再继续其他毒性试验。

②若大于 10 倍者,可进行下一阶段的毒理学试验。

③凡是 LD_{50} 在 10 倍左右时,应进行重复试验,或用另一种方法进行验证。

由于急性毒性试验不能作为安全评价的依据,在进行下面的遗传毒理学试验和代谢试验后,一定条件下就可对受试物作出一定评价。

11.4.2 蓄积毒性试验

蓄积毒性是指机体反复多次接触化学物后,当化学物质进入机体的速度(或总量)超过代谢转化的速度和排泄的速度(或总量)时,其原形或代谢产物可能在体内逐步增加并贮留,这种现象称为化学毒物的蓄积作用。

一种有毒化学物质以低于其中毒阈剂量的较小剂量输入体内,可能不引起中毒,但如果将这一剂量的有毒化学物在一定时间内反复输入体内,一段时间后即可呈现毒性作用。这是由于此种毒物每次在体内可以蓄积一定数量,当蓄积的总量超过其中毒阈剂量时,即可引起中毒,所以蓄积作用是外来化合物呈现慢性毒性及亚慢性作用的基础。

事实上,外来化合物在体内的蓄积应包括两种概念。一种是量的蓄积,即化合物进入机体后,其从体内消除的数量少于输入的数量,以致化学物质在体内贮留的量逐渐增加,此种量的蓄积也可理解为物质的蓄积。另一种功能蓄积,当外源化合物进入机体后将引起一定的功能的降低与结构形态的变化,并超过机体本身的修复能力,体现出一定慢性毒性中毒的现象。功能蓄积可能是由于贮存体内的化学物或其代谢产物的数量极微,不能检出物质的蓄积或者是由于每次机体接触化学物之后所引起的损害累积。

11.4.2.1 蓄积系数的测定

将某种化学物质按一定时间间隔,分次给予动物,经过一定期间的反复多次给予后,如果该物质在体内全部蓄积,则多次给予的总剂量毒剂与一次给予同等剂量的毒性相当;反之,如果该化合物在体内仅有一部分蓄积,则分别给予总剂量的化学物质的毒性作用与一次给予同等剂量该化学物质的毒性作用将有一定程度的差别,而且蓄积性越小,相差程度越大,因此,可将能够达到同一效应累积剂量与一次给予所需的剂量之比,称之为蓄积系数(K 值),用它来表示一种化学物质蓄积性的大小,即 $K=LD_{50}(n)/LD_{50}(1)$。蓄积系数的测定方法主要有两种,分别是固定剂量法和定期剂量递增法。

(1)固定剂量法

啮齿类动物分为两组,每组 20 只,一组为对照组,一组为染毒组。染毒剂量可以选择 LD_{50} 的 1/20~1/5,每天观察染毒组动物的死亡数,直到累积发生死亡 50% 为止 ,得出 $LD_{50}(n)$。计算累积总染毒剂量,求出 K 值。

(2)定期剂量递增法

同上法,接触组开始按 0.1 LD_{50} 剂量给予受试物,以 4 d 为一期,此后每期给予的受试物剂量,按等比级数 1.5 倍逐期递增,连续染毒至累积死亡 50%,得出 $LD_{50}(n)$。

11.4.2.2 蓄积毒性试验评价

$K<1$ 高度蓄积。

$K=1\sim3$ 明显蓄积。

$K=3\sim5$ 中等蓄积。

$K>5$ 轻度蓄积。

从理论上说,K 不应<1,但实际测定中偶尔可出现,可能是由于功能性蓄积或者是与未被发现的其他毒物存在联合作用,也可能是动物的过敏反应。

11.4.3 亚慢性毒性试验

亚慢性毒性试验,是指人或动物连续较长时间(通常 $1\sim6$ 个月,不超过动物生命的 $1/10$)内使动物每日或反复多次接触被检化学物质后引起的毒性效应。

11.4.3.1 试验设计

亚慢性毒性试验主要获取观察到有害作用的最大无作用剂量和最大耐受剂量,估计阈剂量,提出此受试物的安全限量参考值,并为慢性毒性试验和致癌试验的剂量设计提供依据;了解亚慢毒性染毒情况下化学毒物的毒性、特点和靶器官,并为慢性毒性试验的剂量设计及观测指标提供依据。

(1)动物选择

选择急性毒性试验已证明为对受试物敏感的动物种属和品系,亚慢性毒试验一般选用两种试验动物,一种为啮齿类动物,一种是非啮齿类动物。常用品种为大鼠、小鼠和狗。选用的大鼠应在断奶后,试验开始时,动物个体质量的差异应不超过平均体质量的±10%,组间平均体重不应超过5%。至少应设三个剂量组和一个对照组。每个剂量组至少 20 只动物,雌、雄各半。

(2)试验周期

亚慢性毒性试验的试验周期占实验动物生命的 $1/10$,不同动物由于寿命不同,试验周期有所差异,但有研究报道认为动物连续接触受试物 3 个月,其毒性效应往往与再延长接触时间所表现的毒性效应基本相同,故不必再延长接触时间,所以在食品安全性毒理学评价的亚慢性毒性试验中,对长期、经常接触的受试物可选择试验周期为 90 d,而对阶段性接触的受试物可选择 30 d。

(3)剂量分组

通过亚慢性毒作用试验,应得出其剂量—反应关系,才能阐明受试物的亚慢性毒作用的特征,并可为慢性毒作用试验提供参考。为此亚慢性试验至少应设 3 个剂量接触组和 1 个阴性对照组。因为每个具体试验的要求、目的不同,亚慢性毒作用试验的剂量范围很难统一规定,一般认为上限应控制在试验动物在接触受试物的整个过程,不发生死亡或仅有少数或个别死亡(死亡率不超过 10%),同时能引起较为明显的中毒症状,或靶器官出现一定程度的典型损伤。最好最高剂量组的动物在接触期间出现明显或典型的中毒症状或效应,中间剂量组应该为观察到有害作用的最低剂量,最低剂量组应相当于未观察到有害作用剂量。

(4)观察指标

亚慢性毒作用试验观察指标的选择是十分重要的,而选择特异性或敏感指标有一定困难。主要有包括:

①一般性指标:也称非特异性观察指标。虽然此类指标不具有特异性,但在没有得到特异性指标前,它可能是反映机体变化的敏感指标。

A.动物体体重,在亚慢性试验和慢性试验中,受试物接触组与对照组试验动物的喂养条件相同,如果受试物接触组动物体质量增长低于对照组的10%,甚至停止增长或减轻,就可以认为是由受试物引起的毒效应。

B.食物利用率:将接触组和对照组试验动物的食物利用率相比较,有助于说明受试物是否影响试验动物的食欲,还是真正的毒效应。

C.外观特征与行为活动。

②试验室检查。

A.血常规检查或其他血液指标检查:测定指标至少应包括血球压积、血红蛋白浓度、红细胞数、血小板数、白细胞总数和分类,必要时测定网织红细胞、凝血功能等指标。

B.生化指标:主要指血象和肝肾功能的检测,至少应在染毒结束时进行,必要时应在染毒中期也进行检查。

C.尿液检查。一般不需要进行,只有当怀疑存在或观察到相关毒性作用时才进行尿液检查。

③特异性指标。

特异性指标是指机体接触某种受试物后所表现的特异性损伤指标。特异性观察指标的选择难度较大,主要依赖于急性毒性试验和文献检索。

④病理组织学检查。

A.脏器系数(或/和脏/体比值):如果由于接触外来化合物致使某个脏器受到损害,则此比值就有所改变,在不同的年龄期各脏器与体重之间重量比值均有一定的规律,如果和对照组比较出现显著性差异,则有可能是受试物毒作用的结果。因此,脏/体比值是灵敏、有效和经济的指标。

B.组织学检查:所有的试验动物,包括试验过程中死亡的动物都应进行完整的系统解剖和仔细的肉眼观察。肉眼可见的损伤或可疑损伤部位都应采样固定,做进一步组织学检查。

11.4.3.2 亚慢性毒性试验评价

试验项目中任何一项的最敏感指标的最大无作用剂量(MNL,以 mg/kg 体重计)小于或等于人体可能摄入量的 100 倍者,表示毒性较强,应放弃受试物用于食品;最大无作用剂量大于 100 倍而小 300 倍者,应进行慢性毒性试验;最大无作用剂量大于或等于 300 倍者,则不必进行慢性毒性试验,可进行安全性评价。

11.4.4 慢性毒性试验

慢性毒性是指人或试验动物长期(甚至终生)反复接触低剂量的化学毒物所产生的毒性效应。食品毒理学一般要求试验物接触外来化合物的期限为 2 年。

11.4.4.1 试验设计

慢性毒性试验的目的是确定长期接触化学毒物造成机体损害的最小作用剂量和对机体无害的最大无作用剂量,阐明毒作用的性质、靶器官和中毒机制,为制订人安全限量标准提供毒理学依据。了解经长期接触受试物后出现的毒性作用,尤其是进行性或不可逆的毒性作用和致癌作用,最后确定最大无作用剂量,为受试物能否应用于食品最终评价提供依据。

(1)动物选择

慢性动物试验选择试验动物的原则与亚慢性毒性试验相同,但试验动物最好为纯系甚与同窝动物均匀分布于各剂量组。通常需要两种动物进行慢性试验,一种为啮齿类,首选大鼠;另一种为非啮齿类,常用狗或灵长类动物。

(2)剂量分组

一般应设置 4 或 5 个剂量组,即对照组、无作用剂量组、阈剂量组、发生比较轻微但有明确毒效应的剂量组、发生较为明显的毒效应水平剂量组。

①以慢性为主要出发点,选择亚慢性毒性效应的阈剂量或其 $1/5 \sim 1/2$ 为慢性毒性试验的最高剂量,以亚慢性阈值的 $1/50 \sim 1/10$ 为中剂量组,以其 $1/100$ 为低剂量组。

②如无亚慢性毒性试验资料,可以参照 LD_{50} 值,如以 $1/10\ LD_{50}$ 为最高剂量,$1/100\ LD_{50}$ 为中剂量组,以 $1/1000\ LD_{50}$ 为低剂量组。一般组间距以相差 $5 \sim 10$ 倍为宜,最低不得小于 2 倍。

(3)观察指标

观察指标以亚慢性作用的观察指标为基础,主要是选择亚慢性毒性试验中已呈现有意义的变化指标。

观察指标的数目应尽量减少,如需采血,也应尽量减少采血量,其意义在于防止造成试验动物贫血和减少人为的过分刺激,从而防止加重或改变受试物的毒效应。

11.4.4.2 慢性毒性试验评价

根据慢性试验所得的最大无作用剂量进行评价。如果慢性毒性试验所得的最大无作用剂量(MNL,以 mg/kg 体重计)小于或等于人的可能摄入量的 50 倍者,表示毒性较强,应予以放弃;最大无作用剂量大于 50 倍而小于 100 倍者,需由有关专家共同评议,经安全评价后,决定该受试物是否可用于食品;最大无作用剂量大于或等于 100 倍者,则可考虑允许使用于食品中,并制定日允许量,如在任何一个剂量发现有致癌作用,且有剂量与效应关系,则需由有关专家共同评议,以作出评价。

11.4.5 化学毒物致突变作用

致突变作用是外来因素引起细胞核中的遗传物质发生改变的能力,而且这种改变可随同细胞分裂过程而传递。在毒理学范畴主要涉及3类突变类型,即基因突变、染色体畸变和染色体数目改变。

基因突变是指基因中DNA序列的变化,这种突变通常限制在一特定部位,所以又称点突变,包括碱基置换(base substitution)和移码突变(frameshift mutation)。碱基置换指某一碱基对性能改变或脱落。移码突变指发生1对或几对(3对除外)的碱基减少或增加,以致从受损点开始的碱基序列完全改变,形成错误的密码,导致错误的氨基酸合成。

染色体畸变指染色体结构的改变。这种改变一般可用光学显微镜检测到。染色体结构的改变是因为染色体或染色单体断裂,当断端不发生重接或重接在原处,即发生染色体结构异常。包括缺失(染色体上丢了一个片段)、重复(在一套染色体里,一个染色体片段出现不止一次)、倒位(染色体片段颠倒)、易位(一个染色体片段位置改变)。

染色体数目改变包括非整倍体和多倍体。非整倍体指增加或减少一条或几条染色体,多倍体指染色体数目成倍增加。

突变对机体的影响可因突变细胞的不同而不同,当体细胞发生突变时,其影响仅能在直接接触该化合物的个体身上表现出来,而不会遗传到下一代。只有当生殖细胞发生突变时,其影响才有可能遗传到下一代。

体细胞突变的后果中最受注意的是致癌问题,此外胚胎体细胞突变可能导致畸胎。如果突变发生在生殖细胞,无论是在其发育周期的哪个阶段,都存在对下一代影响的可能性,其影响可分为致死性和非致死性2类。致死性影响可能是显性致死或隐性致死。显性致死即突变配子与正常配子结合后,在着床前或着床后的早期胚胎死亡,隐性致死需要纯合子或半合子才能出现死亡效应。如果生殖细胞突变为非致死性,则可能出现显性或隐性遗传性疾病,包括先天性畸形。

11.5 食品安全性评价程序

11.5.1 安全性毒理学评价

各类危害人体健康的化学物质,其暴露作用的定性定量分析是一个复杂的过程,涉及毒理学、流行病学、临床医学、化学(分析化学、有机化学、生物化学)和生物统计学等,其中毒理学和流行病学是较为重要的部分。从毒理试验获得的数据有限时,就要运用流行病学进行分析。

食品污染物和食品添加剂(人工和天然)的毒理学数据主要从动物毒理学研究中获得,和流行病学相比,毒理学研究具有实验设计优点,所有条件保持连续性。进行确定物质的暴露分析、暴露过程和暴露条件(如饮食、气候等)能被仔细监测和控制,并用组织病理学和生物化学方法提供可能的高敏感性的副作用反应研究。但是毒理学研究并不意味着就能直接应用于人,因为如果用实验动物小鼠的试验结果应用于 70 kg 体重的人体是不合理的。

从实验动物获得的数据外推到人群进行定量的危险评价时需要三个重要的假设:实验动物和人群的反应要相似;(高)实验暴露的反应与人的健康有关,并可外推到环境暴露(包括食品摄入)水平;动物试验表明物质的所有反应,这个物质对人有潜在的毒副作用。通常在进行定量风险评价时可能有很大程度的不确定性。

目前,毒理学家对物质间相互作用的影响极为关注。因为在大部分的实验中,实验动物只是用于对某一种毒性物质同一时间暴露的反应,而人则一般暴露在不同的化学物中,由于成分的相互作用,混合或合并的不同物质的暴露可能没有预期(和不可能预期)的健康影响。虽然它已成为科学家关注的问题,但是一直还没有满意的答案用于如何解决健康危险评价中物质的相互作用。

和毒理学相比,流行病学是一门观察科学,这是它的强项也是它的弱点。它存在暴露和反应的时间差问题,也许当人们已暴露于某一危害物时流行病学还未能观察出结果,这样对于新化学物来说,流行病学观察是无用的工作,人们还要依靠毒理学研究。

11.5.2 对不同受试物选择毒性试验的原则

①凡属我国首创的物质,特别是化学结构提示有潜在慢性毒性、遗传毒性或致癌性或该受试物产最大、使用范围广、人体摄入量大,应进行系统的毒性试验,包括急性经口毒性试验、进传毒性试验、90 天经口毒性试验、致畸试验、生殖发育毒性试验、毒物动力学试验、慢性毒性试验和致癌试验(或慢性毒性和致癌合并试验)。

②凡属与已知物质(指经过安全性评价并允许使用者)的化学结构基本相同的衍生物或类似物,或在部分国家和地区有安全食用历史的物质,则可先进行急性经口毒性试验、遗传毒性试验,90 天经口毒性试验和致畸试验,根据试验结果判定是否需进行毒物动力学试验、生殖毒性试验、慢性毒性试验和致癌试验等。

③凡属已知的或在多个国家有食用历史的物质,同时申请单位又有资料证明申报受试物的质量规格与国外产品一致,则可先进行急性经口毒性试验、遗传毒性试验和 28 天经口毒性试验,根据试验结果判断是否进行进一步的毒性试验。

④食品添加剂、新食品原料、食品相关产品、农药残留和兽药残留的安全性毒理学评价试验的选择。

我国根据"食品安全性毒理学评价程序",对食品添加剂的安全性毒理学评价试验的选择如下:

(1)香料

①凡属世界卫生组织(WHO)已建议批准使用或已制定日容许摄入量者,以及香料生

产者协会(FEMA)、欧洲理事会(COE)和国际香料工业组织(IOFD)四个国际组织中的两个或两个以上允许使用的,一般不需要进行试验。

②凡属资料不全或只有一个国际组织批准的先进行急性毒性试验和遗传毒性试验组合中的一项,经初步评价后,再决定是否需进行进一步试验。

③凡属尚无资料可查、国际组织未允许使用的,先进行急性毒性试验、遗传毒性试验和28天经口毒性试验,经初步评价后,决定是否需进行进一步试验。

④凡属用动、植物可食部分提取的单一高纯度天然香料,如其化学结构及有关资料并未提示具有不安全性的,一般不要求进行毒性试验。

(2)酶制剂

①由具有长期安全食用历史的传统动物和植物可食部分生产的酶制剂,世界卫生组织已公布日容许摄入量或不需规定日容许摄入量者或多个国家批准使用的,在提供相关证明材料的基础上,一般不要求进行毒理学试验。

②对于其他来源的酶制剂,凡属毒理学资料比较完整,世界卫生组织已公布日容许摄入量或不需规定日容许摄入量者或多个国家批准使用,如果质量规格与国际质量规格标准一致,则要求进行急性经口毒性试验和遗传毒性试验。如果质量规格标准不一致,则需增加28天经口毒性试验,根据试验结果考虑是否进行其他相关毒理学试验。

③对其他来源的酶制剂,凡属新品种的,需要先进行急性经口毒性试验、遗传毒性试验、90天经口毒性试验和致畸试验,经初步评价后,决定是否需进行进一步试验。凡属一个国家批准使用,世界卫生组织未公布日容许摄入量或资料不完整的,进行急性经口毒性试验、遗传毒性试验和28天经口毒性试验,根据试验结果判定是否需要进一步的试验。

④通过转基因方法生产的酶制剂按照国家对转基因管理的有关规定执行。

(3)其他食品添加剂

①凡属毒理学资料比较完整,世界卫生组织已公布日容许摄入量或不需规定日容许摄入量者或多个国家批准使用,如果质量规格与国际质量规格标准一致,则要求进行急性经口毒性试验和遗传毒性试验。如果质量规格标准不一致,则需增加28天经口毒性试验,根据试验结果考虑是否进行其他相关毒理学试验。

②凡属一个国家批准使用,世界卫生组织未公布日容许摄入量或资料不完整的,则可先进行急性经口毒性试验、遗传毒性试验、28天经口毒性试验和致畸试验,根据试验结果判定是否需要进一步的试验。

③对于由动、植物或微生物制取的单一组分、高纯度的食品添加剂,凡属新品种的,需要先进行急性经口毒性试验、遗传毒性试验、90天经口毒性试验和致畸试验,经初步评价后,决定是否需进行进一步试验。凡属国外有一个国际组织或国家已批准使用的,则进行急性经口毒性试验、遗传毒性试验和28天经口毒性试验,经初步评价后,决定是否需进行进一步试验。

11.5.3　安全性评价中需注意的问题

影响毒性鉴定和安全性评价的因素很多,进行安全性评价时需要考虑和消除多方面因素的干扰,尽可能做到科学、公正地作出评价结论。

(1)实验设计的科学性

化学物质安全性评价将毒理学知识应用于卫生科学,是科学性很强的工作,也是一项创造性的劳动,因此不能以模式化对待,必须根据受试化学物的具体情况,充分利用国内外现有的相关资料,讲求实效地进行科学的实验设计。

(2)试验方法的标准化

毒理学试验方法和操作技术的标准化是实现国际规范和实验室间数据比较的基础。化学物安全性评价结果是否可靠,取决于毒理学实验的科学性,它决定了对实验数据的科学分析和判断。如何进行毒理学科学的测试与研究,要求有严格规范的规定与评价标准。这些规范与基准必须既符合毒理科学的原理,又是良好的毒理与卫生科学研究实践的总结。因此,毒理学评价中各项试验方法力求标准化、规范化,并应有质量控制。现行有代表性的实验设计与操作规程是良好实验室规范(GLP)和标准操作程序(SOP)。

(3)熟悉毒理学试验方法的特点

对毒理学实验不仅要了解每项试验所能说明的问题,还应该了解试验的局限性或难以说明的问题,以便为安全性评价作出一个比较恰当的结论。

(4)评价结论的高度综合性

在考虑安全性评价结论时,对受试化学物的取舍或是否同意使用,不仅要根据毒理学试验的数据和结果,还应同时进行社会效益和经济效益的分析,并考虑其对环境质量和自然资源的影响,充分权衡利弊,作出合理的评价,提出禁用、限用或安全接触和使用的条件及预防对策的建议,为政府管理部门的最后决策提供科学依据。

12　食品生产的卫生管理

本章学习目的与要求

　　1. 掌握食品安全控制的方面。

　　2. 了解食品生产中存在的问题。

12.1　概述

　　食品是人类赖以生存的重要物质,人每天约消耗 1.2 kg 的食物,随同食物摄的有毒有害物质可引起人类的许多疾病。因此,保证食品的卫生质量,保护消费者健康是每一个食品工作者的责任与义务。食品卫生管理工作不仅是卫生行政部门的责任,也是食品企业的重要工作内容之一。

12.1.1　食品卫生管理的意义

　　为保证食品卫生,防止食品污染和有害因素对人体的危害,保障人民身体健康,增强各族人民体质,我国在 1998 年 10 月 30 日颁布了《中华人民共和国食品卫生法》。通过有效的食品卫生管理,可提高食品的卫生质量,保证食品的安全性,其主要意义有:延长产品货架期,良好的卫生管理可减少食品微生物污染的概率,降低食品中的细菌含量,延缓食品的腐败变质,从而延长食品的货架期;改善产品形象,增进产品的公众可接受性;改善企业与顾客的关系;减少公众健康的危险;增加媒介和检查人员对产品合格的信任;降低产品的回收率;提高员工的组织纪律性。

12.1.2　食品卫生管理机构及工作内容

　　食品企业应建立相应的食品卫生管理机构,如品控部或质检部,对本单位的食品卫生工作进行全面管理。人员由经过专业培训的专职或兼职人员组成,负责宣传和贯彻食品卫生法规和有关规章制度,监督、检查在本单位的执行情况,定期向食品卫生监督部门报告;制订和修改本单位的各项卫生管理制度和规划;组织卫生宣传教育工作,培训食品从业人员;定期进行本单位从业人员的健康检查,并做好善后处理工作。按照工作的先后,其他工作内容还有:工厂设计的卫生管理;企业卫生标准的制定(包括 HACCP 系统的建立);原材料的卫生管理;生产过程的卫生管理;原材料及产成品的卫生检验;企业员工个人卫生的管理;成品储存、运输和销售的卫生管理;虫害和鼠害的控制。

12.1.3　食品工厂设计的卫生要求

符合生设计要求的厂房和设施不仅能提高产品的卫生与安全性,而且有利于保持环境卫生。此外,保持经营场所的清洁能得到令人满意的公众形象,有利于提高企业在整个行业中的地位。工厂给政府监督人员、客户和公众的第一印象是非常重要的,人们认为工厂的环境能反映其卫生操作的实际情况,因此更愿意看到干净、整洁、有秩序的工厂。

食品工厂凡新建、扩建、改建的工程项目应按照《食品企业通用卫生规范》和同类食品厂的卫生规范的有关规定进行设计和施工。同时,各类食品厂应将本厂的总平面图,原材料、半成品、成品的质量和卫生标准,生产工艺规程以及其他有关资料,报当地食品卫生监督机构备查。

12.1.3.1　厂址选择

食品企业在选择厂址时,首先应考虑避免环境中有毒有害物质对食品的污染,保证食品的卫生和安全,其次还要考虑到生产过程中废水和废气的排放,避免工业废对周围居民的影响。理想的食品生产厂址应符合以下条件:有足够可利用的面积和较适宜的地形,以满足工厂总体平面布局和今后发展扩建的需要,否则,随着生产规模的扩大,过分拥挤的厂区不但使生产效率降低,而且还会为卫生管理工作带来障碍;厂区通风、日照良好、空气清新、地势高燥;地下水位较多、土质坚实,高度可以一致或平缓斜坡,以保证排水的通畅,地面高度要高于防洪高度,或远离洪水、地震或其他自然灾害易发地区;食品工厂要选择交通方便的地区,尤其对一些保质期短的易腐食品,最好临近公路或交通主干道,确保送货及时;水源充足,水质符合国家生活饮用水水质标准;厂区周围没有粉尘、烟雾、灰沙、有害气体、放射性物质和其他扩散性污染源;厂区远离污染源,或位于污染源的上风向;便于食品生产中排出的污水、废弃物的处理,附近最好有承受污水流放的地面水体;厂房之间,厂房与外缘公路或道路应保持一定距离,中间设绿化带,以防止尘土飞扬并起美化环境的作用;厂区内禁止饲养禽、兽及宠物;厂区周围不得有昆虫大量滋生的场所,要治理周边的污水沟和垃圾场,避免污染产品;厂区道路应通畅,便于机动车通行,有条件的应修环行路且便于消防车辆到达各车间,厂区道路应采用便于清洗的混凝土、沥青及其他硬制材料铺设,防止积水及尘土飞扬。

总之,为保证产品达到应有的卫生要求,必须充分考虑食品生产企业的周围环境,对选定的厂址,在必要时要进行一定的处理,如平整土地、修建排水沟等。

12.1.3.2　工厂设计

工厂厂房与设施的设计除满足生产工艺的要求外,应注意尽量避免由于厂房和设施引起食品的污染。容易造成食品污染的情况有厂房建筑材料、车间门窗、地板、天花板、墙壁及设施卫生。

(1)总平面布局

厂房应依据本厂的特点有序而整齐地进行整体规划,依单向流程原则,合理布局,划分生产区和生活区。厂房应有足够的空间,以利于设备安置、卫生操作、物料储存,以确保食品的卫生与安全。厂房中应设有原料库房、配料室、加工制造厂、成品库房、更衣室、厕所,并予以标示,各场所应有足够空间并做适当的排列,以便操作。凡使用性质不同的场所(如原料库、成品库、配料室、加工区、包装间等)应个别设置或加以有效分割。凡清洁度区分不同(如清洁、准清洁及一般操作区)的场所,应加以有效的隔离(表12-1)。

表12-1 清洁度区分表

厂房设施 (按生产流程序)	清洁度区分	厂房设施 (按生产流程序)	清洁度区分
原料库房	一般操作区	成品库房	一般操作区
加工间	准清洁区	更衣室、厕所、办公室	非食品处理区
包装间	清洁区		

(2)厂房设计的卫生要求

①建筑结构应是砖、混凝土或某些坚固的材料,且设计得易于清洁和维护。

②地板应平整、不渗漏、防滑而且易于清洗。如果于墙面的结合处呈拱形,则更有利于清洁。地面应有一定的坡度,以便于排水。在地面最低点设置地漏,在潮湿的加工车间或每天要求冲洗设备和地面的车间尽可能设计多个不锈钢隔栅,保证地面不积水。所有的排水口都有防臭瓣,防止食物残渣堵塞管道,地面的材质可选用瓷砖、水磨石或人造大理石,并用混凝土固定。地面最好为浅色,因其材料醒目,且有反光,容易发现污垢。

③墙壁、支柱:采用无毒、不渗水、防滑、坚固耐久、易清洗消毒的材料砌成,要定期清洗,不得有纳垢、侵蚀等现象,若不能做到瓷砖由地面砌到天花板,至少也要保证从地面起不低于1.5 m的墙裙,同时不砌瓷砖的墙面使用浅色、不吸水、不渗漏、无毒材料覆涂。

④天花板:使用无毒、白色、防水、防霉、不脱落、耐腐蚀、易于清洗的材质。要定期清洗,不得有成片剥落、积尘、纳垢、侵蚀等情形;为了避免食品暴露的正上方天花板有冷凝物下滴,天花板应有一定坡度,与墙连接处应呈弧形。

⑤照明设施:生产区人工照明充足、均匀。光源选用日光灯,光线应不改变食品的本色,以便于员工发现外来污染物,正常的工作环境照明要达到200~400 lx,精细的操作环境必须达到400~600 lx。食品上方的照明灯具应有防护罩,以防止破裂时污染食品。

⑥通风设施:生产现场要保持良好的通风,空气流向应从高清洁区流向低清洁区。

⑦洗手设施:应选适合的地点,配备感应式、脚踏式、肘碰式水龙头以及洗手消毒液和烘手器或一次性擦手纸。

⑧生产用水必须符合GB 5749的规定。

⑨给排水系统应能适应生产需要,设施应合理有效,经常保持畅通,设立防止污水源和

鼠类、昆虫通过排水管道潜入车间的有效措施。排水沟设有明沟和暗沟两种。其口径大小应能满足污水流畅排出;排水沟管道要固密,平滑不渗水;沟盖须用坚固耐用、不易生锈的材质。要定期清洗,不得有纳垢、侵蚀、异味等情形。

⑩污水排放必须符合国家规定的标准,必要时应采取净化设施达标后才可排放。净化和排放设施不得位于生产车间主风向上方。

⑪工厂应有独立的垃圾站,远离车产车间,且不得位于生产车间上风向。垃圾桶应带盖,要便于清洗、消毒。加工后的废弃物和生活垃圾应做到日产日清,防止有害动物聚集滋生。

⑫锅炉烟筒高度和排放粉尘量应符合 GB 3841 的规定,烟道出口与引风机之间必须设置除尘装置;其他排烟、除尘装置也应达标后再排放,防止污染环境。排烟除尘装置应设置在主导风向的下风口。

⑬车间各入口、门窗及其他孔道需设有防虫蝇灯或透明塑料软门帘,并定期清洗。

⑭卫生间应远离车间,墙壁、地面需用瓷砖贴附,地面排水通畅。卫生间的数量依人员数量而定(一般 1 个蹲位/20~30 人)。分别设有间隔的男、女卫生间,与加工区卫生设施分开。卫生间应通风良好,设有完善的洗手消毒设施、要确保上水充足,下水通畅,并保持卫生和设备状况良好。

12.1.4　原材料的卫生管理

食品的品质与原材料有着密不可分的关系,原材料验收是保证食品卫生质量的第一关,目前我国食品中掺假、掺杂、假冒伪劣现象比较严重,因此必须建立严格的到货验收制度。由于很多食品原料易腐烂,易受污染,在贮藏和运输过程中应进行严格的卫生控制。

12.1.4.1　原材料卫生的要求

(1)符合卫生标准

要求食品的原材料完全安全是不可能的,但为保证食品的质量,食品生产中使用的所有原、辅料必须符合相应的食品卫生标准或要求。相应的食品卫生标准指国标、行标及地方标准,参考时应优先使用国标,无国家标准时,依次按行业标准、地方标准、企业标准执行。对没有标准的原材料,可参照类似食品的标准及卫生要求。我国目前制订的食原材料的国家标准有:

GB 2707—2016　食品安全国家标准　鲜(冻)畜、禽产品

GB 2733—2015　食品安全国家标准　鲜、冻动物性水产品

GB 2716—2018　食品安全国家标准　植物油

GB/T 8937—2006　食用猪油

GB 14963—2011　食品安全国家标准　蜂蜜

GB 13104—2005　食糖卫生标准

GB 10136—2015　食品安全国家标准　动物性水产制品

GB 2720—2015　食品安全国家标准　味精

GB 7096—2014　食品安全国家标准　食用菌及其制品

GB 2716—2018　食品安全国家标准　植物油

GB 15196—2015　食品安全国家标准　食用油脂制品

GB 15203—2014　食品安全国家标准　淀粉糖

GB 16325—2005　干果食品卫生标准

GB 2717—2018　食品安全国家标准　酱油

GB 2719—2018　食品安全国家标准　食醋

GB 2721—2015　食品安全国家标准　食用盐

GB 2749—2015　食品安全国家标准　蛋与蛋制品

GB 2718—2014　食品安全国家标准　酿造酱

（2）原料应新鲜无污染

食品原材料除应符合卫生标准外,还应新鲜无污染,如此才能保证食品的质量。

12.1.4.2　原材料采购

食品企业要求采购的原辅材料必须符合国家有关的食品卫生标准或规定,必须采用国家允许的、定点厂生产的食用级食品添加剂。

为了保证原材料的质量,企业采购原辅材料时,必须向供应商索取原辅材料的卫生质量检查合格证或检验报告。应依照国家和本企业的有关食品卫生标准、食品企业卫生规范对供应原辅材料的厂家进行卫生考察和认证,作为食品原辅材料定点供应厂家,并不定期进行监督检查,使供应商与企业共同承担保障食品卫生质量的责任。

12.1.4.3　原材料运输

运输工具(车厢、船舱)等应符合卫生要求,应具有防雨防尘设施,根据原料特点和卫生需要,易腐食品(肉禽及其制品、水产品、豆制品、蛋制品)应具备保温、冷藏、保鲜等设施。

运输作业应防止污染,生熟食品分车运输,要轻拿轻放,不使原料受损伤,不得与有毒、有害物品同时装运。建立卫生制度,定期清洗、消毒、保持洁净卫生。运输生肉、生禽、水产品、蔬菜的车辆和容器使用后应彻底洗刷干净。运输冷冻和冷藏食品必须有保温、冷藏设施,长距离运输时,其温度上升不得超过3℃。

12.1.4.4　原材料验收

依据国家和企业有关卫生标准与规范要求,对所有购进的原辅材料进行严格的质量和卫生检查,对于不合格原材料拒绝接收。原材料验收人员应具有简易鉴别原材料质量、卫生的知识和技能。

进行原材料检验时应按该种原材料质量卫生标准或卫生要求进行,认真核对货单,包括:产品名称、数量、批号、生产日期、出厂日期、保质期、产地及厂家,检查该产品的卫生检验合格证及检验报告,检查货物的卫生状况:外观、色泽、气味;对冷冻食品要注意检查是否有解冻现象;购入的原料,应具有一定的新鲜度,具有该品种应有的色、香、味和组织形态特征,不含有毒有害物,也不应受其污染;肉禽类原料必须采用来自非疫区的,无注水现象,必须有兽医卫生检验合格证;水产类原料必须采用新鲜的活冷冻的水产品,其组织有弹性、骨肉紧密联结,无变质和被有害物质污染的现象;蔬菜必须新鲜,无虫害、腐烂现象,不得使用未经国务院卫生行政部门批准的农药,农药残留不得超过国家限量标准;某些农、副产品原料在采购后,为便于加工、运输和贮存而采取的简易加工应符合卫生要求,不应造成对食品的污染和潜在危害,否则不得购入;重复使用的包装物或容器,其结构应便于清洗、消毒,要加强检验,有污染者不得使用。

12.1.4.5　原材料储存

食品从原料进货到制成成品的各个环节,适当的贮存是十分重要的,工厂应设置与生产能力相适应的原材料场地和仓库。各类食品要分库存放,隔墙离地,分类上架,同一库房内不得贮存相互影响风味的原材料。

(1)干货库

干货库应做到照明充足、通风良好,应有防潮、防霉、防虫害措施。库内应有温湿度监测,保持恒温恒湿,环境相对湿度低于70%。地面、货架、容器保持清洁,并避免阳光直晒食品,容器应加盖防尘。

货物必须全部上货架,且货架离墙至少 10 cm,底层离地至少 25 cm,如果未使用活动货架,那么架子也应该留出通道以便清扫和检查。所有入库的货物应具有详细的入库单,(包括品名、入库日期、生产及保质期等)。

(2)冷库

易腐食品,如肉、禽、水产、蛋、豆制品必须冷藏或冷冻。冷藏库的温度要控制在 0～5℃,冷冻库的温度控制在−18℃以下,定期清洁、消毒,保持库房的整洁和卫生。生熟食品、成品与半成品要分开储存,特别注意水果、蔬菜、肉禽、蛋、水产品等易腐食品的存放,分开单独冷藏或冷冻。同时,做好加工过程中食物的包装及标识,避免交叉污染。

另外,冷冻库库温不能波动太大,冷冻品不能有解冻的痕迹,否则,食物本身的品质将受很大的影响。任何食品在冷冻期间,如果温度上升至−10℃或更高的温度,在检验合格之前不能使用。

冷库要加强温度管理,设温度计,每天检查记录温度。冷库要及时清洁。保持无霜、无血水、无冰碴。

(3)库房管理

各库房和仓库应设专人管理,建立管理制度,定期检查质量和卫生情况,按时清扫、消毒、通风换气。原材料应离地、离墙并与屋顶保持一定距离,垛与垛之间也应有适当间隔。要注意各种原材料的标识,做好先入先出,及时剔除不符合质量和卫生标准的原料,避免原材料腐败变质和过期。

12.1.5　企业员工的个人卫生管理

良好的个人卫生对产品的安全也是至关重要的,很多食物中毒的案例都因员工的不良操作引起。手是传播病原体到食品上的最常见的媒介,因此进行生产操作时,手应当保持绝对清洁。

12.1.5.1　个人健康的要求

食品从业人员(包括临时工)应接受健康检查,取得体检合格证后方可参加食品生产。凡体检确认患有下列疾病者,均不得从事食品生产工作:肝炎(病毒性肝炎和带菌者);活动性肺结核;肠伤寒和肠伤寒带菌者;细菌性痢疾和痢疾带菌者;化脓性或渗出性脱屑性皮肤病;其他有碍食品卫生的疾病。

有下列情况者,必须及时进行粪便检查,确认合格后方可继续上岗工作:境外出差归来;旅游探亲及休假时间超过 7 d;肠道疾病康复之后。

12.1.5.2　卫生知识培训

食品从业人员上岗前,要先经过卫生培训教育,并考试合格取得合格证后方可上岗工作。对员工进行定期的不同层次的良好卫生操作规范的培训,使其了解卫生操作要求及规定。有关培训情况要建立《员工培训》纪录。要求员工正确理解交叉污染存在普遍性、危害性及复杂性。

12.1.5.3　操作卫生要求

食品从业人员在上岗期间,必须保持良好的个人卫生,做到勤洗澡、勤理发、勤换工作服、勤剪指甲,养成良好卫生习惯,防止污染食品。

(1)着装要求

食品从业人员在工作期间的着装有很具体要求:进车间前,必须穿戴整洁统一的工作服、帽、靴、鞋,工作服应盖住外衣,头发不得露于帽外;每天更换工作服,保持工作服的整洁,不得将与生产无关的个人用品、饰物带入加工车间;直接与原料、半成品和成品接触的人员不准戴耳环、戒指、手镯、手表、不准浓艳化妆、染指甲、喷洒香水进入车间;袖口、领口要扣严,发网要将头发完全罩住,以防头发等异物落入食品中;操作人员不得穿戴工作服到加工区外的地方。不准穿工作服、鞋进厕所。

(2)手的卫生

操作人员的手必须保持良好的卫生状态,在下列情况之一时,必须彻底洗手和消毒:开始工作之前;上厕所之后;处理操作任何生食品(尤其是肉、禽、水产品)之后;处理被污染的原材料、废料、垃圾之后;清洗设备、器具,接触不洁用具之后;用手抠耳、揖鼻,用手捂嘴咳嗽之后;接触其他有污染可能的器具或物品之后;从事其他与生产无关的活动之后;工作之中应勤洗手,至少每2~3 h应洗手一次。

(3)操作卫生

操作卫生要求:车间所有的入口处均设有完善的洗手消毒设施,如自动开启或肘触式等非手动式洗手器,并配有消毒洗手液和一次性擦手纸或烘手器;洗手池应张贴"工作前请洗手"的标识,并在生产区域的洗手设备处张贴洗手程序的图示说明;严禁一切人员在加工车间内进食、吸烟、随地吐痰和乱扔废弃物;生产车间入口,必要时应设有工作靴鞋消毒池;上班前不许酗酒,工作时不准吸烟、饮酒、进食及做其他有碍食品卫生的活动;操作人员手部受到外伤应及时处理,不得接触食品或原料,经过包扎治疗戴上防护手套后,方可参加不直接接触食品的工作,有化脓伤口时不得接触食品,非化脓伤口应用防水物包裹;生产车间不得带入或存放个人生活用品,如衣服、食品、烟酒、药品、化妆品等。

12.1.6　成品贮存、运输和销售过程中的卫生管理

12.1.6.1　成品储存

成品储存的卫生管理:

①经检验合格并包装的成品贮存于成品库,其容量应与生产能力相适应;按品种、批次分类存放,防止相互混杂;成品库不得贮存有毒、有害物品或其他易腐、易燃品。

②成品码放时,与地面、墙壁应有一定距离,便于通风,要留出通道,便于人员、车辆通行;要设有温、湿度监测装置,定期检查和记录。

③应有防鼠、防虫等设施,定期清扫、消毒,保持卫生。

12.1.6.2　成品运输

成品运输的卫生管理:

①运输工具(包括车厢、船舱和各种容器等)应符合卫生要求。要根据产品特点配备防雨、防尘、冷藏、保温等设施。

②运输作业应避免强烈的震荡、撞击,轻拿轻放,防止损伤成品外形;且不得与有毒有害物品混装、混运,作业完毕,搬运人员应撤离工作地,防止污染食品。

③生鲜食品的运输应根据产品的质量和卫生要求,另行制定办法,由专门的运输工具进行运输。

12.1.6.3　成品销售

成品销售的卫生管理:产品在销售过程中,应根据产品的特点进行存放;货架应离墙离地,做到防潮、防霉、防尘和防虫害;易腐食品要在冰箱或冰柜内存放。

12.1.7　鼠害、虫害的卫生控制

厂区应定期或在必要时进行除虫灭害工作,要采取有效措施防止鼠类、蚊、蝇、昆虫等的聚集和滋生。对已经发生的场所,应采取紧急措施加以控制和消灭,防止蔓延和对食品的污染。

食品工厂可以考虑聘请专业的消杀公司进行害虫害鼠的控制,应确认所有从事害虫害鼠控制的操作人员都持有执照或许可证书,并且能够在检查过程中出示这些执照或许可证书的有效版本的复印件。应确保所有杀虫剂是由当地管理机构批准的,使用规程及标签都

已经归档。

12.1.7.1　鼠害控制

鼠害控制应重点注意以下工作：

①生产车间在建筑方面完全做到了防鼠害。排水系统畅通，明地沟底部呈弧形，排水口安装网罩，车间内全部下水口均设有铁网（规格为 1.0 cm）以防老鼠钻入。

②选用溴敌隆、杀它仗等国家有关部门认可的毒饵放置在厂区周围的诱饵站中。选择毒饵时应注意：a. 对靶鼠类适口性好；b. 对靶鼠有选择性毒力；c. 操作安全、使用方便；d. 作用缓慢，使靶鼠吃到足够量后致死；e. 二次中毒危险性小；f. 对人体安全；g. 无积蓄毒性；h. 在环境中降解快；i. 有解毒药。

③诱饵应固定在诱饵站内的支架上，或是设计上使诱饵不能再被啮齿动物移动或被雨水冲走即可。诱饵原则上应选择鼠类日常喜食而当地又不宜摄取者。在食物缺少的地方，可用常见食物，食物较多的地方应使用鼠类喜食而又少见的食物，家栖鼠类嗜水性强，所以可以使用苹果瓜菜类，小家鼠以小粒油炸谷物（花生米）、炸面块、胡萝卜、红薯块效果较好，为了加强诱力可以添加诱鼠剂如糖类（3%～7%）植物油（3%～.8%）天然食物、鱼粉、蛋粉、食盐 味精，可以增强鼠类接受性和适口性。诱饵站内不得有整块诱饵失踪；诱饵站外不得发现诱饵；诱饵不得发霉或长期放置；诱饵站应通过固定在支架上或链条上或粘在墙上或地上以防止其移动。

④定廊内、库房内（干货库、免税库房等库房）应使用粘鼠板，间隔最大不超过 8 m，对于短于 8 m 的墙壁也要放置一个粘鼠板。粘鼠板必须正确维护，定期更换以确保其表面有光泽，无灰尘和碎粒积累，不能放在容器内。

⑤标示捕鼠器、粘鼠板和诱饵站的位置，且位置图及时保持更新。

12.1.7.2　虫害控制

对于苍蝇、蚊子、蟑螂等昆虫，必须坚持经常杀灭与突击杀灭相结合，药物毒杀、工具诱打两种方法协同使用，才能起到良好的防治效果。制定消杀频率（至少每月一次），在害虫害鼠易发生危害的季节或重点控制地点必须适当增加消杀频率（以天、周、月计），并确定使用的杀虫剂类型、使用地点及方式。

①所有门、窗及其他与外界的开口通道均应安装纱门、纱窗、塑料门帘等防虫的设施（防护网规格为 0.5 mm），并保持这些设施的完好性；对墙面的裂缝或空洞要及时修补，避免蟑螂等昆虫在内部滋生。

②在通道口安装风幕，并确保风幕能够正常工作，对于需要人工启动的风幕，员工应正确使用，以防害虫进入。

③灭蝇灯安装位置必须离开有暴露产品、设备或包装材料 10 m，无暴露情况下应保证 3m。灭蝇灯不能放置在仓库门的正上方；对于不停置、存放产品的走廊，可以不考虑上述距离规定；灭蝇灯的灯管应每 3 个月更换一次。

④灭蝇灯保持正常工作，各部门应确保各自卫生责任区内灭蝇灯 24 h 开启；灭蝇灯应

定期清洁,避免死虫堆。

12.1.7.3　灭虫、灭鼠药品的管理

①害虫害鼠控制化学药品必须远离食品单独存放,并加锁贮存,确保只有特定人员才能接触。应确保所有杀虫剂均加有标签。粘鼠板不是杀虫剂,但也必须远离食品,杀虫剂空瓶必须及时处理掉,若保留需标明"只可用于杀虫剂"的标识。食品原辅材料不得与非食品同库存放。

②使用各类杀虫剂或其他药剂前,应做好对人身、食品、设备工具的污染和中毒的预防措施,用药后将所有设备、工具彻底清洗,消除污染。使用时应由经过培训的人员依使用方法进行,防止污染和人身中毒。

12.2　食品生产存在的问题

我国现行的《食品安全国家标准 食品企业通用卫生规范》(GB/T 14881—2013)参照采用《食品卫生总则》(CAC/RCP 1—1969)。该规范的内容分为九大项:主题内容和适用范围,引用标准,原料采购、运输的卫生要求,工厂设计与设施的卫生要求,工厂的卫生管理,生产过程的卫生要求,卫生和质量检验的管理,成品贮存、运输的卫生要求,个人卫生与健康的要求。调查企业生产过程中存 在的卫生问题主要存在厂房和车间、卫生管理、设备、原料和包装材料的要求以及生产过程的食品安全控制这几个方面。

12.2.1　食品生产过程中存在的卫生问题

12.2.1.1　设备、车间和厂房

车间地面清扫不及时、不彻底,存在死角;车间温湿度调节设施等清洁不及时;清洁用水未定时杀菌消毒等情况,都会出现食品生产安全隐患。

12.2.1.2　卫生管理

部分中小企业在生产过程中的卫生管理不到位,对于生产车间、设备的要求和生产人员卫生要求不严格,出现食品卫生问题。在企业卫生与质量检验管理中部分企业未设有检验室,没有专业培训、考试合格的检验人员,没有检验需要的仪器、设备,从而导致企业产品未能做到批批检验合格出厂。在个人卫生及健康要求上,部分企业未建立职工健康档案,无法及时准确了解生产人员身体健康情况。

12.2.1.3　原料和包装材料的要求

大多数原辅料无相关卫生标准,且原料来源分散,监管措施不严,出现原料掺假现象。部分采购的原料、成品贮存条件不符合要求或内外包装工序未分开,原料、半成品、成品出现交叉污染,引发食品安全问题。

12.2.1.4　生产过程的食品安全控制

原料生产滥用食品添加剂或者加工过程中食品添加剂的滥用或使用不规范,导致终产

品食品添加剂超标。生产过程中可能出现的微生物、化学和物理污染,缺乏有效的控制措施,导致生产的产品被污染变质。食品出厂到销售之间的运输和储存环节,运输中冷链未达到食品保存的要求,影响产品品质;食品储存未满足要求,从而导致产品变质。

12.2.2 食品企业卫生规范执行中存在的问题

12.2.2.1 标准自身不足之处

通过对生产企业的调查,特别是对《食品安全国家标准 食品企业通用卫生规范》(GB/T 14881—2013)存在的问题的了解,认为当前标准的不足之处存在于:内容落后于行业的发展,对生产设备、设施的要求过于具体,不便于执行。缺乏对食品原料的安全控制措施。缺乏产品的追溯与召回管理制度。缺乏相应的记录和文件的管理要求。对生产设备和生产过程中的安全控制措施要求需要进一步完善。

12.2.2.2 执行效率低下,无证经营时有发生

核发卫生许可证是食品卫生监督工作的一个重要环节,而一些食品生产经营者视卫生许可证和从业人员健康证明如儿戏,如或一人体检多人上岗、顶替上岗,特别是在一些较为偏僻的集贸市场无证经营现象更加严重。有的经营者无卫生许可意识,有的为了领取工商营业执照办理摊位证而取得卫生许可证,但到了次年不申请年度复核和体检;有的因卫生设施难以达到卫生要求就干脆不提出申请。食品卫生质量差、变质、过期、掺杂作假等不符合卫生标准的食品现象时有发生。这些归结于食品制售人员结构复杂、文化素质低,卫生法制观念淡薄。另外,消费者自我保护意识差,对伪劣食品和违法现象缺乏识别能力,为不符合卫生要求的食品生产经营提供了土壤。

12.2.2.3 市场卫生监督力量不足,难以统一管理

因制售食品者发展迅猛,从业食品生产人员众多,流动性大,难以统一管理,在食品卫生监督中存在很大困难。此外,卫生监督部门协调并不密切,导致卫生监管松懈。同时,市场食品卫生管理制度不健全,责职不明确,易出现互相推诿扯皮的现象。